CATIA

V5-6R2019
Training Book
Vol.1 Basic

Preface

　본 교재는 CATIA를 처음 접하는 이공계 학생과 제조 및 설계 분야 엔지니어들을 위해 만들어졌으며 CATIA V5의 최신 릴리즈인 CATIA V5-6R2019(R29)을 기준으로 작성되었습니다.

　CATIA는 차세대 CAD/CAM 프로그램으로써 국내를 비롯한 전 세계 제조업 분야에서 설계 솔루션으로 각광받고 있는 소프트웨어입니다. 항공 산업 분야에서 시작한 CATIA는 미라지 전투기와 라팔 전투기를 만든 프랑스 DassuAlt Aviation에서 독립하여 DASSAULT SYSTEMS로 전 세계 제조업 분야의 솔루션으로 주목받게 되었지요. 이미 국내의 현대 · 기아 자동차, 두산 인프라코어 등을 비롯한 중추 기업들의 생산 및 연구 분야에서 사용되고 있으며 많은 대학들도 그 필요성을 인식하여 수업을 개설하여 설계 인재를 양성하고 있습니다.

　CATIA는 설계자가 생각하는 형상을 표현하는 데 있어 무한한 표현 가능성을 제공한다는 것이 CATIA를 오랜 시간 접해 온 사람들의 일치된 의견입니다. 실제로 CATIA는 형상 모델링 구현 능력에 있어 타사의 3차원 설계 프로그램들에 비해 뛰어나는 것이 객관적인 평가이기도 합니다. 또한 CATIA는 형상을 만드는 것에서 그치지 않고 각 형상들을 이용한 조립 제품의 제작 및 공간 분석을 통한 제품의 가상 제품 개발(VPD: Virtual Product Development)에 탁월합니다. 마지막으로 전 작업 과정에 있어 데이터 업데이트에 따른 형상의 수정에 있어서 모델링 및 조립, 도면 작업이 연계 되어 있어 손쉬운 데이터 관리가 가능합니다.

　본 교재에서는 자동차 항공기 등 기계 설계 분야를 기준으로 CATIA를 배우는데 있어 가장 기본이 되고 밑바탕이 되는 Workbench들로 Sketcher, Part Design, Generative Shape Design, Assembly Design, Drafting 등을 선별하여 내용을 구성하였습니다. 여기에 CATIA를 배우는 사람이라면 누구나 알고 있어야 하는 정보나 팁, 필자의 10여 년간의 노하우등을 담으려고 노력 하였습니다. 이 책은 기초서라는 성격에 충실하기 위해 실습 예제는 줄이고 반드시 알아야 하는 기능의 숙지를 우선적 목표로 담았습니다. 이는 한두 번 따라해 보는 예제들로 인하여 많은 수의 지면을 낭비하는 것을 방지하기 위함도 있습니다. 실습과 질의 응답에 관한 지원은 필자의 온라인 커뮤니티인 ASCATI(cafe.daum.net/ASCATI)를 참고하기 바랍니다. 실제로 많은 수의 기초 서적들이 출간되고 있으나 출간 후 독자들에 대한 질의응답이나 예제 파일에 대해서 관리를 소홀히 하고 있는 점에 반하여 이 책을 구매한 독자들에게는 국내 가장 활성화된 커뮤니티에서 필자를 비롯한 많은 사용자들의 도움을 받을 수 있는 것을 약속드립니다.

2019년 3월

용현동에서 필자 올림

e-mail : mirineforyou@gmail.com

Homepage : cafe.daum.net/ASCATI

이 책을 대학이나 기타 교육 시설에서 수업용 교재로 사용할 경우 다음과 같은 일정에 맞추어 교육한다면 효과적일 것입니다. 이 교육 일정은 필자가 강의를 진행했던 경험을 바탕으로 정리한 것입니다.

1 주차 강의에서는 CAD에 대한 전반적인 이해와 모델링 원리 등과 같은 기초 개념 위주로 이론을 설명하고 국내외 많이 사용되고 있는 상용 CAD 프로그램을 실제 제품과 접목하여 설명한다. 또한 제조업 분야의 CATIA 적용 사례와 국내 기업의 현황 등과 같은 분석 자료를 통하여 CATIA 교육의 필요성과 중요성을 인지 시켜 준다. 호기심을 갖게 하는 것이 가장 중요하다. 또한 이 시간에 CATIA 국제 인증 시험에 대한 정보를 소개함으로써 공인적인 평가 방법을 소개한다. 대학 강의의 경우 1 주차 수업에서 수강 변경 및 인원 조정, 실습 조의 분반 등으로 인한 점을 감안한다.

2 주차 수업에서는 CATIA 프로그램에 대한 전반적인 구동 원리와 인터페이스를 설명한다. 프로그램을 처음 접하면서 가지는 내부 환경의 어색함을 줄이고 기본 인터페이스를 이해함으로써 프로그램을 더욱 친숙히 다룰 수 있다. 또한 2 주차 수업에서는 CATIA 설치 후 기본적으로 정의해주어야 하는 설정 부분에 대해서 강의한다. CATIA 라는 프로그램 자체가 워낙에 방대한 기능을 담은 프로그램이기 때문에 기본 설정 없이 작업하게 되면 번거로운 움직임에 의한 효율 저하를 가져온다. 따라서 설정 부분에 대한 확실한 이해와 방법을 실제 사용 전에 숙달해야 한다. 시간이 허락되는 경우 2주차 수업에서 Sketcher 예제를 도입하여 본 모델링 수업을 시작하여도 된다.

3~4 주차에서는 CATIA 모델링 작업의 가장 기초가 되는 2 차원 Profile을 생성하는 Sketcher 워크 벤치를 학습한다. 많은 모델링 예제와 강좌에 있어서 Sketcher가 필요로 함으로 반드시 능숙하게 기능을 활용해야 3 차원 모델링 작업에 우위를 가질 수 있음을 강조하도록 한다. Part 상에서 Sketch 기준이 되는 Plane이나 Axis 등의 요소를 자유로이 정의할 수 있어야 한다.

5~7 주차에는 3 차원 Solid 모델링을 학습합니다. Part Design Workbench를 통하여 3차원 형상을 만들어 실제 간단한 3 차원 단품 형상을 디자인하는 방법을 배운다. Part Design의 Sketch 기반 형상 모델링과 더불어 Boolean Operation의 개념을 익히길 권장한다.

8~10 주차에는 CATIA의 강점 중에 하나인 와이어프레임 및 서페이스 기반 Workbench를 통한 3 차원 모델링을 배우게 된다. Surface Modeling의 경우 Part Design의 기능 보다 풍부한 형상 표현이 가능하며, Part Design의 Solid 모델링 방식과 함께 사용하여 Hybrid Design이란 혼합 모델링 기법을 사용할 수 있다.

11 주차 에는 대학의 경우 늦은 중간 평가를 치르게 한다. 일반적으로 실습 과목에서는 이론 평가를 중간고사 기간에 실습 평가를 기말고사에 치르게 된다.(일부에서는 팀 프로젝트를 통하여 평가하기도 한다.) 전문 인력 교육 과정에서는 실습 예제를 통한 수강생들의 전체적인 이해도와 실무 투입 가능여부를 평가한다.

12~13 주차에는 단품 형상을 만드는 데에서 벗어나 각 단품들을 조립하여 실제 제품 디자인을 구성하는 Assembly Design Workbench를 학습하게 된다. Assembly Design Workbench는 Part들이나 Sub Assembly를 통하여 제품 형상을 구성하며, 형상들 간의 간섭이나 충돌과 같은 공간 분석도 가능하며, BOM 생성이 가능하다는 것을 명심해야 한다. Product 도큐먼트 형식을 사용하며 앞으로 형상들을 응용하는데 많이 사용하므로 Part 도큐먼트와의 차이를 이해하도록 한다.

14~15 주차에는 3차원 단품 또는 조립품 형상에 대한 2 차원 도면화 작업을 강의한다. Drafting을 통해 2차원 문서로 상대방이 자신의 작업한 형상을 이해할 수 있도록 도면을 써나가는 방법을 학습한다.

마지막 16주차에서는 최종 평가를 통하여 교육 과정을 마무리합니다. 실습 능력을 향상하기 위한 Term Project를 권장한다.

Contents

Contents

CHAPTER 03 Sketcher Workbench

CHAPTER 04 Part Design Workbench

Contents

CHAPTER 05 Generative Shape Design

CHAPTER 06 Assembly Design Workbench

Contents

CHAPTER 07 Drafting Workbench

Contents

CHAPTER 01

CATIA V5 Introduction

CATIA란 오늘날 전 세계에서 가장 선진적인 제조 솔루션으로 CATIA라는 이름의 의미는 Computer-Graphics Aided Three-dimensional Interactive Application의 약자입니다. CATIA는 프로그램 내 화면의 Dialog Windows에서 사용자가 Computer에게 내린 명령을 Screen으로 Computer가 응답을 나타내는 대화식 작업 방식을 사용합니다. 제품의 모델을 설계개념에서 제품생산까지 전 과정에 걸쳐 제작, 수정, 관리할 수 있도록 해주는, 요즘 흔히들 제품 수명 주기 관리라고 말하는 PLM(Product Lifecycle Management)을 구현하고 지식 기반 설계의 Knowledge를 적용하여 제품 생산 기술의 노하우를 직접 제품에 적용할 수 있는 최고의 CAD/CAM/CAE 통합 소프트웨어입니다.

CATIA는 V5부터 2천 년대의 생존 관건인 객체 기술을 적용, Window NT 역시 소화해 냈을 뿐 아니라 그래픽 엔진, 웹, 그래픽 사용자 인터페이스 등을 대폭 강화해 생존을 위한 4박자를 골고루 갖췄다는 것이 전문가들의 의견입니다. 즉 NT를 전격 지원함으로써 대기업 위주의 기존 고객 기반을 사업장 규모와 관계없이 전 기업으로 대상 고객을 넓히는 한편, 웹 환경을 지원함으로써 각지에 퍼져 있는 고객 또는 협력사와의 협력을 본격 지원합니다. 다음은 DASSAULT SYSTEMS사가 보유한 제품군들입니다.

출처: www.3ds.com

다음은 DASSAULT SYSTEMS의 홈페이지(www.3ds.com) 입니다. CATIA에 관심있는 분들은 한번쯤 접속해 보았을 것입니다.

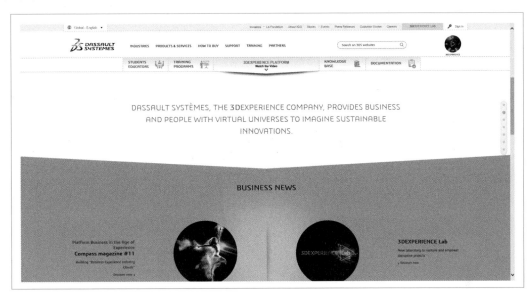

물론 대부분의 실질적이고 유용한 정보들은 대부분은 회원 가입을 통해야지만 부수적인 정보들은 무료로 확인이 가능합니다.(참고로 DASSAULT SYSTEMS의 계정을 얻고자 하는 경우 파트너 협약을 맺거나 정식으로 제품 구매에 의한 고객으로 등록되어야 함을 미리 알려드립니다. 다만 개인적으로 가입은 어렵습니다.)

현재 한국에도 이러한 DASSAULT SYSTEMS의 한국 지사가 마련되어 있으며, 국내 제조업 분야 기업들에 대한 지원을 진행하고 있습니다. 아래는 DASSAULT SYSTEMS Korea의 소개 블로그(blog.naver.com/3dskorea)입니다.

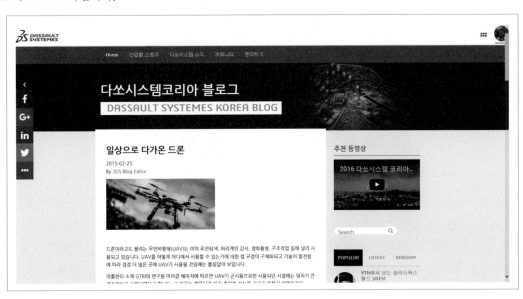

컴퓨터를 이용한 제도 시스템이 나오기 이전에 3차원 이전에 2차원 시절의 이야기부터 해보도록 하겠습니다. 처음에 제품을 제작하기 위한 도면 작업은 제도기 또는 손으로 종이나 트레이싱지에 그리는 일부터 시작하였습니다.

이미지 출처: http://link.webhard.co.kr/img/HDR_IDARTNARA_FD201009091010440602CF68D

그러다 CAD/CAM의 아버지가 불리는 Patrick J. Hanratty가 PRONTO라는 최초의 상용 수치관리 프로그램을 개발하였습니다. 1960년대, MIT 대학 링컨 연구소에서 SKETCHPAD라 불리는 1세대 CAD를 탄생시키게 됩니다. 이 제품은 나중에 Light Pen을 이용해서 화면에 직접 형상을 그릴 수 있었습니다.

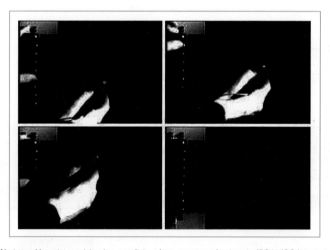

이미지 출처: http://snebtor.chiguiro.org/blog/wp-content/uploads/2011/02/sketchpad.jpg

1960년대 McDonnell Douglas Automation Company가 설립되고 현재 CAD 발전에 중대한 역할을 하게 됩니다. 이제 1970년대가 되면서 2D Drafting이 중심이 되어 설계자가 직접 설계 도면을 자동으로 그릴 수 있는 시스템이 나타나기 시작합니다. 하지만 이 당시 초기에만 하더라도 마우스를 이용하여 형상을 그리는 일은 엄두도 내지 못했습니다. 매크로(Macro)나 프로그래밍 지식을 통하여 형상을 정의하였던 것이지요.

이 시기에는 GM, Ford, Chrysler와 같은 대형 자동차 업체나 Lockheed와 같은 항공분야에서 CADAM 을 통한 연구가 이루어지기도 하였습니다. CADAM은 CATIA와 합쳐지게 되는데 1975년 프랑스의 Avi-on Marcel Dassulat(AMD) 사가 Lockheed 사로 부터 CADAM 라이센스를 사들여 IBM의 메인 프레임 및 Unix 환경하에서 운영하였습니다.

이미지 출처: http://ws.harper.home.comcast.net/~ws.harper/VersatecExpert/cadam.jpg

1970년대 말에는 Solid 모델링 방식의 소프트웨어들이 탄생하기 시작하였습니다. Solid 모델링 방식은 입체 형상을 완전히 표현할 수 있어 면 단위 작업이나 부피 단위 작업도 가능하게 되었습니다. 이 당시에는 기본 형상들을 통하여 기초 형상을 정의하고(Primitive Modeling) 구성된 기본 형상들을 Boolean Op-eration으로 상세 설계를 적용하는 방식을 정의하였습니다.
1976년쯤에는 United Computing이 Unigraphics를 McDonell Douglas사로 부터 인수하게 됩니다.
1977년, Avion Marcel DASSAULT SYSTEMS이 CATIA라고 하는 3차원 설계 프로그램을 개발합니다. 앞서 Lockheed로 인수한 CADAM의 2차원 제도 기능과 CATIA는 곧 하나로 합쳐지게 됩니다.(1984년)
1979년에는 보잉, 제록스, GE, 미국방성 등이 CAD Vender에 관계없이 상호 호환될 수 있는 중립 포맷 개발을 시작하였습니다. 앞으로 설명 드리고 또한 몇몇 분들께서는 이미 알고 있는 IGES입니다. 이후 STEP이 나오기 전까지 IGES의 역할은 CAx 관련 프로그램들 간의 데이터 호환이 가능하도록 하는 중요한 역할을 하게 됩니다.(그러나 STEP의 등장으로 IGES가 더 이상의 개발을 진행하지 않는 관계로 데이터 호환에서 완벽한 호환은 이루어지지 않는 점이 있습니다.)
1981년, DASSAULT SYSTEMS가 본사로부터 분리되어 정식적인 소프트웨어를 중점적으로 개발하기 시작합니다. 1982년 곡면 설계 및 머시닝 기능을 포함한 CATIA V1이 출시되었으며 DASSAULT SYS-TEMS, 그루먼, BMW, 다임러벤츠, 혼다 등이 CATIA를 사용하기 시작합니다.

1982년에는 AutoDesk사 설립되기도 합니다. 지금의 엄청난 크기의 AutoDesk가 처음엔 16명 정도의 인원으로 시작하였다고 합니다. 1983년에 AutoCAD가 출시되었습니다.

1984년에는 CATIA에 도면(Drafting) 기능이 CADAM과 독립적으로 추가되며 Boeing이 고객사로 등록됩니다. 종이 도면 한 장 없이 설계를 마쳤다고 하는 보잉 777기의 제작 전설도 CATIA의 도입으로 가능했던 것이지요.

1986년에는 Spatial Technology가 설립되는데 여기서 ACIS라는 상업용 커널을 개발하게 됩니다. 훗날 DASSAULT에 인수되며 현재 CATIA에서도 사용되고 있습니다. 독자 중에는 업무 중 파일 형식으로 SAT라는 형식으로 된 파일을 보셨거나 저장해 보신 분들도 계실 것입니다.

1988년, Unigrahpics에서 Parasolid 커널을 인수하여 개발을 이어가기도 합니다. Parasolid 커널은 ACIS 커널과 DesignBase 커널과 함께 3대 상용 커널 중 하나입니다. 커널(Kernel)이라는 말이 생소하신 분들께서는 핵심이 되는 구조로 자동차로 비유하면 엔진 정도로 이해를 해주시면 될 것 같습니다.

1989년에는 Parametric Technology에서는 Pro/Engineer를 발표합니다. 최초로 상업화에 성공한 Parametric 3차원 모델링 솔루션으로, 매개변수나 치수와의 관계 정의 등으로 설계 의도를 반영하여 설계 자동화 및 최적화를 가능하게 되었습니다.

80년대 후반에 되어서 AutoCAD R10이 출시되면서 Solid 기반 모델링을 지원하게 되었는데요. 와이어 프레임이나 Surface 모델링과 달리 굉장히 무거웠습니다. 요즘에 우리가 사용하는 모델링 속도와는 비교도 안될 만큼 말이죠.

그리고 실제로 1990년대 되면서 CAD/CAM/CAE 시장은 더욱 활기를 띠게 됩니다. 특히 이 시대에서 부터 유닉스 기반의 CAD 플랫폼이 Window NT(Window 2000 이후)로 전환되게 됩니다. 따라서 개인용 PC에서도 운용 가능할 수 있는 시스템으로 발전된 CAD 시스템이 더욱 널리 사용되게 됩니다. 2000년대에 생존할 수 있는 주요 키워드 중에 하나가 NT로의 전환이었던 만큼 중요한 발전의 계기였습니다.

1991년에는 Unigraphic에서 Sketcher나 Form Feature와 같은 기능을 지원함으로 기존의 Primitive 모델링과 Boolean Operation 방식에 비해 높은 생산성을 발휘할 수 있는 방법을 제시하였습니다. 오늘날 우리가 CATIA를 사용하여 Sketch 형상을 그리고 Pad, Pocket, Hole 등을 구현할 수 있는 것도 이러한 모델링 접근 방법에 근거한 것입니다.

1995년쯤에는 AutoDesk가 MDT(Mechanical Desktop)를 발표합니다. 3차원 설계를 위해 AutoCAD R13, AutoCAD Designer 3, Assembly Modeler 1.0, Auto Surf 3.0, Auto Vision, Part Library 등을 합친 것이었으나 실제 기대와는 달리 많은 사용자를 가지지는 못했습니다.

1997년에는 EDS와 Intergraph가 UGS(Unigraphics Solutions)로 합작하게 됩니다. DASSAULT SYSTEMS은 Solid Works를 인수하게 됩니다. 인수 후 Solid Works가 사라질 수 있을 것을 예상했지만 현재까지 좋은 제품으로 남아 있습니다.

1998년에는 DASSAULT와 IBM은 공동으로 PDM Ⅱ에 대한 새로운 전략적 제휴를 발표합니다. DASSAULT SYSTEMS은 Matro Datavision의 핵심 소프트웨어인 EUCLID Styler와 EUCLID Machanist, Strim, Strimflow를 인수하였으며, 이 제품들은 자유 곡면 설계, NC, 사출 해석 등의 기능을 가지고 있었습니다. 1999년 DASSAULT는 Window NT, UNIX에서 구동될 수 있는 CATIA V5를 출시합니다. 기존의 V4까지가 UNIX만을 지원했던 것과는 큰 차이라 할 수 있습니다. 이후 Smart Solutions ltd.를 인수하기도 하였습니다.

여기까지 간단한 CAD의 역사를 살펴보았습니다. 주요 설계 프로그램 및 회사들을 기준으로 정리를 해보았는데요. 설계 도구로의 프로그램들이 어떠한 역사를 가지며 성장해 왔는지를 가늠해 보시기 바랍니다.

A. Mathematical Theory

■ Bezier

Unisurf, 1972년 르노에서 자동차 설계를 위해 고안한 수학적 곡선 또는 곡면으로 Control Polygon 으로 형상을 정의합니다. Bezier Curve는 시작점과 끝점을 지나며, 조정점에 의해 곡선의 형상이 정해집니다.

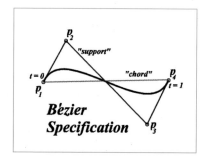

이미지 출처: http://escience.anu.edu.au/lecture/cg/Spline/printCG.en.html

■ B-Spline(Basis Spline)

원래 Spline이란 것은 목수들이 부드러운 곡선을 긋기 위해 사용하던 얇은 금속 띠를 의미하였습니다. CAD를 전공하는 학생들에게는 다항식 곡선 중에 하나로 인식이 될 것 입니다. 이중에 B-Spline 이 있습니다. 여기서 B의 Basis는 기반함수를 의미합니다. 더욱 부드러운 곡선 정의가 가능하며 일반적으로 Control Point를 지나지 않으며, 인접한 곡선끼리 Control Points를 공유합니다.

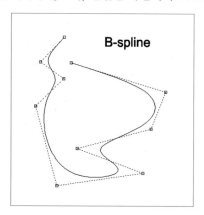

이미지 출처: http://coreldraw.com/forums/t/4500.aspx

■ NURBS(Non-Uniform Rational B-Spline)

3차원 곡선 또는 곡면을 수학적으로 표현하는 가장 진보된 방식으로, 특히 비정형화된 형상을 정확하게 표현할 수 있는 모델링 방식이라 할 수 있습니다. 이미 3D Max, Maya, Rhino 등과 같은 디자인 프로그램뿐만 아니라 CATIA, UG, Pro-E와 같은 하이엔드 설계 프로그램에서도 곡면 형상을 정의하는데 사용하고 있습니다. NURBS의 경우 곡선을 정의한다고 했을 때 시작점과 끝 점 사이에 Control Point(Vertex)로 선들을 이어주게 되며, 이 Control Point들은 위치 정보와 가중치(Weight)의 조합으로 형상을 정의할 수 있습니다. 곡면의 경우에도 Control Point들이 원형 방향으로(일반적으로 U,V 두 방향의 조합으로) 영향을 주며 형상을 적용하게 됩니다.

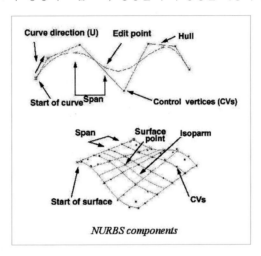

이미지 출처: http://pesona.mmu.edu.my/~juhanita/mca1013/ModellingNURBS.htm25

B. Continuity

여기서는 곡선 또는 곡면(또는 일반적인 면)의 연속성에 대한 이야기를 해볼 것 입니다. 연속성이 무엇이고 왜 중요한지는 곡면을 이용한 형상 설계를 하시는 분들이시라면 공감할 것 입니다. 우리가 설계하는 형상은 단번에 하나의 곡면 패치로 설계할 수 없다는 것은 모두 이해할 것입니다. 여러 개의 곡면과 곡면 패치들이 모여 하나의 형상을 이루게 되는데요. 여기서 이러한 곡면과 곡면들 사이 또는 곡선과 곡선 사이에 연결되는 지점에 대한 연속성을 정의하게 됩니다. 단순히 이어 붙여 하나의 형상을 만드는 것이 아니라 곡면의 가공성 또는 품질을 고려하여 연결해 주어야하기 때문에 연속성이 필요하다고 할 수 있습니다. 앞서 간단히 살펴본 Bezier, B-Spline, NURBS 모두 각각의 패치들을 연결(Composite)할 때 아래와 같은 원리가 필요하며, 여러분이 CATIA에서 곡선이나 곡면들을 연결할 때도 이를 따져보아야 하는 부분이 됩니다. 단순히 Join만 시켜서 가공할 수 있는 완벽한 곡면이 나오지는 않습니다. 여기서는 곡선 또는 곡면의 부드러움(Smooth)을 기준으로 연속성을 따져 보도록 하겠습니다. 일반적으로 수학적인 연속성을 정의하는 기준은 Cn으로 표기를 합니다. C0, C1, C2 이렇게요. 하지만 이것은 수학적인 기준인지라 Geometry에 기준하기에는 상당히 애매한 부분이 있습니다. 그래서 Geometry에 대한 연속성의 기준은 따로 Gn으로 표기를 합니다. G0, G1, G2 이렇게요.

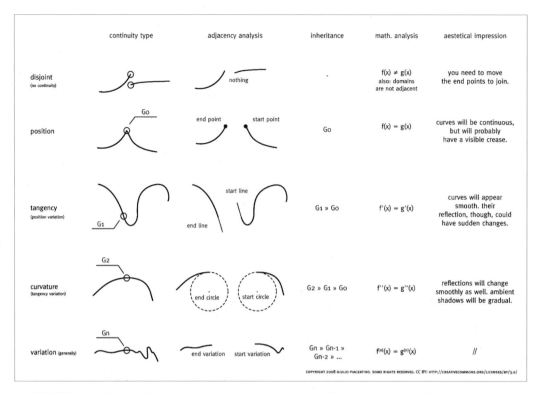

	continuity type	adjacency analysis	inheritance	math. analysis	aesetical impression
disjoint (no continuity)		nothing	-	$f(x) \neq g(x)$ also: domains are not adjacent	you need to move the end points to join.
position	Go	end point start point	Go	$f(x) = g(x)$	curves will be continuous, but will probably have a visible crease.
tangency (position variation)	G1	start line end line	G1 » Go	$f'(x) = g'(x)$	curves will appear smooth. their reflection, though, could have sudden changes.
curvature (tangency variation)	G2	end circle start circle	G2 » G1 » Go	$f''(x) = g''(x)$	reflections will change smoothly as well. ambient shadows will be gradual.
variation (generally)	Gn	end variation start variation	Gn » Gn-1 » Gn-2 » ...	$f^{(n)}(x) = g^{(n)}(x)$	//

이미지 출처: http://www.giuliopiacentino.com/wp-giulio/wp-content/uploads/gs-Continuity-derivative.png

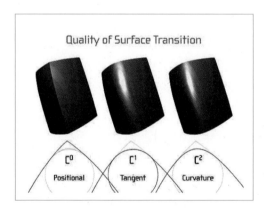

이미지 출처: http://www.digitalartform.com/archives/2010/02/studio_cyc_no-s.html

C0(Point Continuity) 연속의 경우 두 곡선 또는 곡면이 한 점 P 또는 한 모서리 PP'에서 만난다고 할 때 이한 점 P 또는 한 모서리 PP'에서 두 곡선 또는 곡면은 일치해야합니다. 닿아있어야 한다는 것이 지요. 만약에 이 한 점 P 또는 한 모서리 PP'에서 두 형상이 닿지 않는 다면 나머지 C1, C2 역시 만족 될 수 없습니다. 여기서 C0는 G0와 동일한 연속 조건을 갖습니다. C1(Tangent Continuity) 연속의 경우에는 한 점 P 또는 한 모서리 PP'에서 C0를 만족한 상태에서 기울기가 같아야 합니다. 즉, Tangent 해야 한다는 것이지요. 혹은 접한다고도 표현할 수 있는데요. 서로 다른 두 방향에서 이어져 온 형상이 이 만나는 지점을 기준으로 기울기가 같아야 한다고 생각하시면 됩니다. 수학적으로 기울기가

같으려면 해당 위치에서 두 곡선 또는 곡면의 방정식의 1차 미분이 같아야 합니다. G1 연속의 경우에는 C1 연속 조건에 유연성 부여를 위해 상수 곱이 가능한 경우라고 보시면 됩니다. 일반적으로 우리가 일반적으로 모델링을 하면서 이웃하는 형상들을 부드럽게 이어주어야 한다고 할 때 만족해야 하는 최소 조건이 G0 연속입니다. C2(Curvature Continuity) 연속의 경우 완전 연속이라고도 할 수 있는데요. 한 점 P 또는 한 모서리 PP'에서 두 곡선 또는 곡면이 연결된다고 할 때 이 위치에서 곡률이 일치합니다. 곡률은 기울기의 변화율인데 그 변화율까지 같은 경우이므로 완전 연속이라 할 수 있습니다. 가장 부드럽게 두 대상간을 연결하는 방법이라고 기억해 주시면 좋을 것 같습니다. 앞으로 곡면을 이용한 많은 설계 작업을 하실 여러분들께서는 이러한 곡면 연속의 특징을 잘 파악하셔서 사용하시기를 권장 드립니다. 이러한 특성이 곡면 최종 품질과 결부되었음은 물론 CATIA를 다루면서 명령어 속에서도 확인하실 수 있을 것입니다.

SECTION **04** 중립 파일을 이해하자

중립 파일(Neutral Files)은 전산 응용 설계 또는 해석 등의 작업에 있어 앞으로 친숙히 다루게될 파일 형식으로 서로 다른 CAD 프로그램과 CAD 프로그램 사이 또는 CAD 프로그램과 CAE 또는 CAM 프로그램 사이에 데이터 호환을 위해 고려된 것입니다. 이는 프로그램 메이커마다 데이터 포맷이 일정하지 않기 때문에 공통 파일 형식을 고안한 것이라 할 수 있습니다.

A. IGES(Initial Graphics Exchange Specification)

- 파일 형식: *.igs 또는 *.iges

IGES는 그 대표적인 중립 파일의 한 종류로 3차원 상에서 점 데이터, 선 데이터, 면 데이터를 호환할 수 있습니다. 아마도 가장 많이 쓰이고 있는 중립 파일이 아닐까 합니다. 아직까지 Solid까지 인식하는 IGES의 표준화는 조금 시간이 걸릴 듯하며 대체적으로 곡면 데이터의 호환 및 교환을 목적으로 많이 활용되고 있습니다. CATIA, UG, Pro-E, Rhino, 3D MAX, Alias 등이 모두 IGES와 같은 중립 파일을 지원하고 있지요. 다만 IGES로 변환되어 불러와 지는 형상은 CATIA에서 변환 과정을 거치기 때문에 작업 트리의 보존이나 형상 일부가 변환 후 소실될 수 있는 문제는 있습니다. Solid로 작업된 데이터라 하더라도 IGES로 변환 후 열어보게 되면 내부 솔리는 없어지고 외형만 면(Surface) 데이터로 존재하게 됩니다.(형상의 내부에 있는 면들도 그대로 인식됩니다.)

19

그런데 한 가지 더 생각할 문제는 면 데이터 역시 각각의 Patch 별로 끊어 저버린다는 것입니다. 필요하다면 전부 다시 합치거나(Join) 수정을 해야 하는 일이 필수적이라는 것이지요.(CATIA에서는 이러한 문제점을 해결하기 위해서 Healing Assistant라는 Workbench 또는 Healing이라는 기능을 제공하고 있습니다.)

CATIA에서 IGES 형식의 형상을 불러오면 Spec Tree는 다음과 같이 나타납니다. 모든 형상 요소가 Datum(Isolated) Feature로 나타나는 것을 확인할 수 있습니다. Solid 형상의 면들이 모두 분리되어 면 요소로 만들어지는 것을 확인하기 바랍니다.

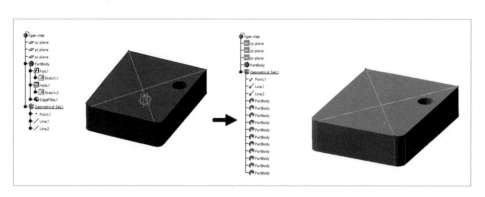

B. STEP(STandard for the Exchange of Product Model data)

■ 파일 형식: *.stp 또는 *.step

STEP은 ISO에서 제정된(1994년 12월) 있는 새로운 국제 표준으로 정식 타이틀은 ISO입니다. 제품의 생명주기 전반을 다루는 것을 목표로 하는 STEP의 그 역사는 1984년 ISO TC184/ SC4에서부터 시작됩니다. 역사나 배경에 대해서는 각설하고 앞서의 IGES와 달리 점(Point), 선(Curves), 면(Surface), Solid(Solid) 데이터 모두를 호환합니다. 즉, Solid 형상으로 모델링한 파일을 STEP으로 저장하여 변환, 불러오기를 하더라도 Solid 데이터가 보존된다는 것입니다. 물론 아직까지 Spec Tree까지 보전되지는 못하지만 형상 데이터의 완전한 변환은 좋은 점이라 할 수 있습니다.

STEP의 경우 응용 프로토콜 정의를 통한 표준을 정의하고 있는데 이는 특정 응용 분야에 초점을 맞춘 골격을 정의하고 있으며 우리에게는 AP203이 친숙할 것입니다.(AP213과 함께 CATIA Option 설정에서도 확인하실 수 있습니다.) 기계 부품과 조립 부품에서 제품의 형상에 관계없이 구성 제어된 3차원 형상의 설계를 위한 응용 프로그램 간의 교환을 가능하게 합니다. 여기서 구성이란 3차원 설계 데이터와 그 데이터를 제어하는 프로세스를 의미합니다. 다음은 간단히 STEP Application Protocols(AP)을 산업군 별로 정리한 것입니다.

기구 설계 제도	복합재료
201-202 : 제도	209 : 복합재료/금속 구조 해석 설계
203 : 구성 제어 설계	222 : 복합재료 제품 데이터 교환
204 : 경계 표현을 이용한 기구 설계	**플랜트**
205 : 곡면 표현을 이용한 기구 설계	221 : 플랜트 기능 및 구조 표현
206 : Wire frame 표현을 이용한 기구 설계	227 : 플랜트 공간 배치
214 : 자동차 설계 프로세스 핵심 데이터 교환	231 : 주요 장비 설계, 사양
일반 기계 가공	**전기 전자**
207 : 판금다이 계획 및 설계	210 : PCA 설계 제조
213 : 절삭 공작물NC 공정 계획	211 : 전자제품 시험, 진단, 재생산
223 : 주물제품의 설계 및 제조	212 : 전자제품 설계, 설치
224 : 특징 형상 이용 공정 계획	220 : PCB 생산계획
229 : 단조품 설계 제조	**조선**
건축	215 : 조선배치
225 : 건축물 부품 명시적 형상표현	216 : 선형
228 : 건축물 서비스	217 : 파이프 배치
230 : 건축물 구조 골격 – 강구조물	218 : 선체
	226 : 선박 기관, 의장 설계

CATIA에서 STEP 형식의 형상을 불러오면 Spec Tree는 다음과 같이 나타납니다. 모든 형상 요소들이 Datum(Isolated) Feature로 나타나는 것을 확인할 수 있으며, Solid 형상의 경우에는 IGES와 달리 Solid 그대로 Datum이 되어 불러와 지는 것을 확인할 수 있습니다.

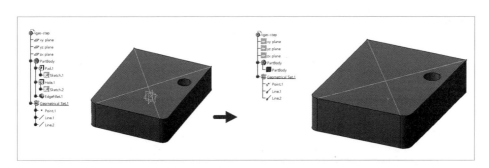

또한 다음과 같은 Convert 메시지를 확인할 수 있습니다.

A. CATIA 실행하기

CATIA가 설치된 컴퓨터에서는 다음과 같이 바탕 화면의 아이콘을 실행하거나, 시작 메뉴에서 CATIA 폴더의 실행 아이콘을 찾아 실행할 수 있습니다. (Windows 8, 10의 경우는 앱과 같은 아이콘으로 실행이 가능합니다.)

또는 윈도우의 실행(Run) 창에서 다음과 같이 'cnext'라고 입력하여 실행할 수 있습니다.

CATIA가 실행되면 다음과 같은 시작 화면과 함께 빈 Product가 열린 상태의 CATIA 인터페이스를 확인할 수 있습니다.

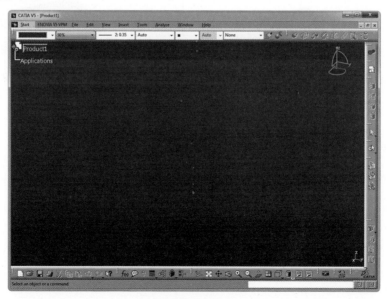

CATIA를 실행하면 기본적으로 나타나는 창이 하나 보일 것입니다. 이것은 일반적으로 '빈 Product'로 이 Product는 우리가 CATIA에서 조립 작업(Assembly Design)이나 기타 Application 작업을 위해 사용하는 파일 형식으로 모델 작업과는 별개인지라 우선 창을 닫아 줍니다.

자 이제 각 작업을 위한 작업 Workbench로의 이동을 위해 CATIA 시작(Start) 메뉴를 보도록 하겠습니다. 다음과 같이 설정이나 라이센스에 따라 약간의 차이는 있겠지만 현재 설치된 CATIA에서 운용 가능한 Workbench들의 제품군 항목이 나타나는 것을 확인할 수 있습니다.

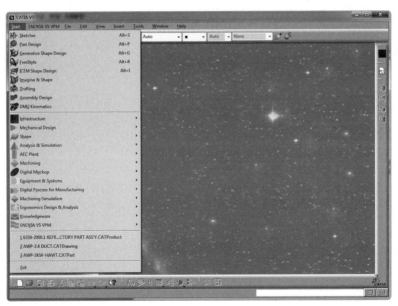

여기서 원하는 Workbench를 선택하면 다음과 같이 해당 Workbench에서 작업할 수 있는 도큐먼트(CATIA 문서 형식)이 열리는 것을 확인할 수 있습니다.

한 가지 기억해 두면 좋은 팁으로 같은 파일 형식을 사용하는 Workbench로 작업 Workbench를 이동할 때는 별도의 도큐먼트가 새로이 열리는 것이 아니라 Workbench만 이동하게 됩니다. 같은 Work-bench로 작업 Workbench를 반복하여 지정해 주면 새로운 도큐먼트가 열리게 됩니다.

B. 화면 구성

CATIA는 다음과 같은 화면 구성을 하고 있습니다. 앞으로 CATIA의 모든 작업은 이러한 화면 구성 하에서 이루어지게 될 것이므로 눈에 익숙해지기 바랍니다.

■ 화면 상단에는 풀다운 Menu Bar가 있어 이것을 클릭하면 그 안의 메뉴들이 나타납니다.

- Start Menu

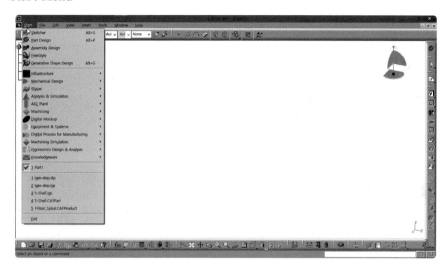

- File Menu

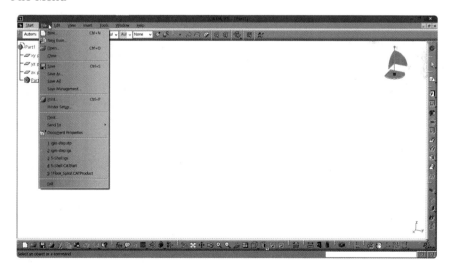

- Edit Menu

- View Menu

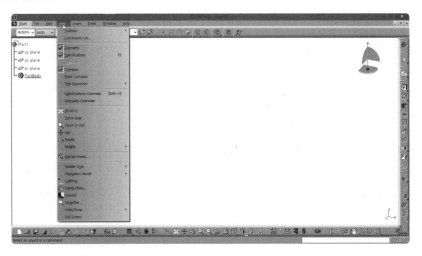

- Insert Menu

- Tools Menu

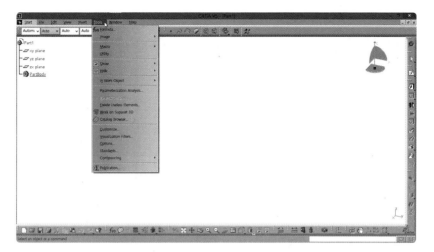

- Windows Menu

- Help Menu

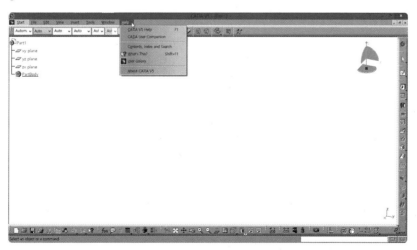

- 화면 왼쪽에는 현재 작업하고 있는 대상에 대한 History 정보가 저장되는 Specification Tree가 있습니다.

- 화면에 나타나는 Toolbar들은 현재 활성화된 Workbench의 것과 모든 Workbench에서 공용으로 쓸 수 있는 Common Toolbar들입니다.

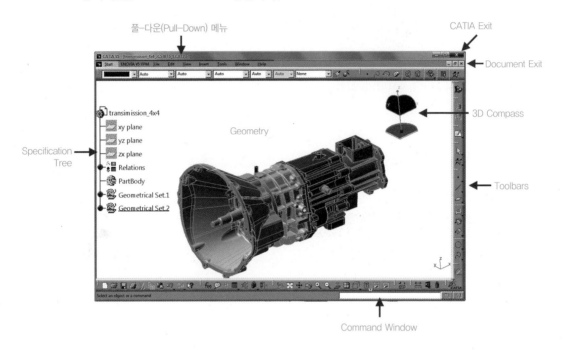

C. 메뉴 및 Toolbar

CATIA의 명령어들은 명령에 접근을 용이하게 하기 위해 같은 부류의 명령들끼리 Toolbar에 모여 있습니다. 또한 이러한 Toolbar들은 항상 제 위치에 고정된 것이 아니고 사용자의 편의에 따라 위치를 자유롭게 이동시킬 수 있습니다.

또한 이러한 Toolbar의 명령들은 Toolbar를 이용하지 않고 Menu Bar에서 직접 선택을 할 수도 있으며 화면에 표시되지 않은 Toolbar라 하더라도 Menu Bar에는 나타나 있습니다. Toolbar들은 위치가 고정적이지 않으며 동시에 화면에 필요한 Toolbar 일부분만을 보이게 하고 나머지는 선택적으로 감추어 둘 수도 있습니다. 즉, 화면에 모든 Toolbar가 나타나는 것이 아닙니다.

Toolbar는 현재 자신이 들어온 Workbench의 것만이 나타납니다. 다른 Workbench의 Toolbar는 해당 Workbench로 이동하였을 경우에만 나타납니다.

Toolbar들은 원하는 명령을 선택
하는데 있어 눈으로 인지하기 쉽
고 편리하게 사용할 수 있다.

Toolbar들 중에 현재 v체크
되지 않은 것은 화면에 표시
되지 않는다.

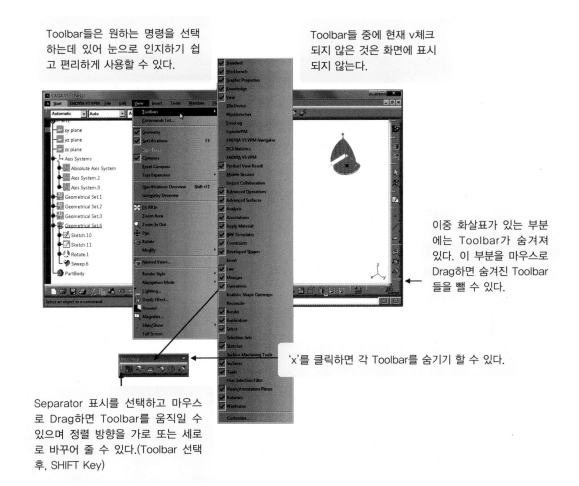

이중 화살표가 있는 부분
에는 Toolbar가 숨겨져
있다. 이 부분을 마우스로
Drag하면 숨겨진 Toolbar
들을 뺄 수 있다.

'x'를 클릭하면 각 Toolbar를 숨기기 할 수 있다.

Separator 표시를 선택하고 마우스
로 Drag하면 Toolbar를 움직일 수
있으며 정렬 방향을 가로 또는 세로
로 바꾸어 줄 수 있다.(Toolbar 선택
후, SHIFT Key)

D. Dialog Box(Definition Window)

CATIA에서는 작업 중에 대상에게 주는 변수 값이나 치수 들을 다음과 같은 Dialog Box를 띄어 이 안
에 입력하여 대상에 적용시킵니다.

이 Dialog Box 안에서 각 명령에 대한 세부 설정을 할 수 있는데 치수 값은 물론 범위 세부 Option의
활성화/비활성화, 대상 선택과 같은 작업을 하게 됩니다.

이 Dialog Box 창은 작업을 실행할 당시와 수정을 할 때 모두 같은 형태로 띄워집니다.

⑩ GSD Workbench Sweep과 Join 생성 명령 Definition창의 구조

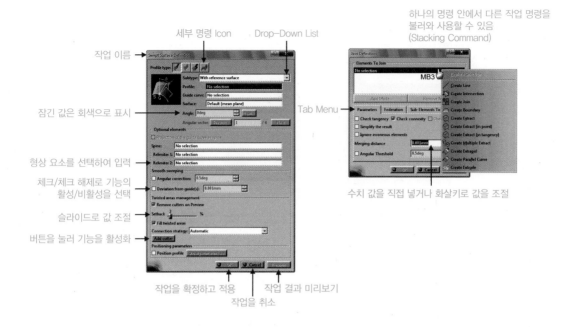

하나의 명령 안에서 다른 작업 명령을
불러와 사용할 수 있음
(Stacking Command)

세부 명령 Icon   Drop-Down List

작업 이름

잠긴 값은 회색으로 표시   Tab Menu

형상 요소를 선택하여 입력

체크/체크 해제로 기능의
활성/비활성을 선택   수치 값을 직접 넣거나 화살키로 값을 조절

슬라이드로 값 조절

버튼을 눌러 기능을 활성화

작업을 확정하고 적용   작업 결과 미리보기
                작업을 취소

E. Multi-Documents Support

CATIA는 동시에 여러 개의 작업 파일을 다룰 수 있습니다. 한 번에 여러 개의 파일을 열어 서로 연계
된 작업을 할 수도 있으며(형상이나 치수 등을 서로 공유할 수 있도록 External Reference, Skeleton
Design 등을 사용 가능) 개개의 도큐먼트별로 작업을 독립적으로 실행, 사용할 수도 있습니다.

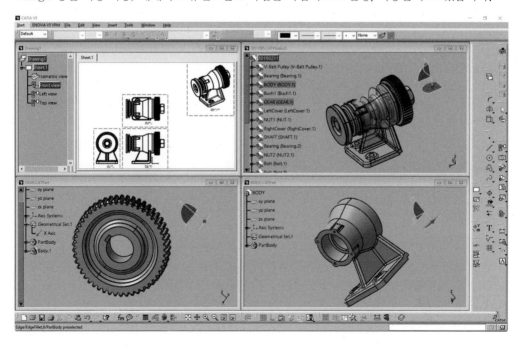

F. 마우스 사용법

CATIA는 3차원 작업 환경을 가지고 있습니다. 이에 따라 화면에 출력되는 대상을 이리 저리 둘러보고 확대/축소/회전하여 관찰하며 필요한 부분으로 이동해야 할 경우가 매우 빈번합니다. 이때 일일이 명령어를 사용하여 위치를 이동시키고 확대/축소하는 것은 작업의 비효율을 초래합니다. 다음은 CATIA를 사용하면서 가장 빈번히 사용되는 이동 기능의 마우스 단축 동작입니다. 이 3가지 동작을 손에 익히도록 연습하기 바랍니다.

■ 대상 또는 명령의 선택, Drag, 더블 클릭

MB1 버튼을 사용하여 우리는 원하는 대상을 선택하거나 명령을 선택하는 것이 가능합니다. 복수 선택을 원할 경우 CTRL Key를 누르고 선택하거나 드래그하여 해당 영역에 포함된 대상들을 모두 선택해 줄 수 있습니다.

형상이나 Spec Tree의 항목을 더블클릭하면 수정 Mode에 들어가게 됩니다.

■ 대상 또는 Spec Tree의 이동

✛ MB2 버튼을 누른 상태에서 Drag 하면서 이동하면 화면의 형상이 이동 방향으로 같이 옮겨집니다. 마우스 가운데 버튼을 누르면 다음과 같이 커서가 표시됩니다.

이 상태에서 마우스를 이동하면 형상이 나란히 움직이는 것을 확인할 수 있습니다. 화면 중앙에 생기는 표시의 위치를 정중앙으로 해서 이동되는 것을 확인할 수 있습니다.

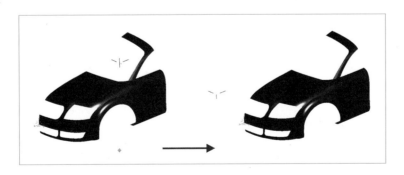

■ 대상의 회전

MB2 버튼과 MB3 버튼을 동시에 누른 상태에서 Drag 하면 화면이 회전되는 것을 볼 수 있습니다.
(커서 모양은 손바닥 모양 이 됩니다.)

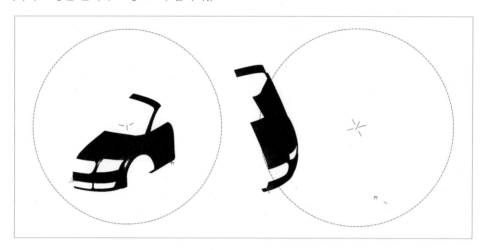

■ 대상 또는 Spec Tree의 확대/축소

MB2 버튼을 누른 상태에서 MB3 버튼을 누른 뒤 MB3 버튼을 놔두면 확대 축소가 가능합니다.
(커서의 모양은 상하 화살표 모양 이 됩니다.)

G. 대상 선택하기

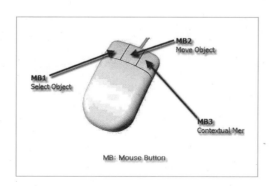

■ 마우스

CATIA로 작업을 하면서 아이콘이나 형상의 일부분 또는 Specification Tree를 선택해야 할 경우가 있습니다. 그럴 때 필요한 마우스 동작과 Select Toolbar를 소개합니다.

우선 앞서 언급한 바와 같이 MB1 버튼을 사용하여 대상을 선택할 수 있습니다. 형상뿐만 아니라 아이콘, Specification Tree의 부분까지 마우스를 사용하여 선택이 가능합니다. 우리가 Mouse를 사용하여 선택할 수 있는 형상의 요소는 다음과 같습니다.

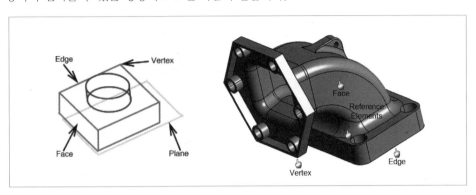

- Face(s) : 형상을 구성하는 면
- Vertex(Vertices) : 형상의 모서리와 모서리가 만나는 꼭지점
- Edge(s) : 형상의 면과 면의 경계 부위
- Plane(s) : 평면
- Axis(Axes) : 축 대상

물론 대상을 선택하는데 있어 오로지 한 가지 대상만을 선택할 수 있는 것은 아닙니다. CTRL Key를 누른 상태에서 MB1 버튼을 사용하면 복수 선택이 가능합니다.

■ Select Toolbar

많은 사람들이 사용을 잘 하지 않는 기능이나 원하는 대상을 선택하고자 할 때 매우 훌륭한 선택 도구가 됩니다. 일반적으로 우리가 드래그 하여 선택하는 것이 선택 기능의 전부라고 생각할 수 있지만 실상은 그렇지 않다는 것입니다.

아무 Workbench에서 Select 아이콘 항목을 열어 보면 그 안에 다음과 같은 Select 도구들이 들어 있는 것을 볼 수 있습니다.

각각에 대한 설명은 생략하겠으며 다양한 종류의 대상 선택 방식이 있으니 사용해 보기를 권장합니다.

- Select
- Selection trap above geometry

- Rectangle selection Mode
- Intersecting rectangle selection Mode
- Polygon selection Mode
- Free hand selection Mode
- Outside rectangle selection Mode
- Outside intersecting rectangle selection Mode

■ User Selection Filter

이 Toolbar 역시 많은 사용자들이 사용하지 않지만 훌륭한 형상 선택 도구입니다. 이 필터 기능들을 사용하여 작업자가 만약 화면상에서 Wireframe 요소만 선택하고 싶다고 하면 Toolbar에서 Curve Filter ⟟를 켜고 Wireframe 요소들이 있는 위치의 화면을 드래그하면 다른 형상 요소들은 선택되지 않고 Wireframe 요소만 선택할 수 있습니다.

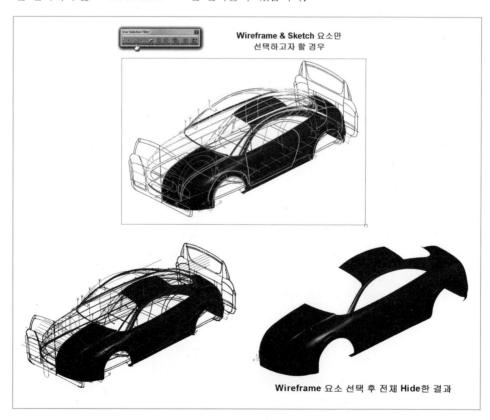

Wireframe & Sketch 요소만
선택하고자 할 경우

Wireframe 요소 선택 후 전체 **Hide**한 결과

그리고 반드시 사용 후에는 이 필터 기능을 꺼야 합니다. 그렇지 않으면 다른 작업을 할 때도 필터의 활성화 때문에 다른 대상 선택이 안 되는 경우가 발생하기 때문입니다. 종종 화면에 대상을 선택하려고 할 때 ⬟ 표시가 뜨면 User Selection Filter에 무언가에 필터가 켜지지 않았는지 살펴보기 바랍니다.

H. Editing Parts

CATIA는 작업자와 작업 내역 사이에 상호작용이 무척 잘 이루어져 있습니다. 작업자가 형상이나 값에 대한 대입에 따른 반응이 즉각적이며 형상의 수정 작업 또한 바로 이루어집니다. 일반적으로 형상 수정 작업에 대한 수정 화면은 우리가 명령을 생성할 때와 같은 Dialog Box가 동일하게 사용되며 여기서 적절한 값으로 수정을 하면 바로 업데이트가 됩니다. 물론 적절한 값으로 수정을 하지 않았을 경우 수정 결과에 대한 Error 메시지가 나타납니다. 이를 해결하지 못하면 입력한 새로운 값으로는 형상 정의가 바르게 이루어지지 않음은 물론 이후 모델링 작업 역시 불가능함을 기억해야 합니다.

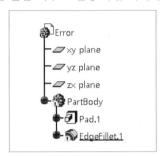

특정 작업에 대한 수정을 위해서는 해당 형상을 화면에서 직접 더블 클릭하거나 Specification Tree에서 해당 작업 형상(Feature)을 더블 클릭해 주면 됩니다.

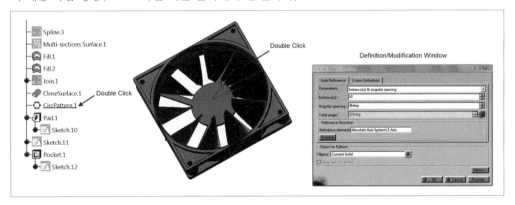

I. Specification Tree

CATIA에서 작업을 하면 해당 도큐먼트의 Specification Tree(이하 Spec Tree)에 그 내용이 기록됩니다.

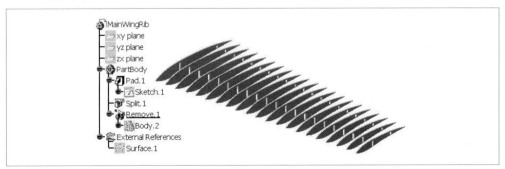

따라서 우리는 작업을 하면서 목적하는 형상이 만들어지는데 어떤 명령을 사용했으며 어떠한 순서로 진행했는지를 이 Spec Tree를 통해서 알 수 있습니다.

물론 이러한 Spec Tree가 단순히 작업 내용의 기록이라고만 생각해서는 안 됩니다. 앞으로 사용을 하면서 배우겠지만 이 Spec Tree를 다루는 방법은 매우 중요하며 Spec Tree를 이용하여 작업을 할 수도 있습니다. 또한 Spec Tree를 어떻게 정리 하느냐에 따라 추후의 수정이 용이하기 때문에 이 Spec Tree를 정리하는 방법에 대해서도 공부하게 될 것입니다.

화면에 나타난 Spec Tree를 감추려면 F3 Key를 이용하며 다시 보이게 하려면 다시 F3 Key를 누르면 됩니다. 또는 풀다운 메뉴의 View를 이용할 수도 있습니다.

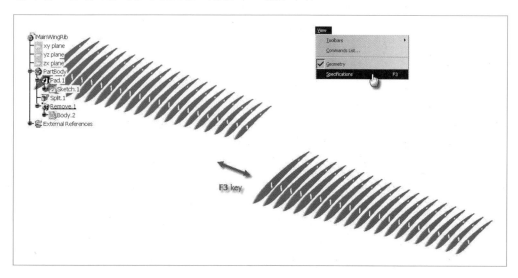

다음으로 화면상에서 Spec Tree와 형상은 같이 움직일 수 없습니다. 따라서 이 둘을 별도로 움직이게 하는데 SHIFT + F3 Key를 누르면 형상이 비활성화 되면서 Spec Tree의 이동이나 크기 조절이 가능해 집니다. 또는 Spec Tree의 선을 클릭하여도 같은 결과가 나타납니다. 이로 인해 가끔 CATIA를 배우는 과정의 사람들이 화면이 회색이 되면서 물체가 비활성화된 것을 보고 놀라게 됩니다.

이럴 때는 다시 SHIFT + F3 Key를 누르거나 Spec Tree의 트리 라인을 다시 선택하거나 또는 화면 오른쪽 하단에 있는 을 클릭하여도 됩니다. 이렇게 Spec Tree를 활성화 한 상태에서 MB2 버튼을 누르고 Drag하면 Spec Tree가 화면상에서 이동을 하게 됩니다. 또한 이렇게 Spec Tree가 활성화 된 상태에서 MB2 버튼을 누른 상태에서 MB3 버튼을 누른 뒤 MB3 버튼을 놔두면 이제는 이 Spec Tree의 크기가 조절됩니다. 물론 설정 후에는 다시 SHIFT + F3 Key를 눌러 Spec Tree의 활성화를 끝내야 합니다.

또한 Spec Tree는 다음처럼 '+' 표시를 클릭하면 내부 형상들이 펼쳐집니다.

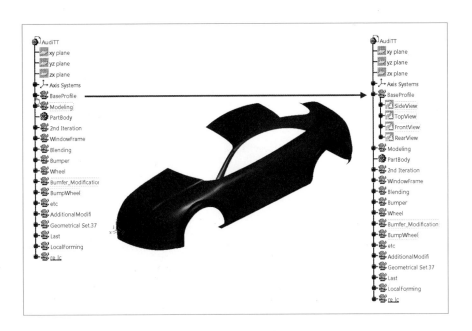

J. Define in Work Object

아직 CATIA를 다루지 않은 상태라면 이해하기 어려운 개념일 수도 있으나 CATIA는 Body ![icon] 나 Ordered Geometric Set ![icon] 을 이용하여 작업을 진행하면 그 작업 내용은 순서를 가진 채 기록이 됩니다.(순서에 영향을 받는 것입니다.) 이때 작업자가 이 순서상 임의의 지점으로 작업 진행 상태를 변경할 수가 있는데 이때 Define in Work Object를 이용합니다. 다시 언급 하자면 CATIA에서는 작업이 이미 다 진행되어도 그 중간의 어느 작업 지점을 마치 현재 작업 중인 것처럼 이동이 가능하다는 것입니다. 이렇게 작업 지점을 옮기게 되면 그 작업 지점에서 추가적인 작업을 삽입할 수 있고 나중에 다시 전체 작업 지점으로 돌아올 수 있습니다. 다음 그림을 보고 이해해 보도록 하겠습니다.

이와 같은 작업이 진행 되었다고 하겠습니다. 여기서 다음과 같이 원하는 위치에서 Define in Work Object를 클릭하면 작업 지점을 그 곳으로 옮길 수가 있습니다.(여기서는 'EdgeFillet.3'을 선택하여 마우스 오른쪽 버튼을 눌러(MB3) Define in Work Object를 선택합니다.)

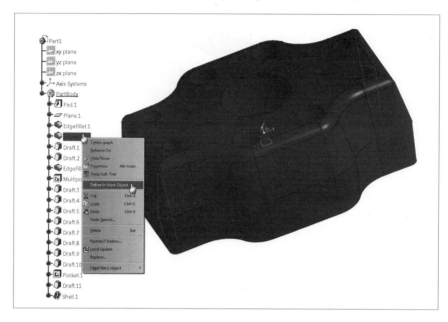

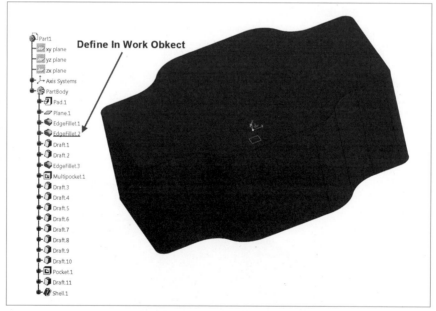

또한 Define in Work Object의 다른 주된 기능은 하나의 Part 도큐먼트 상에 여러 개의 Body나 Ordered Geometric Set이 있다고 할 때 원하는 대상 위치로 작업 위치를 지정하는데 사용하는 것 입니다. 각 Body나 Ordered Geometric Set(OGS)은 서로 간의 별도의 특성을 가지고 있기 때문에 서로 간에 작업 위치를 Define 해 주어야 그 곳에서 작업이 이루어집니다.

다음 그림에서처럼 여러 개의 Body가 있는 경우 하나의 Part 도큐먼트더라 하더라도 작업의 위치가 여러 개로 나뉘는 것이니 명심하기 바랍니다.

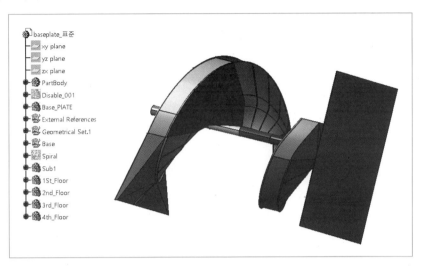

K. 3D Compass

Compass란 CATIA의 3차원 Manipulator로 형상을 이동시키거나 옮길 때, 방향을 지정하는데 사용되는 도구입니다. 이는 Product 도큐먼트 상에 각 서브(하위) Part 도큐먼트나 Product 도큐먼트들을 이동, 회전시키는데 활용도가 높으며 Part 도큐먼트 상에서도 그 기능을 사용할 수 있습니다.

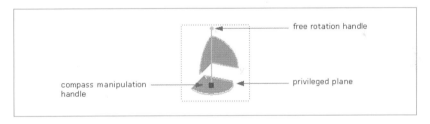

Product 도큐먼트 상에서 Component(단품)들을 이동시킬 때 원하는 물체로 3D Compass를 이동시켜 사용할 수 있습니다.

Compass를 사용하여 Component를 Rotate, Translate 등과 같이 Manipulate시키 수 있다.

L. View

■ Geometry and Specification, Compass

도큐먼트의 화면을 구성하는 요소 중에 형상 자체를 의미하는 Geometry와 작업 내용이 기록되는 Specification, 그리고 3차원 Manipulator 역할을 하는 3D Compass는 풀다운 메뉴에서 화면 상에 나타내거나, 나타나지 않게 설정해 줄 수 있습니다. 풀다운 메뉴에서 View에 들어가면 다음과 같이 상단에 이 세 가지가 모두 체크되어 있는 것을 볼 수 있습니다.

Toolbar와 마찬가지로 이것을 체크 해제하게 되면 화면에 출력되지 않습니다.

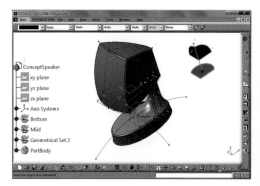

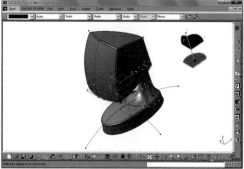

가끔 불필요하게 화면을 차지하여 이렇게 Spec Tree나 Compass를 감추고 Capture를 하는 작업을 하기도 합니다. 또한 CATIA를 실행시켰을 때 위 세 가지 요소가 출력되지 않는다면 풀다운 메뉴에서 이것을 체크해 보기를 권합니다. Spec Tree(Specification Tree)는 단축키로 F3 Key로 지정되어 있습니다.

■ Specification Overview

CATIA에서 작업을 하면서 형상 자체와 Spec Tree간의 밀접한 관계는 아무리 강조해도 지나치지 않다. 따라서 이 둘을 자유롭게 다룰 수 있어야 하는데 여기서는 Spec Tree의 위치와 관련되어 Overview 기능을 설명하도록 할 것입니다.

CATIA를 이용해 처음 모델링을 하는 경우에 누구나 한번쯤은 경험하게 되는 현상이 있는데 그것은 Spec Tree의 선을 잘못 건드렸더니 화면이 어두워지면서 형상이 움직이지 않고 명령도 먹히지 않는 상황이 그것입니다. 이 경우 작업자가 Spec Tree의 Tree Line을 건드린 것이 원인이 되는데 결코 이것은 버그가 아니며 Spec Tree의 위치와 크기를 조절할 때 사용하는 방법입니다. 이렇게 Tree Line을 건드린 후에는 Spec Tree의 위치를 조절하거나 크기와 형상을 다루는 방법처럼 조절해 주면 됩니다.

그런데 이러한 초보 단계에서 생기는 실수에 의해 마구잡이로 마우스를 조작하다가 Spec Tree가 완전히 화면상에 출력되지 않을 수도 있습니다. 이런 경우에는 극단적으로 설정을 초기화해야 하는데 그러기 전에 이 Specification Overview기능 사용하여 Tree의 위치를 잡아 줄 수 있습니다.

풀다운 메뉴에서 View ⇨ Specification Overview을 선택하면 다음과 같은 창이 나타나면서 Spec Tree의 위치를 조절해 줄 수 있습니다.

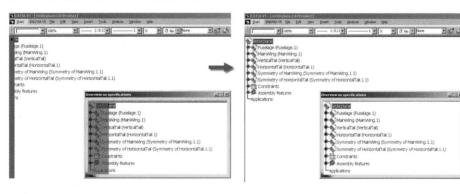

따라서 화면 밖으로 너무 이동해 버려 위치를 찾을 수 없을 경우 이 명령을 사용해 보기 바랍니다. 또는 SHIFT + F3 key를 누른 상태에서 Fit All In ✛ 아이콘을 눌러 보기 바랍니다.

41

■ Fit All In

모델링 작업을 하다 보면 형상을 너무 확대하여 형상을 분간하기 힘들거나 반대로 너무 축소하여 형
상을 찾지 못하는 경우가 발생합니다. 이런 경우에 View Toolbar의 Fit All In ⊕ 명령을 사용하
면 현재의 화면 크기에 맞추어 형상을 출력해 줍니다.

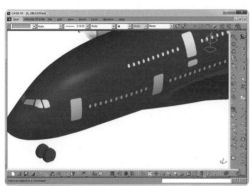 

■ Zoom Area

이 명령은 작업자가 원하는 위치를 드래그 하여 그 부분만을 확대하여 보여주게 하는 명령입니다.
따로 Toolbar에는 표시되지 않으며 풀다운 메뉴에서 View ⇨ Zoom Area를 선택합니다. 그리고
화면상에서 확대하고자 하는 부위를 드래그 하여 주면 Box 형상으로 표시된 부분이 확대되는 것을
확인할 수 있습니다.

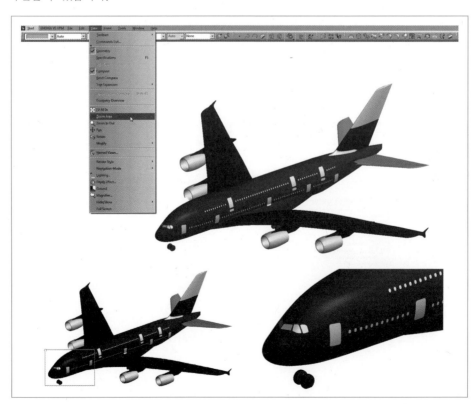

■ Create Multi View

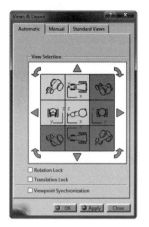

이 명령은 CATIA Release 14이후로 나온 기능으로 현재 형상을 4개의 View로 나누어 다각도로 형상을 바라볼 수 있게 해줍니다. View Toolbar에서 Create Multi-View 명령을 실행시키면 현재 활성화 된 형상이 4분할되어 각각 서로 다른 View를 보여줍니다.

물론 이 각각의 View들은 서로 다른 방향이나 위치로 Manipulation이 가능합니다. 다시 원래의 하나의 화면으로 전환하려면 활성화되어 있는 명령을 해제시킵니다.

만약에 이 Multi-View의 각 View들을 정의하려면 풀다운 메뉴에서 View ⇨ Navigation Mode ⇨ Multi-View Configuration을 선택하여 다음과 같은 Definition 창을 통해 설정해 줄 수 있습니다.

■ Depth Effect

이 명령은 형상을 절단하여 그 내부로 작업을 하거나 관찰할 수 있게 하는 명령입니다. 풀다운 메뉴에서 View ⇨ Depth Effect를 선택합니다. 그럼 다음과 같은 Definition창이 나타납니다. 여기서 형상을 나타내는 원의 좌우의 선을 이동시켜 잘리는 Depth를 설정해 줄 수 있습니다.

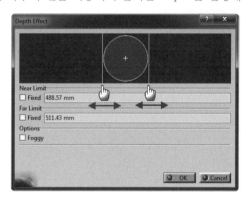

물론 이 명령이 실제의 형상을 절단하는 것은 아니기 때문에 보이지 않는 내부 형상을 수정하거나 관찰할 때 사용하면 좋습니다.

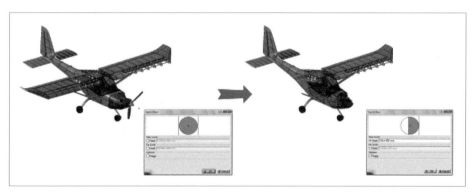

그러니 절단면이 사실적으로 나오지 않는다고 느끼는 분은 Part Level에서 Dynamic Sectioning 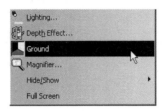 과 Assembly Design Workbench에서 Space Analysis에 있는 Sectioning 기능을 좀 더 세밀히 공부하기 바랍니다.

■ Ground

이 명령은 3차원 형상을 작업하는데 있어 대상이 공중에 떠있는 듯한 느낌을 피하기 위해 가상의 바닥 면을 만들어 주는 명령입니다. 풀다운 메뉴에서 View ⇨ Ground를 선택합니다.

그럼 다음과 같이 격자무늬를 가진 바닥 면이 나타납니다. 이렇게 만들어진 바닥 면은 마우스를 이용하여 그 위치 수정이 가능합니다. 바닥 면의 격자를 선택하고 가볍게 드래그하여 봅니다.

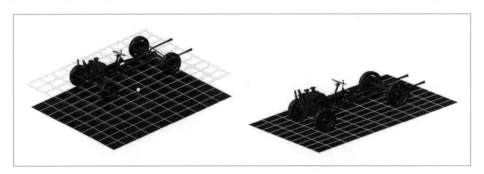

■ Hide and Show

우리가 작업을 하면서 작업 후에 필요 없게 된 대상들이 화면에 다 표시될 경우 작업에 방해는 물론 보기에 좋지 못합니다. 그렇다고 해서 그러한 불필요한 대상들을 현재의 형상들과 연결이 되어있는 상태에서 그냥 지워버릴 수는 없는 것입니다.

이럴 때 사용할 수 있는 간단한 방법은 이러한 요소를 '숨기기(Hide)' 하는 것입니다. 물론 이렇게 숨겨진 대상은 화면에 나타나지 않을 뿐이며 지워지는 것은 아니기 때문에 진행중인 작업에도 전혀 지장을 주지 않습니다.

위의 View Toolbar에서 Hide/Show 아이콘 을 이용하면 원하는 대상을 숨기기가 가능합니다. 또는 직접 원하는 대상을 선택하여 MB3 버튼을 누르면 Contextual Menu 안에 Hide/Show가 보일 것입니다. 이것을 이용하여도 됩니다. CTRL Key를 누르고 복수 요소를 선택한 후에 동시에

Hide/Show 시키는 것도 가능하니 알아 두기 바랍니다. 물론 다음처럼 Spec Tree에서 직접 대상 (Feature)을 선택하여도 됩니다.

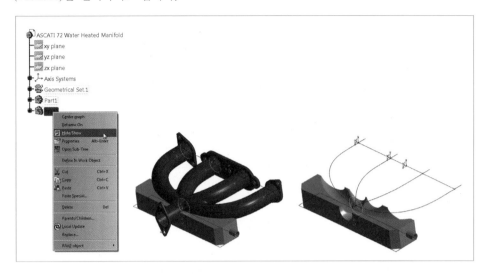

물론 작업하는 과정에서 다시금 이러한 숨겨진 대상이 필요하거나 숨겨진 대상을 확인할 필요가 있습니다. 이때 사용할 수 있는 명령이 View Toolbar의 Swap Visible Space 입니다.
이 아이콘을 클릭하면 다음과 같이 배경색이 변하면서 현재 도큐먼트에 숨겨진 대상들만이 화면에 나타납니다.

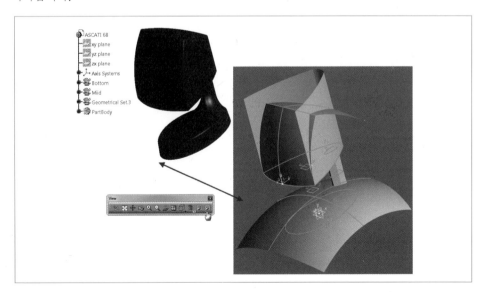

이것은 물론 화면상의 두 가지, 실제 작업 영역과 숨김 영역을 나누어 보게 되는 것입니다. 숨김 영역에 있는 것을 작업하는데 선택하여 사용할 수 있으며 다시 작업 영역으로 옮길 수도 있습니다. 이두 가지 영역을 오가는 것을 익숙히 할 줄 알아야 숨겨진 대상을 찾거나 다시 이용하는데 수월할 것입니다.

■ Perspective and Parallel Mode

CATIA에서 형상을 표시하는 두 가지 Mode가 있는데 하나는 형상을 원근법적으로 출력해 주는 Perspective이고 다른 하나는 형상을 원근법 효과 없이 나란하게 보여주는 Parallel입니다. 이 두 가지 Mode를 비교해 보면 다음과 같이 하나의 형상을 서로 다르게 보여준다. 이것은 하나의 직사각형 형상을 기준면으로 Sketch 작업에 들어갔을 때 각 Mode에 따른 형상의 출력 모습입니다.

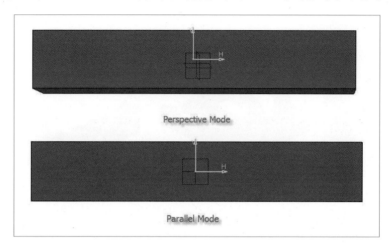

실제 3차원 형상 모델링 작업을 하는데 있어서는 Parallel Mode로 하는 것이 작업에 맞습니다. 디자인 쪽으로 작업을 수행하는 Workbench의 경우에는 Perspective Mode를 사용하는 경우도 종종 있습니다.(예를 들어 Imagine & Shape Workbench 등)
이러한 표시 방식에 대한 설정은 풀다운 메뉴의 View ⇨ Render Style에서 선택해 줄 수 있습니다.

■ Render Style

우리가 작업을 하는데 있어 물체를 보는 View Mode는 매우 중요합니다. 작업의 능률 차원에서 영향을 줄 뿐만 아니라 경우에 따라 반드시 사용하여야 하는 View Mode가 존재하기도 합니다.(예를 들어 재질 표시를 위해 Shading with material로 반드시 View Mode를 변경해주어야 하는 경우도 발생합니다.)
View Mode는 View Toolbar를 사용하여 설정할 수 있으며 또한 풀다운 메뉴 View ⇨ Render Style을 이용하여 설정이 가능합니다.
다음은 CATIA에서 제공하는 Render Style입니다.

- Shading
    - 형상에 음영만을 주어 표현
    - 윤곽선은 나타나지 않음
    - 전체적인 형상의 ISO View를 보여주기 위하여 사용

- Shading with edges
    - 형상에 음영과 모든 모서리를 표현
    - 실제 설계 작업에서 주로 사용하는 View Mode

- Shading with Edges without smooth Edges
    - 형상에 음영과 부드러운 모서리를 제외한 외곽 모서리만을 표현

- Shading with Edges and Hidden Edges
    - 형상에 음영과 모서리 그리고 보이지 않는 모서리(은선)까지 표현
    - 시각적 검토에는 좋으나 설계 시 복잡한 형상일수록 가시성이 나빠짐

- Shade with Material
    - 형상에 음영과 재질을 표현 : 렌더링 및 Analysis 부분에 필수적인 View Mode
    - 재질이나 Sticker가 적용되지 않은 경우에는 Shading과 동일한 효과를 나타냄

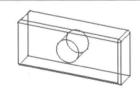

- Wireframe(NHR)
    - 형상을 와이어프레임 요소만으로 표현
    - 윤곽선만을 확인하고자 할 경우나 STL 파일의 메쉬 상태를 확인하기 위하여 사용

- Customize view parameter
    - 사용자 정의 Render Style 설정

■ Lighting

CATIA에서 3차원 형상을 비추고 있는 조명 효과에 대해서도 설정이 가능합니다. 빛을 좀 더 강하게 한다거나 광원을 1개 또는 2개의 광원으로 또는 형광등과 같은 광원 효과와 같은 설정을 할 수 있습니다. 이는 작업자의 시각적 편의를 위해서 변경해 주도록 합니다. 풀다운 메뉴에서 View ⇨ Lighting에 들어갑니다. 그럼 다음과 같은 창이 나타나는데 여기서 광원 효과를 설정합니다.

왼쪽에서부터 광원이 없는 상태, 광원 한 개, 광원 두 개, 형광등 광원 순이며 아래에서 빛의 양과 같은 설정이 가능합니다. Ambient(주위 밝기 효과), Diffuse(분산된 빛 효과), Specular(반사 효과)

또한 광원의 위치 또한 자유롭게 조절해 줄 수 있습니다. 광원 위치를 변경해 보기 바랍니다.

장시간 작업을 하는 동안 형상을 바라보는데 피로하지 않도록 적절한 설정이 필요합니다. 다음은 4 가지 광원 효과에 따른 동일 형상의 보이기 특성입니다.

M. Stacking Commands

CATIA에서는 하나의 작업 명령 안에서 또 다른 작업 명령을 실행 시키는 방법을 제공하고 있습니다. 바로 Contextual Menu(MB3 버튼)를 사용한 방법(Stacking Commands 또는 Running Commands) 입니다. 3차원 상에서 Line [ ] 을 만든다고 할 때 'Point-Point Type'으로 만들어야 한다고 하면 두 개의 포인트가 미리 만들어져 있어야 합니다. 이럴 때 Line 명령을 실행시킨 상태에서 Point 1의 입력 하는 부분에서 MB3 버튼을 클릭해 Contextual Menu를 보도록 하겠습니다.

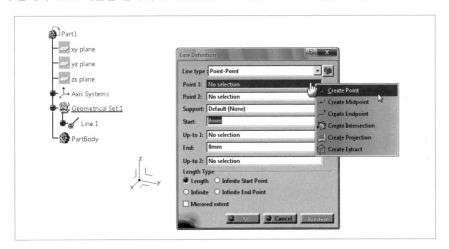

Create Point가 보일 것입니다. 이제 이것을 선택하면 다음과 같이 Point Definition 창이 나타나면 서 포인트를 만들려는 게 보일 것입니다. Running Commands는 현재 Line 명령에서 Point를 만드 는 작업이 연관되어 있음을 알려줍니다. 또한 Point 생성 명령이 종료되면 다시금 Line명령이 실행 될 것을 알려줍니다.

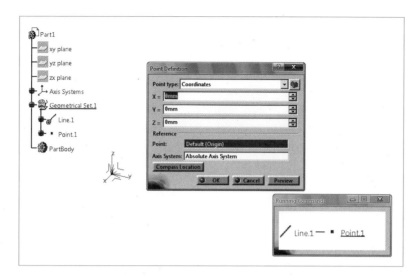

여기서 포인트를 만듭니다. 간단히 Coordinates Type으로 위치를 정의합니다.

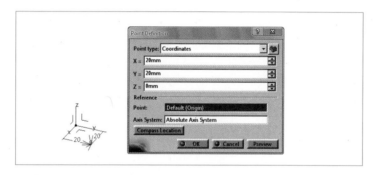

그리고 OK를 누르면 완료되는 게 아니라 다시 Line Definition창이 나타납니다.(Running Commands)
그리고 'Point.1'에는 포인트가 선택이 되어 있습니다.

마찬가지 방법으로 'Point.2'에 대해서 Contextual Menu를 사용하여 포인트를 만들어 줍니다.

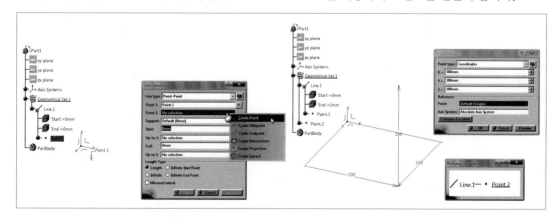

그러면 마지막에 두 포인트를 이용한 Line 형상을 만들 수 있습니다.

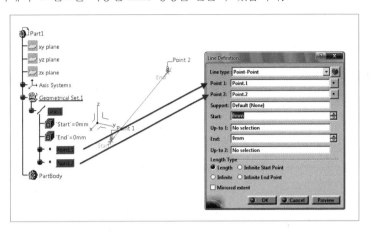

이러한 방법을 Stacking Commands라고 하는데 다른 작업에서도 사용 가능한 방법이며 매우 중요하면서 효율적인 방법이기 때문에 익숙해지도록 연습하길 권장합니다.

Stacking Commands를 사용하는 것과 그렇지 않은 것을 Spec Tree를 통해서도 확실히 효율성을 입증할 수 있습니다. 다음의 Spec Tree를 보도록 하겠습니다. 전자의 경우 Stacking Commands를 사용한 방식의 Spec Tree이고 후자의 경우 포인트를 따로 만들고 나중에 Line을 이용하여 이 둘을 이어준 경우입니다.

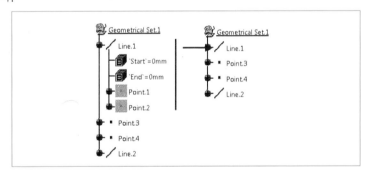

Spec Tree를 보아도 알 수 있듯이 내부 요소로 각 포인트를 잡아 Line을 완성한 전자의 경우가 Tree의 길이나 실제 작업 흐름을 보아서도 훨씬 효율적입니다.

이와 같은 Stacking Commands는 많은 부분에서 활용할 수 있습니다. 물론 이러한 Stacking Commands는 모든 Workbench에서도 유용하게 사용할 수 있습니다.

다음은 Stacking Commands를 사용하는 몇 가지 예입니다.

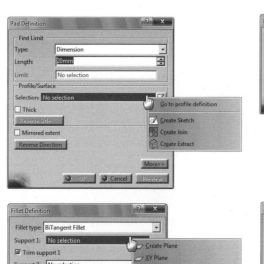

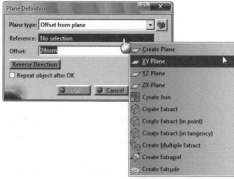

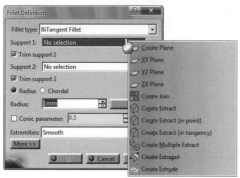

SECTION **06** Workbench Concept

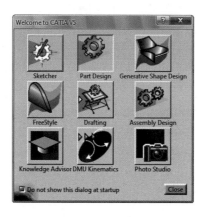

CATIA의 작업 공간들을 Workbench라고 부르는데 각 Workbench 별로 자기들만의 고유한 작업 기능들이 군집되어 있다고 생각하면 됩니다. 그리고 우리는 이러한 Workbench를 필요에 맞게 이동하며 원하는 설계 작업들을 수행합니다.

물론 이러한 Workbench 전환은 작업자가 형상을 일일이 열거나 저장해가며 이리 저리 옮겨 다니는 것이 아니고 형상과 작업자는 가만히 있는 상태에서 Workbench만이 바뀌게 됩니다. 이것은 같은 도큐먼트 형식을 사용하는 Workbench들끼리만 가능하다는 점을 기억해두기 바랍니다.

다음은 이 책에서 다루게 될 Mechanical Design, Shape의 Workbench들입니다. 이러한 Workbench들의 특성과 기능을 개략적으로 이해하고 실제 Workbench들을 하나씩 상세히 배워 나가기 바랍니다.

- Sketcher
- Part Design
- Wireframe & Surface Design / Generative Shape Design(GSD)
- Assembly Design
- Drafting
- Catalog Editor
- Knowledge Advisor
- STL Rapid Prototyping
- Quick Surface Reconstruction
- Digitized Shape Editor
- Photo Studio
- DMU Kinematics
- CATIA Structural Analysis
- Advanced Meshing Tools

SECTION 07 CATIA의 파일 형식

CATIA의 Workbench들은 해당 Workbench에서 행하는 작업에 따라 고유의 파일 형식 즉, 도큐먼트에 데이터가 저장됩니다. 도큐먼트란 CATIA에서 작업 내용이 저장되는 파일의 종류를 의미하며, 그 기능에 따라 많은 종류의 도큐먼트가 존재합니다.

우리가 기본적으로 알아야 할 도큐먼트는 다음과 같습니다.

A. Part

Part 도큐먼트는 3차원 단품 형상을 디자인하는 Workbench에서 사용하며 파일 확장자는 *.CATPart 입니다. 외부 파일 형식 중에도 IGES나 STEP과 같은 중립 파일을 불러온다고 할 때도 변환 및 저장도 이 도큐먼트 형식을 사용하게 됩니다. 여러분이 작업하는 모든 모델링 데이터는 Part 도큐먼트에 저장된다고 생각하시면 됩니다. Part 도큐먼트를 사용하는 Workbench의 종류를 일부 나열하면 다음과 같습니다.

- Sketcher
- Part Design
- Wireframe & Surface Design

53

- Core & cavity Design
- Healing Assistant
- Generative Sheetmetal Design
- Generative Shape Design
- FreeStyle

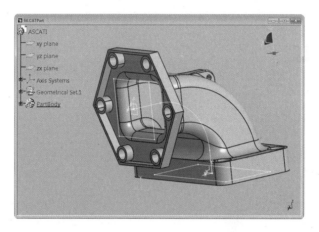

위 Workbench의 목록에서 알 수 있듯이 Part 도큐먼트는 모델링한 각 형상의 실제 정보를 가지고 있습니다. 즉, 모델링 한 모든 형상에 관한 정보는 반드시 Part 도큐먼트에 저장되어야 하고 관리되어야 합니다.

B. Product

Product 도큐먼트는 하나의 단품이 아닌 여러 개의 Part 도큐먼트들 또는 Product 도큐먼트들을 Component로 가지는 이들의 집합입니다. 즉, 조립품을 구성하는 역할을 한다고 할 수 있습니다. 파일 형식은 *.CATProduct이며 Product 도큐먼트는 실제 형상을 모델링 하는 것이 아닌 만들어진 Component들 간의 구속을 주거나 응용작업을 하는데 사용됩니다. 단품들을 조립하거나 응용작업을 한다고 해서 3차원 형상 정보가 Product에 저장되는 것은 아니라는 것을 기억하기 바랍니다.

단순히 Link 정보만이 Product에 기록됩니다. Product 도큐먼트를 사용하는 Workbench를 몇 가지 나열하면 다음과 같습니다.

- Assembly Design
- Weld Design
- Photo Studio
- Catalog Editor
- DMU Navigator
- DMU Kinematics

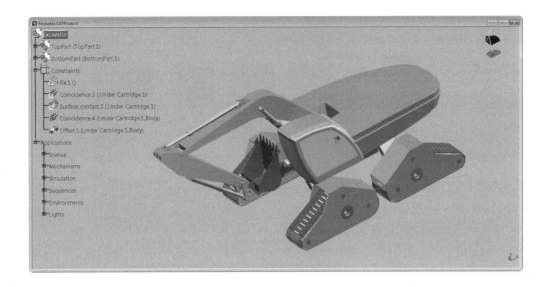

C. Drawing

Drawing 도큐먼트는 CATIA에서 DWG, DXF와 같은 도면 파일 형식의 파일을 열거나 직접 2차원 도면을 생성할 때 사용하는 Drafting Workbench 의 도큐먼트입니다.

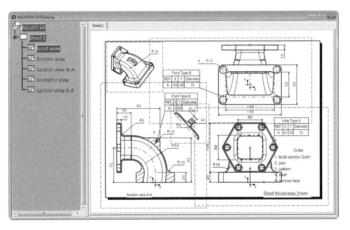

D. Catalog

Catalog 도큐먼트는 일반적인 형상 관련 작업 도큐먼트라기보다는 Part 도큐먼트와 같은 도큐먼트를 기준으로 대상이 가지는 변수의 값에 따른 일종의 목록을 미리 정의하여 형상들을 재사용하기 위한 작업을 수행하는 데 사용합니다. 이러한 Catalog 도큐먼트를 이용하여 한 가지 형상의 Part 도큐먼트를 여러 치수에 따라 일일이 수정하거나 만들지 않고 필요에 따라 목록에서 불러올 수 있습니다. 이를 이용하여 업체의 동일 제품에 대해서 Type별로 제품 리스트를 구축해 필요에 따라 Assembly Design 상에서 도큐먼트를 불러올 수 있습니다. Catalog Editor Workbench에서 사용합니다.

55

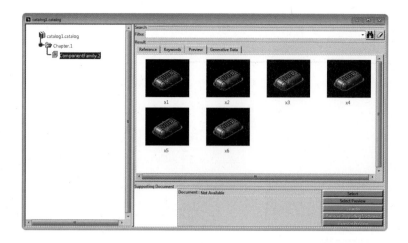

SECTION **08** Graphic Properties

CATIA에는 다음과 같은 그래픽 설정 Toolbar가 있어 선택한 형상 요소에 대해서 시각 스타일을 적용할 수 있습니다.

그러나 이 Toolbar는 처음 설치 후 바로 나타나지 않으며 다음과 같이 화면 오른쪽 또는 하단과 같은 Toolbar들이 있는 곳에서 Contextual Menu(MB3 버튼)에서 보이도록 체크만 해주면 됩니다.

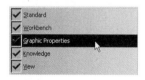

또는 풀다운 메뉴에서 View ⇨ Toolbars에서 체크해 주어도 됩니다.

Graphic Properties Toolbar에서 설정 가능한 부분은 다음과 같습니다. Color Type

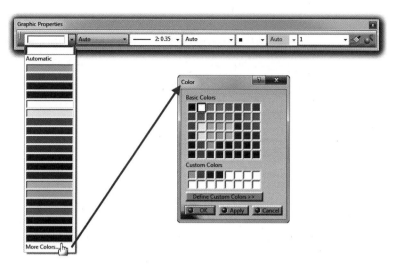

여기서는 선택한 대상의 색상을 변경해 줄 수 있습니다. 우선 대상을 선택한 후에 이 값을 변경해 주면 변경된 색상으로 선택한 대상의 색상을 변경할 수 있습니다.

Assembly나 여러 개의 Body를 이용하여 작업하는 경우 요소들 간의 구분을 위해 자주 사용합니다. 일반적으로 색상은 Body나 Geometric Set 단위로, 혹은 Part나 Product 도큐먼트 단위로 설정해 주는 것이 좋습니다. 일일이 면이나 Curve 요소들을 선택하여 색상을 변경하는 방법은 주의하도록 합니다.

■ Transparency

이것은 선택한 3차원 요소의 투명도를 조절하는 부분으로 여러 개의 형상이 내부에 포함되거나 중첩된 경우 대상들의 투명도를 조절하여 시각화 효과에 도움을 줍니다.

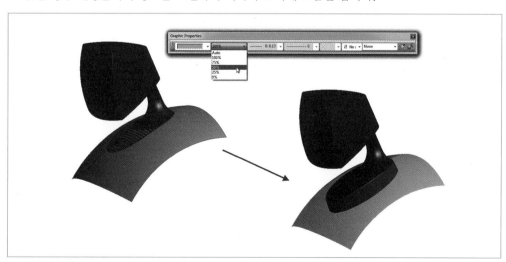

■ Line Thickness

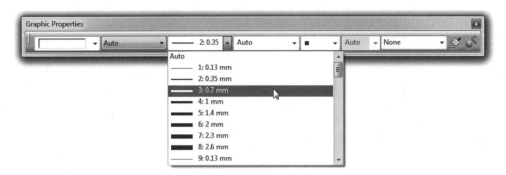

여기서는 Curve 요소들의 선 굵기를 변경해 줄 수 있습니다. 선의 굵기가 다르다고 해서 실제 작업에 영향을 주는 것은 아니지만 표현상으로 일반적인 선들과 다르게 구분해 줄 수 있습니다.

■ Line Type

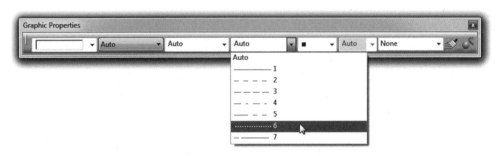

선의 종류를 선택해 주는 기능으로 위와 마찬가지로 3차원 모델링 Workbench에서 보다 Drawing에서 유용하게 사용할 수 있습니다.

■ Point Type

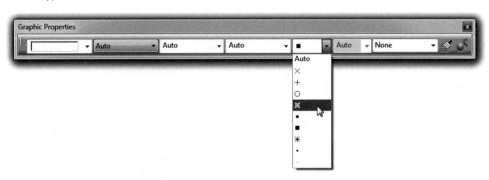

여기서는 포인트의 모양을 변경해 줄 수 있는데 포인트 요소는 Point Type과 Color의 변경이 가능합니다.

■ Layer Filter

CATIA에서 Layer 기능을 사용하기 위한 Filter로 사용할 수 있습니다.

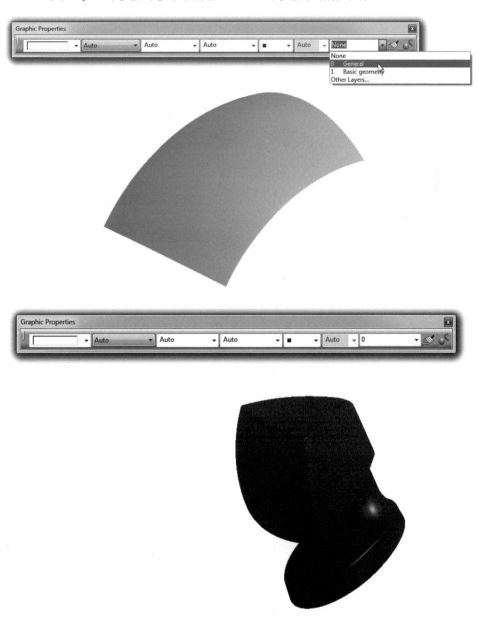

이러한 Graphic Properties Toolbar는 Common Toolbar이기 때문에 모든 Workbench에서 사용이 가능하다는 점을 기억해 두기 바랍니다.

■ Apply Material

CATIA에서는 형상에 대한 모델링 작업과 더불어 실제 형상에 대한 물성치를 부여할 수 있습니다. 이러한 물성치가 적용된 도큐먼트는 실제 형상이 가지는 무게를 가질 수 있으며 렌더링 작업이나 해석 작업과 같은 물성치를 이용한 작업에 활용할 수 있습니다.

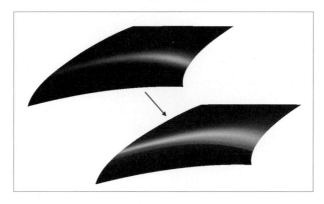

CATIA에서는 기본적으로 준비된 몇 가지 재질이 있습니다. 따라서 작업자는 일반적인 작업의 경우 이 재질을 사용하여 도큐먼트에 재질을 입힐 수 있습니다. 도큐먼트에 재질을 입히기 위해서는 우선 현재 View Mode를 Shade with materials 로 변경해 주어야 합니다.

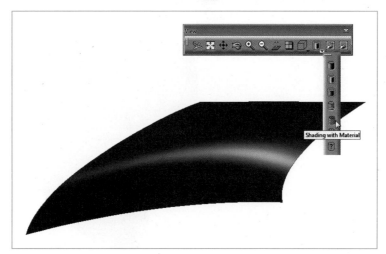

그 다음으로 Apply Material 명령을 실행시킵니다. 그러면 다음과 같은 Material Library가 열리는 것을 확인할 수 있습니다. 재질들은 따로 Family로 나누어져 있으며 비슷한 속성을 가진 재질끼리 하나의 Family를 구성합니다.

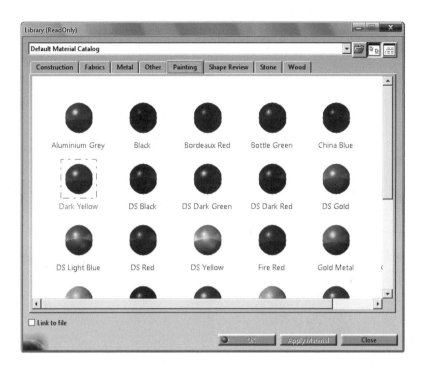

이 Library 중에서 형상에 입히고자 하는 재질을 선택한 후에 형상의 면이나 Body를 선택해 주고 Apply를 클릭해 주면 선택한 재질이 형상에 입혀지는 것을 확인할 수 있을 것입니다. 재질은 Part 도큐먼트에서는 Geometrical Set단위로 입력하는 것이 제일 좋습니다. 즉, 하나의 도큐먼트라 하더라도 Geometrical Set이 다르면 서로 다른 재질을 입히는 것이 가능하다는 것입니다.

왼쪽의 것은 하나의 Body에 재질을 부여한 것이고 오른쪽의 것은 Part 전체에 재질을 부여한 것입니다. Part에 재질을 부여하면 Part에 속한 모든 형상의 재질이 같은 것으로 정의됩니다.

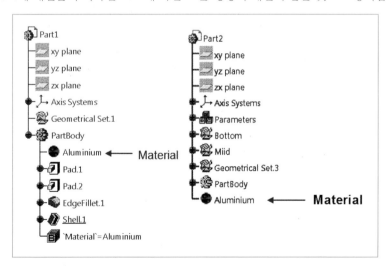

이러한 재질은 작업자의 필요에 따라 Material Library에서 추가로 생성하거나 수정할 수 있습니다.

설계 프로그램에서 우선적으로 중요시되는 것은 작업자가 원하는 치수로 형상을 그려내는 능력이라 할 수 있습니다. 이것이 충족되지 않는다면 설계 프로그램이라 할 수 없을 것입니다. 이에 추가적인 요구 사항이 있다면 '자신이 입력한 치수 값 이외에 형상으로부터 자신이 알고자하는 치수를 알 수 있는가?' 입니다. 가령 A와 B라는 치수를 입력하여 형상을 만든 후 이 두 치수에 의해 만들어진 형상에 의해 얻을 수 있는 C 라는 치수를 프로그램 내에서 얻을 수 있다고 한다면 충분히 효과적이라 할 수 있습니다. 만약에 이러한 Measure 기능이 없다면 형상을 치수대로 실제로 만들어 놓은 후에야 측정이 가능하게 되는데 그럼 이미 늦어버리는 것이 되지 않을까요?

CATIA에서도 이러한 측정 기능을 제공하는데 Measure에 의해서 형상으로부터 직접 원하는 부분에 대한 수치적인 값을 얻을 수 있습니다. CATIA의 Measure는 단순한 길이나 거리 측정에서부터 수기 계산이 어려운 형상의 면적이나 부피, 무게 등과 같은 값을 계산해 낼 수 있으며 이보다 한걸음 더 나가 재질과 연관하여 무게 중심이나 관성 모멘트의 계산도 가능합니다.

■ Measure Between

이 명령은 두 가지 요소를 선택하여 이 두 대상간의 거리나 각도 등을 측정할 수 있게 해줍니다. 이 명령은 하나의 단품 형상은 물론 여러 개의 단품들이 조립되어 있는 Assembly 상에서도 사용 가능합니다. 명령을 실행시키면 다음과 같은 창이 나타나게 되는데 여기서 원하는 측정 Mode나 대상 선택을 설정할 수 있습니다.

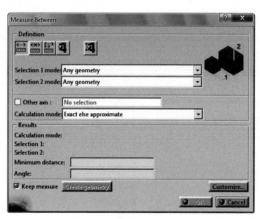

Measure Between은 다음과 같이 모델링을 수행하는 과정에서 치수를 입력하는 부분에서도 활용할 수 있습니다. 다음과 같이 Pad 명령창의 치수 입력란에서 Contextual Menu를 실행해 보기 바랍니다.(다른 치수를 입력하는 모든 명령 창에서 확인해 보기 바랍니다.)

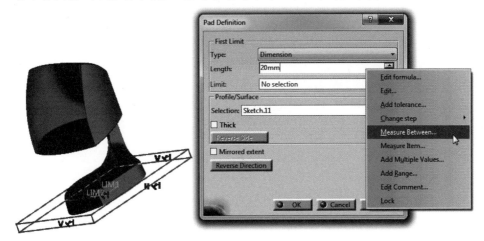

따라서 이것을 사용하면 수치 값을 입력하는 부분에서 바로 수치를 입력하지 않고도 원하는 두 대상 사이의 거리 값 등을 측정하여 입력이 가능합니다.

- Measure Item

이 명령은 측정하고자 선택한 대상에 대해서 길이나 반지름, 면적 값 등을 측정해 줍니다. 우리가 실제로 어떠한 형상을 만들면서 대상의 한 면에 대한 면적이나 무게 중심의 위치와 같은 값을 일일이 손으로 계산하여 구하는 것은 번거롭고 어려운 작업이라는 것을 알고 있습니다. 이러한 경우 Measure Item을 이용하여 보다 쉽게 측정 데이터를 추출해 낼 수 있습니다.

Measure Item은 측정하고자 하는 대상에 따라서 다음과 같은 값을 뽑아낼 수 있습니다. Customize 를 눌러보기 바랍니다.

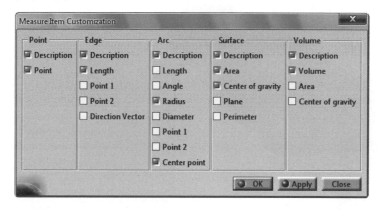

따라서 명령을 실행시키고 Customize를 통하여 원하는 값을 설정하고 대상을 선택하도록 합니다. 선택한 대상에 따라서 자동적으로 Measure Item은 앞서 설정한 값을 측정하게 됩니다.

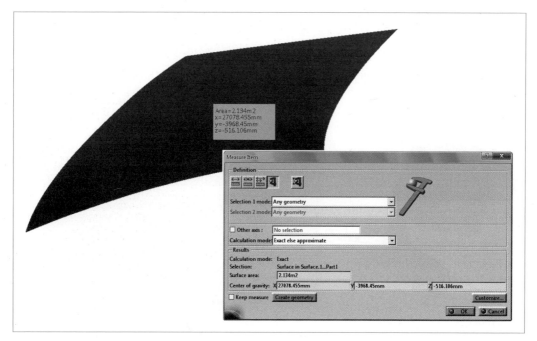

■ Measure Inertia

우리가 실제로 어떠한 형상을 만들면서 대상의 한 면에 대한 면적이나 무게 중심의 위치와 같은 값을 일일이 손으로 계산하여 구하는 것은 번거롭고 어려운 작업이라는 것을 안다. 이러한 경우 Measure Item을 이용하여 보다 쉽게 측정 데이터를 추출해 낼 수 있습니다. Measure Inertia는 2차원 형상에 대한 측정과 3차원 형상에 대한 측정으로 분류하는데 명령을 실행한 후 Measure Inertia 3D , Measure Inertia 2D 를 선택하도록 합니다.

그리고 각각의 대상에 맞게 Customize에서 항목을 체크하여 구성하고 Measure 작업을 진행할 수 있습니다.

[Measure Inertia 3D]   [Measure Inertia 2D]

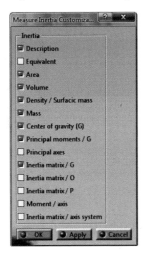 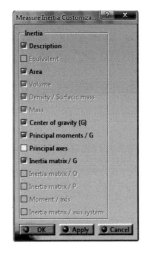

이렇게 구해진 Measure 값은 다른 변수의 작업을 구성하는데 사용될 수 있으며 또는 Export하여 외부 파일로 내보내는 것 또한 가능합니다.

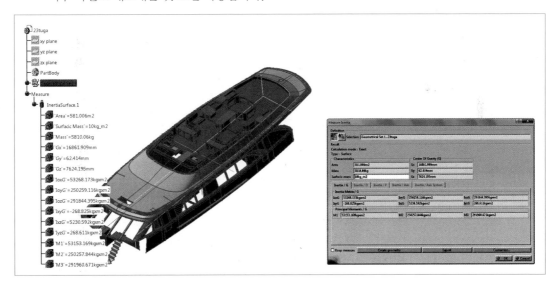

CATIA에서도 마찬가지로 작업한 형상을 하나의 문서와 같이 인식하기 때문에 해당 도큐먼트 안에서 탐색 기능을 수행할 수 있습니다. CTRL + F Key를 누르면 다음과 같은 창이 나타납니다.

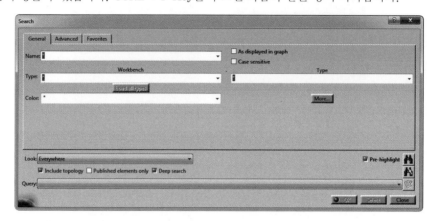

여기서 검색 항목으로 찾고자 하는 대상이 가지는 이름(Name)을 이용하거나 작업한 Workbench를 분류하거나 또는 색상 등을 통해서 검색을 수행할 수 있습니다.

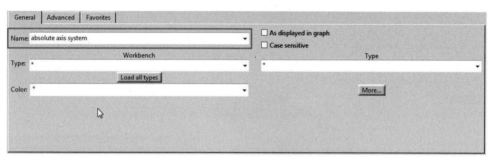

검색하고자 하는 항목을 결정한 후에는 Definition 창에서  아이콘을 실행해 주면 됩니다.

CHAPTER 02

CATIA Customize & Options

앞서 언급했듯이 프로그램을 사용하는 데 있어 설정을 하지 않고 사용하는 것은 설정을 한 것과 비교해 보면 효율적, 기능적인 면에서 큰 차이를 보이게 됩니다. 아래의 설정을 해둠으로써 자신의 작업에 맞는 최상의 환경 설정과 이 설정의 관리를 통해 전문적인 작업자가 될 수 있을 것입니다.

A. 언어 설정하기

> 풀다운 메뉴 ⇨ Tools ⇨ Customize ⇨ Options (도구 ⇨ 사용자 정의 ⇨ Option)

설정 후 CATIA를 재실행하면 언어가 변경된 상태로 CATIA가 실행됩니다.

B. 빠른 시작 메뉴 설정 및 Workbench에 단축키 설정하기

> 풀다운 메뉴 ⇨ Tools ⇨ Customize ⇨ Start Menu

'Workbench 선택 ⇨ 가운데 화살 표시 클릭 ⇨ 빠른 시작 메뉴 지정'
시작 메뉴에 단축키를 지정하도록 합니다. Workbench를 오른쪽으로 이동시켜놓으면 그 Workbench를 선택하였을 때 Customize 창 가운데 부분에 Accelerator(단축키) 부분이 활성화 되는 것을 확인할 수 있을 것입니다. 이제 이 부분에 여러분이 원하는 단축 명령을 넣으면 됩니다.
📖 Sketcher Workbench ⇨ 'Alt + S'

물론 자주 사용하는 정도에 따라 약간의 차이가 있겠지만 위와 같이 빠른 시작 메뉴를 다루어 봄으로써 작업자의 편의를 위한 Workbench의 배치를 연습해 보기 바랍니다. 이제 CATIA의 Start를 열어 보면 현재 설정한 Workbench들이 노출된 것을 볼 수 있을 것입니다.

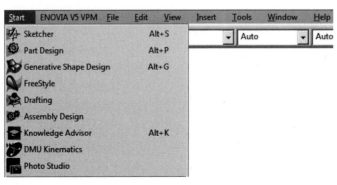

C. 아이콘 단축키 설정하기

풀다운 메뉴 ⇨ Tools ⇨ Customize ⇨ Commands

All Commands를 선택하게 되면 오른쪽 창에 현재 사용 가능한 명령어가 모두 나타나게 됩니다. 참고로 단축키를 입력하고자 하는 명령어들이 있는 Workbench로 이동한 후 설정해야 합니다. 단축키를 지정하고자 하는 명령어를 찾았다면 우측 하단 부분에 있는 Show Properties…라는 버튼을 클릭합니다. 그리고 그 아래 부분을 보면 창이 확장되면서 앞서 빠른 시작 메뉴에서처럼 Accelerator 부분이 활성화되어 있는 것을 볼 수 있을 것입니다.

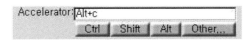

이제 여기에 앞의 표와 같이 각각에 대해서 단축키를 입력해 주면 됩니다.

D. Toolbar에 명령 추가하기

풀다운 메뉴 ⇨ Tools ⇨ Customize ⇨ Toolbars

위의 경로를 따라 들어갑니다. 그리고 명령어를 추가하고자 하는 Toolbar를 선택합니다. 그리고 원하는 명령을 선택한 상태에서 오른쪽 메뉴 중에 'Add Commands…'을 선택합니다. 그러면 앞서 선택한 Toolbar 끝에 3D Curve라는 아이콘이 추가된 것을 볼 수 있을 것입니다. 또한 비슷한 방법으로 Toolbar에서 자주 사용하지 않거나 필요 없는 Toolbar를 제거할 수도 있습니다. 앞서 'Add Commands…' 대신에 그 아래 있는 'Remove Commands…'를 이용하면 원하는 Toolbar에서 필요 없는 아이콘을 제거할 수 있습니다.

E. Toolbar 위치 초기화하기

풀다운 메뉴 ⇨ Tools ⇨ Customize ⇨ Toolbars

위 경로에 가면 'Restore Position' 버튼이 보일 것입니다. 이것을 클릭하면 다음과 같은 확인 메시지와 함께 확인 후 Toolbar들의 위치가 초기화되는 것을 볼 수 있을 것입니다.

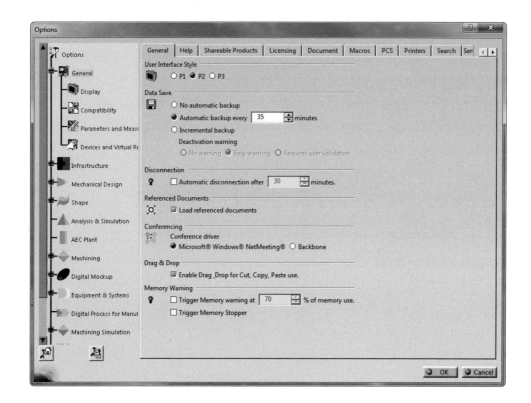

A. General

General에서는 다음과 같은 설정을 할 수 있습니다.

■ General Tab

Data Save : 자동 저장 관련 설정을 수행합니다.

■ Licensing Tab

현재 설정된 라이센스를 체크 또는 설정할 수 있습니다.

■ PCS Tab

Undo : 여기서는 우리가 작업을 실행하고 나서 작업을 다시 취소하는 Undo의 횟수를 결정할 수 있습니다. 기본 값은 Stack Size가 10으로 되어있습니다.

1. Display

■ Performance Tab

2D/3D Accuracy : 이것은 2D, 3D 정밀도와 관련되는데 Fixed로 된 것을 Proportional로 바꾸고 그 값을 조절해 줄 수 있습니다.

■ Visualization Tab

여기서는 CATIA 전체적인 표시 설정 및 배경 색상 기타 색상 등에 대해서 설정을 관리합니다.
- Colors : CATIA 작업에 관계된 기본 색상을 정의할 수 있습니다.
- Anti-aliasing : 형상의 경계에 대한 계단 효과를 방지하는 효과 설정이 가능합니다.

2. Compatibility

여기서는 데이터의 파일 호환성에 대해서 다루게 됩니다. 오늘날 많은 CAD/CAM/CAE 프로그램들이 공존하기 때문에 이러한 프로그램들 사이의 데이터를 서로 공유할 수 있도록 소통 가능한 방식을 정의할 수 있도록 한 것 입니다.

■ V4 관련 Tab

CATIA V5 이전의 유닉스 버전의 CATIA 도큐먼트 형식을 뜻합니다. 우리가 기본적으로 사용하게 될 V5와는 달리 이전 시대의 CATIA의 기준이라고 할 수 있다. V4는 기본적으로 Spec Tree 상에 Face, SKIN, Volume, Solid로 구성됩니다. V4 양식은 파일 상에 3차원 형상 및 도면이 함께 구성됩니다. V4 데이터를 V5에서 불러올 수 있도록 설정합니다.

■ DXF/DWG Tab

2차원 도면 파일 형식으로 CATIA에서 읽고 수정하도록 하는 설정을 다룹니다. AutoCAD에서 작업한 형상을 수정하거나 CATIA에서 작업한 도면을 타 2D CAD 프로그램에서 쓸 수 있도록 설정할 수 있습니다. 상세한 설정 부분은 Drafting Workbench 도입부를 확인 바랍니다.

■ ENOVIA/3DEXPERIENCE Tab

ENOVIA 또는 데이터 저장을 위한 Space으로 DASSUALT SYSTEMS의 Server(ENOVIA 또는 3DEXPERIENCE Platform)와 연결하기 위한 설정하는 부분입니다. Integration을 통하여 데이터 서버와 연결 정보를 설정할 수 있습니다. 기본적으로는 Embedded Integration Mode를 사용하며, Server 버전에 맞는 Connector를 설치해 주어야 합니다.

■ External Formats

여기서는 외부 3차원 캐드 파일 형식인 IDEAS, ProEngineer, Unigraphics 등의 호환 설정을 부가적으로 해 줄 수 있습니다.

- IGES

  CAD/CAM/CAE 분야에 대한 중립 파일 중에 하나로 형상 정보에 대해서 점, 선, 면의 정보를 호환할 수 있습니다. Solid에 대해서는 아직 완벽한 호환이 되지 않으나 형상을 인식할 수 있고 수정할 수 있는 범위의 정보를 제공합니다.

- STEP

  CAD/CAM/CAE 분야에 대한 중립 파일 중에 하나로 형상 정보에 대해서 점, 선, 면, 부피의 정보를 호환할 수 있어, 형상의 무게나 관성치 등의 정보까지 전달할 수 있습니다. 설계 프로그램들 간의 기본적인 파일 교환의 양식으로 사용되고 있습니다. 국제 표준으로 제정되어 점차 형상뿐만 아니라 작업 히스토리까지 호환할 수 있도록 개발되고 있습니다.

3. Parameter and Measures

- Knowledge Tab

  CATIA에서 Knowledge를 활용한 변수 설계를 사용하고자 할 경우에 반드시 체크해 주어야 하는 Option이 있습니다.

  - Parameter Tree View : Spec Tree에서 Value와 Formula(Relations)가 표시되도록 설정합니다.

- Scale Tab

  Design Limit : 일반적으로는 Normal Range로 작업하지만 광학 설계와 같이 미세 설계(Small Range)나 토목 건축과 같이 설계 범위가 큰 경우(Large Range)에 설정을 변경해 줄 수있습니다.

- Units Tab

  CATIA에서 설계에 사용되는 각 치수에 대한 단위를 설정합니다. 단순히 길이나 각도 뿐만 아니라 부피, 무게 등과 같은 모든 치수에 대한 설정을 수행합니다.

- Knowledge Environment

  Language : CATIA Knowledgeware 기능을 사용하기 위해 필요한 라이브러리 설정을 할 수 있습니다.

B. Infrastructure

1. Product Structure

앞서 CATIA Basic 부분에서 CATIA에서의 작업은 두 가지 도큐먼트 Part 혹은 Product에 저장된다는 것을 배웠을 것입니다. 이제 이 도큐먼트 중 Product에 대한 설정을 공부해 보도록 할 것입니다.

■ Cache Management Tab

Product로 작업을 할 때 우리는 두 가지 Mode로 파일을 불러 올 수 있습니다. 하나는 Design Mode이고 다른 하나는 Visualization Mode입니다. Design Mode는 우리가 불러온 파일이 그 형상 정보는 물론이고 Spec Tree와 같은 파일의 모든 정보를 불러와 작업을 하는 Mode입니다. 상위 Product 상에서도 그 하부의 Sub Assembly 및 Part 들이 그대로 그 정보를 가지고 있기 때문에 즉각적인 수정이 용이하지만 그 만큼 무겁게 작동함을 예상할 수 있을 것입니다.

다른 Mode인 Visualization Mode는 우리가 불러온 파일에서 형상 정보만은 cgr 형식으로 변환하여 열어줍니다. 원본 파일을 직접 여는 것과는 조금 다릅니다. cgr 파일을 사용할 경우 파일의 형상 정보 외에 다른 부분 즉, 내부 Tree 나 Plane이나 Axis와 같은 요소는 사용할 수 없지만 그 만큼 가볍게 작업을 할 수 있습니다.

Tools ⇨ Options ⇨ Infrastructure ⇨ Product Infrastructure에 가면 'Cache management' 가 있을 것입니다.

여기서 'Work with the cache system'을 체크하고 CATIA를 다시 실행시키면 Product 상에서 작업을 하기위해 파일을 불러 올 때 Visualization Mode로 작업을 실행할 수 있습니다. Cache를 켜고 파일을 연 직후 상태가 Visualization Mode 상태이고 우리가 추후에 필요에 따라 Design Mode로 바꾸어 사용할 수 있습니다.

대용량의 파일을 다루는 작업을 하거나 컴퓨터 사양이 그리 높지 않은 경우 작업에서 유용하게 사용할 수 있습니다. 실제로 Cache System을 켜고 어셈블리 작업을 하면서 필요한 부분만을 Design Mode로 하여 작업을 하여 불필요한 파일로 인한 작업의 속도 저하를 줄일 수 있습니다.

■ Cgr management Tab

앞 서 Cache system을 활성화 하여 사용하는 방법에 대해서 설명하였습니다. 이 번 절에서는 Cgr 파일 생성에 대한 설정을 다루도록 하겠습니다.

General에서 Default 값은 'save level of details in cgr' 인데 원본 형상의 전체 윤곽만을 지니게 됩니다. 따라서 작업 시 필요에 따라 Design Mode를 사용해야지만 평면이나 Axis 등을 사용할 수 있습니다.

'save lineic Element in cgr'은 다음과 같은 요소를 cgr 파일에 첨가할 수 있습니다.

- lines
- edges
- axis systems
- planes
- wire-edges

DMU 작업으로 axis나 Plane을 자주 사용하는 경우라면 이 Option을 추천합니다.

'optimize cgr for large assembly visualization'을 사용하게 되면 이전 내용과와 같이 대용량의 어셈블리 파일을 열어 작업하는데 큰 도움이 됩니다.

그 아래 Applicative data 부분에서는 부가적으로 cgr에 적용할 수 있는 요소입니다.

- Save density in cgr
- Save V4 comment pages in cgr
- Save V4 layer filters in cgr
- Save 3D annotations representations in cgr

■ Tree Customization Tab

여기서는 Product Spec Tree에 나타내고자 하는 값을 선택할 수 있습니다. CATIA를 설치한 직후에는 기본 설정만이 되어 있기 때문에 Knowledge를 사용하려면 Parameter나 Relation을 Spec Tree에 나타내야 하는데 이때 설정을 바로 이곳에서 합니다. 또한 Product Tree에서 Node Name에 따라 순위를 정할 수도 있습니다.

2. Part Infrastructure

앞서 Product와 같이 CATIA의 작업 내용이 저장되는 이 Part 도큐먼트에 대해서 설정을 하도록 하겠습니다. 단품 디자인을 하는 경우라면 Part 도큐먼트 설정에 유의해야 합니다.

■ General Tab

· External References

− Keep link with selected object

이 Option은 우리가 외부 요소를 사용하여 현재 도큐먼트에 작업을 할 때 링크를 유지해 줍니다. 이 Option이 체크되어 있지 않으면 외부 도큐먼트의 면이나 모서리, 파라미터 등을 사용할 때 사용한 부분은 링크가 깨진 채 작업을 하게 됩니다.

− Show newly created external references

이 Option은 우리가 작업을 하면서 외부 요소를 사용할 때 이 외부 요소를 자동으로 숨기지 않고 화면에 나타내어 줍니다. 물론 이 Option이 체크되어 있을 당시의 것만을 보여줍니다.

− Confirm when creating a link with selected object

이 Option은 외부 요소를 사용할 때 링크가 생기는지를 결정할 수 있도록 메시지 창을 호출합니다. 이것은 앞서 설명한 Keep link with selected object Option이 활성화된 이후에 가능합니다.

− Restrict external selection with link to published Elements

이 Option은 우리가 외부 요소를 사용하는 데 있어 Published 요소에 대해 이 요소들을 외부 요소로 사용하지 못하게 하는 기능을 합니다. Published 요소는 말 그대로 외부로 자기 자신을 공개해 놓은 것이기 때문에 함부로 접근을 못하게 하는 것입니다.

- Allow publication of faces, edges, vertices, and axes extremities

  이 Option이 체크되어 있으며 우리가 Publishing을 할 때 직접적으로 이러한 directly select faces, edges, vertices, axes extremities을 선택할 수 있습니다.

- Update

  - Automatic/Manual

    CATIA는 작업자와 작업간의 상호적인 의사소통이 좋다는 장점이 있습니다. 여기 이 Option은 이러한 CATIA의 Part 도큐먼트의 업데이트 방식을 결정하게 하는데 Automatic 으로 해두게 되면 수정한 것에 대해서 즉각적인 업데이트가 실행됩니다. 반대로 Manual 로 해두게 되면 업데이트 명령을 해주어야 수정된 사항이 반영됩니다.

  - Stop Update on first error

    이 Option이 체크되어 있으면 업데이트 도중에 Error가 발생하면 즉시 업데이트 작업을 중지하고 Error 메시지를 띄우게 됩니다. Error를 지닌 채로 다음의 작업까지 진행되지 않도록 한 배려입니다.

  - Update all external references

    이 Option이 체크되면 외부 요소에 대해서도 업데이트가 진행됩니다. 이 Option을 해제 하면 현재 Part 도큐먼트 부분에 대해서만 업데이트가 진행됩니다.

- Delete Operation

  - Display the Delete dialog box

    이 Option은 우리가 작업을 하는 과정에서 어떤 작업을 삭제 시 바로 삭제하지 않고 Dialog box를 띄어 확인을 하도록 합니다. 반드시 설정을 해두도록 합니다.

  - Delete exclusive parents

    이 Option이 체크되면 삭제 명령 시 삭제 하려는 대상과 연결된 독립적인 Parents까지 함 께 지우게 됩니다. 만약 Parents가 다른 작업과도 연관이 있다면 삭제되지 않습니다. 이 Option은 작업 삭제 시 불필요할지 모르는 Parents 요소까지 한꺼번에 지울 수 있도록 한 것입니다. 일단은 해제를 해두는 것이 좋습니다.

- Replace

  이 Option은 우리가 작업 시 Sketch와 같은 Profile을 다른 요소로 대체(Replace)하고자 할 때의 설정으로 이 Option을 체크하면 현재 작업이 있기 이전의 요소로만 대체가 가능해집니 다. 즉, 어떤 작업을 위해 Sketch 형상을 그리고 작업을 한 후에 다른 Sketch로 대체를 하려 고 나중에 Sketch를 그리게 되면 이것을 사용할 수 없다는 것입니다. 이 Option은 사용하지 않는 게 좋으며 사용하지 않을 경우에는 작업 후에 다른 대체할 요소를 만들고 대체를 시켜 도 됩니다.

■ Display Tab

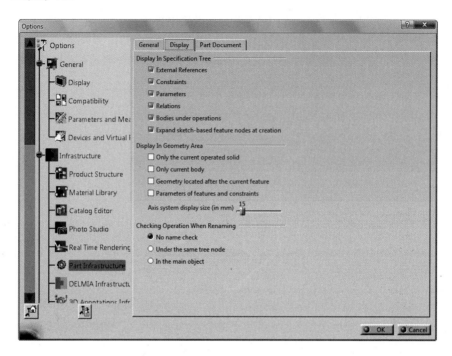

• Display in Specification Tree

여기에서는 Part 도큐먼트의 Spec Tree에 표시할 수 있는 다음의 6 가지 요소에 대해서 설정할 수 있습니다.

— External References

다른 도큐먼트로부터 링크를 가지고 복사를 하였을 때 이를 나타내 줍니다. Default 일 경우 체크되어 있습니다.

— Constraints

수치나 형상에 의한 구속을 Spec Tree에 나타나게 해줍니다. Default의 경우 해제되어 있습니다.

— Parameters

CATIA에서 Knowledge를 사용하기 위해 반드시 체크되어 있어야 하는 요소입니다. Parametric Modeling을 위해 필요합니다. 만약에 이것이 체크되어 있지 않으면 내가 Knowledge로 변수를 생성하여도 Spec Tree에 나타나지 않습니다. Default의 경우 해제되어 있으나 체크해 두도록 합니다.

— Relations

위의 Parameter와 함께 Knowledge를 구성하는 중요한 인자입니다. 변수들 간의 관계를 정의를 내리는데 사용합니다. Default의 경우 해제되어 있으나 체크해 두도록 합니다.

– Bodies under operations

이것은 우리가 Boolean 연산이라 불리는 PartBody들 간의 합, 차, 교차와 같은 연산 작업을 할 때 기준 PartBody 안에서 그 작업 명령과 함께 서브로 들어가는 PartBody를 표시할 것 인지 아닌지를 설정하는 부분입니다. Part Design Workbench에서만 사용 가능하며 Default의 경우 체크되어 있습니다.

– Expand sketch-based feature nodes at creation

이것은 Sketch-based Feature에 있는 명령으로 작업을 할 때 작업에 사용하는 Sketch 요소가 펼쳐져 Tree에 보이게 하는 것입니다.

• Display in Geometry Area

여기에서는 화면에 표시될 형상 요소에 대해서 설정을 할 수 있습니다.

– Only the current operated solid

이 Option은 Boolean 연산을 사용하여 하나의 기준 Body 안에 다른 서브 Body가 들어있는 경우 그 서브 Body를 수정 하려 더블 클릭을 하였을 때 다른 Body가 보이지 않게 하는 Option입니다.

이 명령은 Option에서 설정하지 않아도 Toolbar 중에 Tools에 아이콘을 사용하여도 됩니다.

– Only Current Body

Part 도큐먼트 상에서 우리는 여러 개의 Body를 이용하여 작업을 할 수 있습니다. 이 Option이 체크되면 여러 개의 Body가 존재할 때 자신이 Define한 Body가 화면에 나타나고 나머지는 표시되지 않습니다. 간혹 Boolean 연산과 같이 여러 개의 Body를 사용하여 작업을 하는 경우 이 Option이 체크되면 다른 Body가 보이지 않는 경우가 생기는데 그 때는 이 Option을 해제하면 됩니다. 여러 개의 Body로 작업을 하는 경우 다른 Body로 인해 작업에 방해가 되는 경우 설정해 주면 좋습니다.

– Geometry located after the current feature

이 Option은 하나의 Body 혹은 Ordered Geometrical Set과 같이 Part Design에서 만들어지는 형상과 GSD에서 만들어지는 형상을 담을 수 있어야 적용 가능합니다.(Geometrical Set은 적용되지 않습니다.)

이것을 활성화하면 하나의 Body상에서 작업을 한 모든 GSD 형상은 Tree 상에서 Define in Work Object를 앞서 작업에까지만 하여도 모든 GSD 형상이 나타나게 됩니다.(Part Design에 의한 형상은 Define in Work Object를 적용 받습니다.)

일반적으로 Body나 Ordered Geometrical Set의 경우에는 작업의 순차적인 흐름을 갖고 있기 때문에 여러 작업 중간에 Define in Work Object를 하게 되면 그 다음의 작업들은 작업이 진행되지 않은 것처럼 화면에 나타나지 않습니다.

– Parameters of features and constraints

이 Option은 화면에 Parameter를 넣은 Sketch 구속에 대해서 그것을 Sketcher Workbench 에서 나와서도 표시해 주게 합니다. Parametric Modeling을 하는 경우에 Parameter를 넣은 변수가 노출되어 유용하게 사용할 수 있습니다.

– Axis system display size (in mm)

이 값은 우리가 화면에 작업하기 위해 사용하는 Axis나 Plane의 크기를 말합니다. 일반적 으로 이 값을 10 정도를 나타내는데 필자의 경우 15(mm) 정도의 크기로 사용합니다. Axis 나 Plane이 너무 작을 경우 선택에 장애가 되기 때문에 그 크기를 적당히 조절 할 수 있게 하였습니다.

• Checking Operation When Renaming

CATIA에서는 각 작업 마다 작업 이름을 'Properties'에서 변경이 가능합니다. 여기에서는 하 나의 파트 바디 안에서 작업(Operation)을 수행 할 때 이름이 중복되는지를 체크할 수 있게 해 줍니다. 작업에서 이름이 중복되는 것은 종종 문제를 일으킬 수 있습니다. 수정을 하려는데 같 은 이름의 작업이 여러 개 있다면 무엇을 수정해야 할지 몰라서 당황할 것이기 때문입니다.

– No name check

이것이 체크되면 우리가 작업을 하다가 같은 이름으로 여러 개의 작업의 이름을 바꾸어도 그대로 적용되게 합니다. Default의 경우 이것이 체크되어 있습니다.

– Under the same tree node

이것이 체크되면 하나의 PartBody안에서는 중복으로 이름을 바꿀 수 없습니다. 만약에 같 은 이름을 그래도 사용하고자 한다면 Feature 이름 끝에 'Renamed'란 단어가 붙을 것입니 다.(물론 다른 PartBody라면 작업 이름을 중복으로 바꾸어도 문제가 발생하지 않습니다.)

– In the main object

이것을 선택하게 되면 하나의 Object 안에서 즉 하나의 도큐먼트 안에서 PartBody가 몇 개이건 중복은 결코 허용되지 않습니다. PartBody로 나누어져 있더라도 이름에 중복을 허 용하지 않을 때 이것을 체크하면 됩니다.

아래 Spec Tree처럼 PartBody가 달라도 같은 이름을 허용하지 않고 이름 뒤에 'Renamed' 가 붙은 것을 확인할 수 있습니다.

■ Part Document Tab

• When Creating Parts

여기서는 새로 Part 도큐먼트를 만들 때, 즉 새로 Part 창을 열 때 그 구성을 설정할 수 있습 니다.

– Create an axis system

Axis Systems란 하나의 원점과 3개의 축(X, Y, Z) 3개의 평면(XY, YZ, ZX)을 가진 요소 를 말하는데 CATIA에서 Part 도큐먼트를 시작할 때 기본적으로 생성되는 XY, YZ, ZX

평면의 구성처럼 사용할 수 있습니다. 이 Axis Systems의 이점은 하나의 기준점에 대해서 원점, 3개의 축, 3개의 평면을 동시적으로 생성할 수 있다는 점과 쉽게 그 생성이 가능하여 절대 좌표계에 상대 좌표계처럼 작업화면 곳곳에 Axis Systems을 만들 수 있습니다.

– Create a geometrical Set

　Geometrical Set은 Surface Design Workbench에서의 작업이 저장되는 공간으로 Part Design Workbench의 Body와 비슷합니다. 그러나 이 Geometrical Set은 단순히 꾸러미 같은 기능을 하며 각각의 작업을 분류 또는 묶음 지을 때 사용하게 됩니다.

– Create an ordered geometrical Set

　Ordered Geometrical Set이란 앞서 Geometrical Set처럼 Surface Design Workbench에서의 작업을 담는 공간으로 위의 Geometrical Set과 다르게 이것은 작업의 순서를 담아 두게 됩니다. 따라서 작업의 순서적인 영향을 가지며 이 Ordered Geometrical Set안에서 작업 순서에 따른 제약이 생기게 됩니다.

– Create a 3D work support

　3D work on support는 우리가 Sketcher Workbench에 들어가서 Profile이나 가이드 형상을 그리지 않고 Surface Design Workbench 상에서 와이어 프레임 형상을 그리는데 기준 면 역할을 하는 Support를 생성하게 해줍니다. 마치 Plane에서 작업을 하는 것처럼 3차원 공간에서 작업이 가능합니다.

– Display the New Part dialog box

　이 Option은 CATIA를 시작하면서 새로운 Part 도큐먼트를 만들 때 마다 dialog box를 띄워 Hybrid Design을 활성화 할 것인지, Geometrical Set을 넣을 것인지, 또한 Ordered Geometrical Set을 넣을 것인지를 설정할 수 있게 해 주는 것으로 Part 도큐먼트를 실행시킬 때마다 이러한 설정을 할 수 있게 해주는 이점이 있습니다.

　그러나 Part 도큐먼트 실행 때 마다 이러한 창이 떠서 다소 번거롭게 느껴질 수 있습니다. 그러나 현재 만들어지는 단품 형상의 이름을 정의하는 것이 단순히 저장될 파일 이름 이상의 프로덕트 정보를 구성하기 때문에 번거롭더라도 Part Number를 확실히 정의하는 습관을 권장합니다.

- Hybrid Design

Hybrid Design이란 CATIA Part 도큐먼트 안에서 Part Design Workbench의 작업과 Surface Design Workbench의 작업을 혼합하여 사용하는 작업 방식입니다. 아주 오래 전의 CATIA 버전에서는 이 둘의 Part Design Workbench 작업 명령들과 Surface Design Workbench 작업 명령이 각각 PartBody, Geometrical Set에 나뉘어 작업이 이루어 졌으나 이 Option을 체크하게 되면 우리가 지정한 'In a body' 또는 'In a Geometrical Set' 안에 이러한 작업을 섞어 사용할 수 있습니다.

일반적으로 Body는 녹색을 띠고 있습니다.

그러나 Hybrid Design이 활성화된 상태에서 작업한 Part 도큐먼트를 활성화되지 않은 곳에서 열면 노란색으로 Body의 색상이 변화되는 것을 볼 수 있습니다.

또한 Hybrid Design이 비활성화된 상태에서 작업한 Part 도큐먼트를 활성화된 곳에서 열면 Body는 회색으로 나타납니다.

C. Mechanical Design

여기서는 Mechanical Design에 속해 있는 Workbench 들에 대한 설정을 하게 됩니다. 모든 Workbench에 대한 설명을 다루지는 않고 이 책에서 실제 사용하는 부분만 다루도록 하겠습니다.

1. Assembly Design

여기서는 Assembly Design Workbench에 대한 세부 설정을 할 수 있습니다. Assembly Design은 단품 파일 간의 조립을 하는 곳으로 Product 도큐먼트에서 작업을 합니다.

- ■ General Tab

  - Update
    Assembly Design에서 조립 작업을 하게 되면 구속을 주게 되는데 구속이 주어 질 때마다 그 구속을 업데이트 하여 구속이 바로 적용되게 할 수 있고 또는 수동으로 업데이트 명령을 하여 구속이 진행되게 할 수도 있습니다.

  - Update propagation depth
    여기서는 Assembly Design을 하고 있는 도큐먼트의 업데이트 단계를 정할 수가 있습니다. Active level로 하게 되면 현재 활성화되어 있는 단계에서만 업데이트가 진행되고 그 아래 Sub Assembly 또는 상위 Assembly 단계는 업데이트가 일어나지 않습니다. All the levels로 해 놓게 되면 현재 활성화된 단계를 포함하여 모든 단계의 Assembly 들이 업데이트가 일어납니다. Default인 경우 All the levels로 되어 있습니다.

  - Access to geometry
    이 Option은 Assembly 도중 단품 파트 도큐먼트 형상을 수정할 경우 cgr visualization Mode에서 Design Mode로 자동으로 전환할지 아닌지를 정하게 됩니다. 이 Option을 사용하게 되면 Assembly 상에서 단품을 수정하기 훨씬 수월해 진다. Cache System을 사용할 경우에만 적용됩니다.

- Move components involved in a Fix Together

  이 Option은 각 단품이 Assembly 상에서 Fix Together 구속으로 묶여 있을 경우 하나의 단품이 움직일 때 연관된 다른 단품들도 같이 움직일 것인지 아닌지를 결정하게 해줍니다. Automatic으로 하게 되면 아무 경고 메시지도 없이 묶여 있는 형상들이 같이 움직입니다. Never로 하게 되면 단품이 움직여도 연관된 다른 단품이 움직이지 아니하며 Ask each time 으로 하면 단품이 움직였을 때 작업자에게 물어 보고 결정할 수 있게 합니다.

- Constraints Tab

  - Paste components

    이 Option은 Assembly에 있는 컴포넌트들을 붙여넣기 할 때의 구속 여부를 결정할 수 있습니다.

    'Without the assembly constraints'로 하면 구속 없이 컴포넌트만을 붙여넣기 하게 됩니다. 'With the assembly constraints only after a Copy'로 하면 '복사하기'를 한 컴포넌트에 대해서만 구속과 함께 붙여넣기가 실행됩니다. 'With the assembly constraints only after a Cut'으로 하면 '잘라내기'한 컴포넌트에 대해서만 구속과 함께 붙여넣기가 실행됩니다. 마지막 'Always with the assembly constraints'로 하면 항상 붙여넣기를 할 때 구속이 함께 따라갑니다.

  - Constraints creation

    여기서는 단품 들 사이에 구속을 만들 때 어떤 요소를 사용해서 구속을 지을 것인지를 정할 수 있습니다.

    Use any geometry로 하면 구속을 주기 위해 Published 된 요소가 아니어도 컴포넌트의 모든 요소를 모두 사용할 수 있게 합니다. Use published geometry of child components only로 선택하면 현 단계에서 Publish로 공개한 요소만을 사용하여 Assembly 구속을 주게 합니다. Use published geometry of any level로 하면 모든 단계에서의 Publish 한 요소를 사용하여 구속을 할 수 있습니다. 물론 단품의 형상을 직접 사용할 수는 없습니다.

    Default의 경우 Use any geometry가 선택되어 있습니다.

  - Quick Constraint

    이 Option은 Quick Constraints를 사용할 때 각 구속 중에 우선순위를 정할 수 있게 합니다.

2. Sketcher

- Grid

  이 Option은 Sketcher Workbench에서 Grid의 간격이나 Snap 기능 등을 설정할 수 있습니다.

- Sketch Plane

  여기서는 Sketch 작업을 위해 들어간 Sketch 평면에 대한 설정을 합니다. Shade sketch plane 을 사용하면 Profile을 그리기 위해 Sketch에 들어왔을 때 현재 들어온 Sketch 평면에 Shade

를 주어 약간 그늘지게 Sketch 평면을 화면에 출력시킵니다. 화면이 아주 어두운 색을 띠면 잘 나타나지 않습니다.

Position sketch of the cursor coordinates를 사용하면 Sketch에 들어간 평면을 화면과 나란하게 해줍니다. 사용하는 것이 바람직합니다.

■ Geometry

Create circle and ellipse centers를 사용하면 원이나 호, 타원 형상을 그릴 때 그 중심을 표현해 줍니다.

Allow direct manipulation을 사용하면 Solving Mode의 설정에 따라 형상을 마우스로 움직일 수 있습니다. 이 Option을 활성화하지 않으면 Sketch 상에서 마우스로 구속 없이 형상을 움직일 수 없습니다.

■ Solving Mode

Solving Mode란 Direct Manipulation을 하는데 필요한 설정으로 Standard Mode로 하면 구속에 따라 가능한 많은 요소를 움직일 수 있습니다. Minimum Move는 정의한 구속 범위에서 가능한 적은 요소를 움직일 수 있습니다. Relaxation은 에너지 비용이 최소환 되도록 움직이게 한다고 하는데 다른 Mode와 별다른 특징을 발견할 수는 없습니다. Default의 경우 Minimum Move를 사용하고 있습니다.

■ Constraint

이 Option은 중요한 Option 중에 하나로 바로 Sketch 상에서 형상에 구속을 가할 수 있게 하는 것입니다. 이 두 가지 Option이 해제 되어 있으면 형상에 의한 구속(Geometrical Constraints)과 수치에 의한 구속(Dimensional Constraints)을 사용할 수 없게 됩니다. 반드시 체크를 해두어야 합니다. 나중에 알겠지만 Sketcher Workbench에 가면 이러한 설정을 할 수 있는 아이콘이 있습니다. Geometrical Constraints Icon 과 Dimensional Constraints Icon 을 이용해서도 같은 설정이 가능합니다.

■ SmartPick

SmartPick 기능은 CATIA Sketch에서 아주 유용한 기능 중에 하나로 Sketch 과정에서 CATIA 스스로가 다른 형상 요소들과 위치 관계를 잡아 줍니다. 가령 내가 어떤 형상을 그리기 위해 Sketch를 한다고 하면 SmartPick 기능이 이 지점에서는 직선이 수평 또는 수직한지, 다른 직선과 평행 또는 수직인지, 다른 점과 일치하는지 등을 잡아 줍니다. 물론 간혹 필요치 않은 부위에까지 구속이 연결되어 작업에 방해가 되는 경우도 있습니다. 그럴 경우에는 SHIFT Key를 누른 상태에서 Sketch 형상을 그리면 이러한 SmartPick 기능이 일시 작동하지 않습니다.

■ Colors

여기서는 Sketch 상에서 요소의 색상 및 구속에 의한 색상으로의 판별을 결정할 수 있습니다.

Default color of the Elements에서는 기본적으로 Sketch를 그릴 때의 색상을 선정할 수 있습니다. Default 는 하얀색이나 경우에 따라 색을 변경할 필요가 있을 것입니다.(그러나 가급적 건들지 않기를 권합니다. 색상을 잘못 변경하여 Error 시 나타나는 색상으로 변경할 경우 다른 작업자와 오해가 생길 수도 있기 때문입니다.) Visualization of diagnosis에서는 Sketch에 주어진 구속의 상태에 따라 그 상태를 색으로 나타내어 줍니다. 각 색상은 다음과 같은 의미를 지니고 있습니다.

Over-constrained Elements	현재 Sketch 구속이 다른 구속과 중복됨, 불필요한 구속 – 보라색
Inconsistent Elements	현재 주어진 구속이 올바른 구속이 아님, 잘못된 구속 – 빨간색
Not-changed Elements	구속을 주었으나 그 구속에 의해 형상이 변하지 않음 – 갈색
Iso-constrained Elements	구속이 적절히 잘 들어감 – 녹색

Other color Elements에서는 이외의 다른 색상들을 정의하고 있습니다. Protected Elements 는 Default 로 노란색을 띠고 있는데 주로 다른 형상과 링크가 있어서 우리가 바로 수정을 하지 못하는 경우를 말합니다. 3차원 요소를 project 하여 Sketch로 따올 경우도 이에 해당합니다. Construction Elements 란 Sketch 공간 즉, 2차원 영역에서는 구속이나 움직임과 같은 제 기능을 다 발휘하나 3차원 공간 즉, Sketch를 빠져나가면 아무런 기능을 하지 않는 요소를 말합니다. 이러한 요소는 Sketch 작업을 하는데 보조도구 역할을 합니다. Default의 경우 회색을 띤다. 앞서 언급한 SmartPick의 색상은 연한 하늘색을 띠고 있습니다.

■ Update

이 Option을 사용하면 작업 중에 Sketch가 완전히 구속되지 않고 Sketch에서 나오게 되면 완전히 구속되지 않았다(Under-Constraints)는 Error 메시지 창을 띄워줍니다.
구속이 완전히 되지 않은 상태에서 Sketch에서 나와 작업하는 것을 방지해 줍니다.

3. Drafting

여기서는 CATIA에서 도면 작업을 하는 Workbench인 Drafting의 설정을 다룹니다.

■ General Tab

• Ruler
  Drafting Workbench 화면에 Ruler를 보이게 할 수 있습니다.
• Grid
  Sketcher Workbench처럼 Grid에 대해 설정할 수 있습니다.
• Rotation
  이 값은 우리가 snap으로 회전을 시킬 때 간격이 됩니다. Default 는 15도입니다. Automatic snapping을 키면 물체를 회전 시킬 대 자동적으로 snap이 작동합니다.

- Colors

  Drafting의 배경 색을 지정할 수 있습니다.

- Tree

  Drafting의 Spec Tree에 parameter와 Relation을 사용할 때 체크 해 줍니다.

- View Axis

  Drafting에서 활성화 한 View에 Axis 가 나타나게 하거나 그 크기를 정하거나 확대 축소 가 능하도록 합니다.

- Start Workbench

  Drafting Workbench를 실행시키면 시작할 때 설정 창이 떠서 사이즈와 Type 등을 정할 수 있습니다. 이 Option을 체크하면 이러한 설정 창이 Drafting 시작 시에 뜨지 않습니다.

■ Layout Tab

- View Creation

  여기서는 물체에서 View를 가져 올 때 화면에 나타낼 값을 조절할 수 있습니다.

  View Name은 정면도 평면도 측면도와 같은 View의 이름을 나타내고 Scaling Factor는 도 면으로 가져올 때 비율 값을 나타낸다. View Frame은 각 View 마다 프레임을 두어 이 프레 임을 통해 View 들을 움직이게 할 수 있습니다.

- New Sheet

  이 Option은 새로 Sheet를 추가할 때 배경에 관한 설정을 합니다.

■ View Tab

- Geometry generation/Dress-up

  여기서는 Drafting에서 View를 생성할 때 만들어야 할 것과 만들지 않을 것을 선택할 수 있 습니다. 예를 들어 Drafting에서 Threads 표시를 필요로 하는데 Generate Threads가 체크 되어 있지 않으면 아무리 Threads 작업이 되어 있더라도 Drafting에 나타나지 않습니다. Drafting에서 중요한 설정 부분입니다.

- View generation

  여기서는 View를 생성할 때 대상 및 정확도를 조절할 수 있습니다.

  View generation Mode에서는 Exact view, CGR, Approximate, Raster와 같은 Type으 로 View 생성을 설정할 수 있습니다. Default 에서는 Exact view로 되어 있습니다. Exact preview for view generation을 사용하면 view를 만들기 전에 정확하게 미리 보기로 확인 이 가능합니다. Only generate Parts larger than의 값을 이용하여 허용 범위 아래의 Part 를 무시할 수 있습니다. Enable occlusion culling는 어셈블리에서 View를 만들 때 Visualization Mode로 대상을 가져와 메모리를 절약할 수 있는 방법입니다. 그러나 이 Option을 사용하려면 View generation에서 exact view가 선택되어서는 안 됩니다.

- View from 3D

  Generate 2D geometry는 View를 가져올 때 2차원 와이어 프레임이나 포인트 등을 가져오게 합니다. Sketch도 마찬가지입니다.

■ Generation Tab

- Dimension generation

  여기서는 Dimension generation 기능을 사용하여 치수를 생성할 때의 설정을 다룹니다.

■ Geometry Tab

- Geometry

  여기서는 Drafting에서의 형상에 대한 설정을 다룹니다.

- Constraints creation

  이 Option은 우리가 Drafting으로 가져온 view의 구속을 줄 때 이 형상을 만드는 당시에 사용한 형상에 의한 구속과 수치에 의한 구속을 도면상의 수치로 가져올 수 있게 합니다. 즉, 굳이 다시 Drafting에서 치수를 뽑아 내지 않고 형상을 만들 때 사용한 치수들을 바로 사용할 수 있게 하는 Option입니다.

- Constraints Display

  이 Option은 구속을 색상을 통하여 화면에 표시하게 해주며 표시할 구속의 종류를 선택할 수 있습니다.

- Colors

  Sketch에서와 마찬가지로 Drafting에서도 구속에 대해서 색상으로 그 상태를 나타낼 수 있습니다. Visualization of diagnostic이 체크되면 이를 사용할 수 있습니다.

■ Dimension Tab

- Dimension Creation

  여기서는 Dimension 명령을 사용하여 치수를 생성할 때의 설정을 할 수 있습니다. Dimension following the cursor (CTRL Toggles)를 사용하면 마우스의 커서를 따라서 치수를 잡을 수 있습니다. Default 에서 '사용'으로 되어있습니다. Detect chamfer를 체크해 두면 chamfer가 들어간 부분의 치수를 따로 뽑아 낼 수 있습니다.

- Move

  여기서는 Snap을 사용한 대상의 이동을 다룹니다.

- Line-Up

  여기서는 치수선을 여러 개 사용할 경우 치수 보조선끼리 위치를 맞추어 주는 기능을 합니다.

- Analysis Display Mode

  이 Option이 켜져 있으면 시트에 있는 치수선들이 제각기 구속에 대한 색상을 가지게 됩니다.

반대로 이러한 색상 표시를 없애고자 한다면 이 Option을 해제하면 됩니다. 그러면 검은색으로 나타나게 됩니다.

■ Manipulators Tab

• Manipulators

이 Option은 manipulator에 대한 기본 설정을 할 수 있습니다. 그 기준 크기와 확대/축소 가능의 여부 등을 조절할 수 있습니다.

• Dimension Manipulators

이 설정으로 Drafting sheet에 나와 있는 치수선에 대해서 길이 및 움직임에 대해서 설정을 할 수 있습니다. 여기서 Modification 부분을 모두 체크해 두기 권장합니다. Creation에 체크되어 있는 값은 치수를 생성 시 위치 잡을 때 활용할 수 있게 하는 것이고 Modification은 치수를 만들고 더블 클릭하여 수정할 때 사용할 수 있게 하는 것입니다.

D. Shape

1. Generative Shape Design

■ General Tab

• Tolerant Modeling
  – Input parameters

    GSD Workbench에서 사용하는 Join, Healing, Extract, and Multiple Extract 명령들이 가지는 Merging distance Default 값을 정의할 수 있습니다.(물론 이 값은 각 명령을 사용하면서 임의로 변경이 가능합니다.)

  – Output parameters

    GSD Workbench에서 Project 또는 Parallel Curve와 같은 명령의 결과 형상에 대한 연속성 Type을 설정할 수 있습니다. 또한 Maximum deviation 값을 사용하는 Project, Parallel Curve, Sweep, Multi-Sections Surface, Curve Smooth 등의 명령에 Default 값을 지정할 수 있습니다.

• Axes Visualization

  이 Option을 체크하면 3차원 GSD 상의 작업 중에 Axis를 사용하는 명령의 경우에 무한 길이의 Axis를 그대로 표시하지 않고 형상의 경계에 맞게 적당한 길이로 제한을 걸어 표현해 줍니다.

• Groups

  GSD에서 Group 요소 입력 요소로 설정해 사용하고자 할 경우에 설정합니다.(Geometrical Set 부분의 Group 만들기 부분을 참고 바랍니다.)

- Stacked Analysis

  Offset 명령을 사용할 때 임시적으로 Surface나 Curve의 연결 상태를 체크하고자 할 때 설정합니다.

■ Work on Support Tab

- Work On Support

  GSD 상에서 사용할 Work On Support의 Grid 간격을 설정합니다.

- Work On Support 3D

  GSD 상에서 사용할 Work On Support의 3차원 방향으로의 Grid 간격을 설정합니다.

E. Option 초기화하기

앞서 우리는 많은 시간을 할애하여 CATIA 설정에 관하여 공부를 해보았습니다. 이러한 설정을 다루는 이유는 그 만큼 작업에서 중요하기 때문이며 이에 대한 숙지 없이 작업에 임하는 사람이 많기 때문입니다. 앞으로는 이러한 설정을 익혀 최소한 자신이 사용하는 작업에 대해서 자신에게 맞게 다룰 주 아는 방법을 익혀야겠습니다.

이제 설정하는 방법을 배웠으니 이 설정을 다시 처음으로 돌리는 방법을 공부해 보도록 하겠습니다. 설정을 해야 한다면 설정을 고쳐야 할 경우에 따라서 Reset의 작업은 항상 필요하기 마련입니다. CATIA의 설정을 초기화 할 수 있는 방법에는 몇 가지가 있는데 여기서는 두 가지 방법을 설명하도록 할 것입니다.

■ Reset 명령에 의한 초기화

Option을 설정하는 부분이 있다면 반드시 설정을 초기화하는 부분도 있습니다. Tools ⇨ Option에 들어가 보면 트리 구조 하단에 다음과 같은 버튼이 있는 것을 볼 수 있을 것입니다. 이 버튼은 Resets parameters values to default ones라고 하며 전체 혹은 각 부분에 대해서 설정을 초기화 할 수 있습니다.

■ 설정 파일 삭제를 통한 강제적 초기화

CATIA 설정을 초기화할 수 있는 또 다른 방법으로 설정 파일 자체를 지워 버리는 것입니다. 설정 파일의 위치는 원래 공개되지 않으나 컴퓨터의 폴더 Option만 변경하면 쉽사리 접근이 가능합니다. 물론 관리자 계정 하에서만 가능하다는 것을 잊지 말아야 합니다.

내 컴퓨터에서 '도구 ⇨ 폴더 Option'에 들어가도록 합니다. 다음으로 여기서 '보기 ⇨ 숨김 파일 및 폴더'를 '숨김 파일 및 폴더 표시'로 바꿉니다.

이제 설정 파일을 찾아보도록 할 것입니다. 다음은 이 계정에서의 CATIA 설정 파일의 위치입니다. 경로를 직접 찾아가기 힘들거나 폴더가 보이지 않는 경우

C:\Users\'컴퓨터 계정 이름'\AppData\Roaming\DassaultSystemes\CATSettings

이곳에 들어가 보게 되면 CATIA 설정 파일들을 볼 수 있을 것입니다. 이 파일에서 자신의 초기화 하고자 하는 부분의 설정 파일을 찾아서 삭제함으로써 초기화시키는 방법이 있습니다. 그러나 이 방법은 약간의 위험성을 가지고 있다는 것을 감안해야 합니다. 자칫 라이센스 설정까지 삭제해 CATIA 를 작동시켰을 때 라이선스 메시지 창이 떠서 당황할 수도 있기 때문입니다. 앞서 CATIA의 설정을 초기화하는 방법에서 우리는 두 번째 방법으로 CATIA 설정 파일의 위치를 찾아서 이를 삭제하는 방법에 대해서 배웠습니다. 그러나 만약 설정이 잘 되어 있다면 이 설정 파일을 이용하여 다른 작업 컴퓨터나 작업 환경에 이를 이용해 보다 손쉽게 사용할 수 있습니다.

간단한 팁이 되겠지만 이 CATSettings에 들어있는 파일을 압축하여 보관하다가 필요에 따라 다른 컴퓨터의 이 위치에 덮어씌운다면 같은 설정을 다른 컴퓨터에도 손쉽게 옮길 수가 있을 것입니다.

CHAPTER 03

Sketcher Workbench

A. Sketch 정의하기

Sketch를 시작하기에 앞서 알아둘 것은 Sketcher Workbench에서 작업은 Part 도큐먼트를 사용한다는 것입니다. 3차원 형상의 기본이라 할 수 있는 단면 형상을 준비하는 과정이기 때문에 같은 파일 형식을 사용한다고 생각하면 좋을 것입니다. 또한 Sketcher는 2차원 단면 Profile을 평평한 면에 생성하는 작업을 하기 때문에 작업을 위해서는 Sketch의 기준이 되는 평면 요소(Plane, Axis System 또는 Planner Face)가 필요합니다. 기준 면을 선택하여 그 평면상에서 Sketch 작업을 시작하는 것입니다. Sketcher는 기준 평면 선택이 우선시 되어야 한다는 것을 잊지 말아야 합니다.

새로운 Sketch를 실행할 때 기본적으로 빈 Part의 화면 중앙에 나타나는 다음과 같은 평면을 선택하여 Sketch 작업을 시작할 수 있습니다.(우측의 Spec Tree에서 선택할 수도 있습니다.)

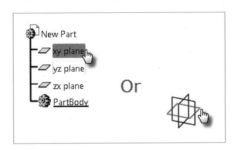

그리고 작업을 진행하면서 Part 도큐먼트 내에 순차적으로 3차원 형상이 만들어 지면서 이러한 형상이 가지고 있는 평평한 면을 평면처럼 선택하여 Sketch에 사용할 수 있습니다.

Sketcher 작업을 시작하기 위해 우선 다음과 같이 Part 도큐먼트를 실행시켜 보겠습니다. 풀다운 메뉴의 File에서 New(CTRL+N)를 선택하고 Part를 선택합니다.

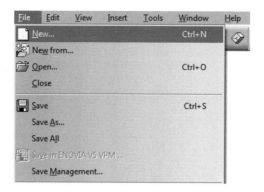

또는 시작 메뉴에서 Mechanical Design에서 Sketcher를 선택해 주어도 됩니다.

앞서 설정을 통하여 단축키를 정의하였다면 단축키를 입력하여도 됩니다.(여기서 CATIA 처음 실행 시 나타나는 빈 Product는 닫아주고 실행해 주도록 합니다.)

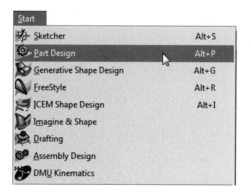

Sketcher를 통하여 새로운 Part를 실행하였다면 Sketch 아이콘이 자동으로 활성화 되어 있는 것을 확인할 수 있습니다.(우측 상단의 흰 종이에 펜이 그려진 것과 같은 Sketch 아이콘이 주황색으로 활성화 된 것을 확인할 수 있을 것입니다.)

평면의 선택은 앞서 말한 대로 Part 도큐먼트 원점에 위치한 3개의 기본 평면 중에 하나를 직접 선택하거나 또는 Spec Tree에서 선택할 수 있습니다. 여기서 Part에서 Reference Plane이 나타나느냐 또는 Axis System이 나타나느냐는 Options의 Part Infrastructure 설정에 따라 다릅니다.

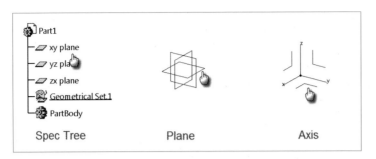

| Spec Tree | Plane | Axis |

이렇게 원하는 평면을 선택한 후 Sketcher ✐ 아이콘을 누르거나 앞서 설정 부분에서 만든 단축키를 누르게 되면 Sketcher가 활성화되어 선택한 기준 평면으로 Sketch 들어갈 수 있습니다. 다음은 Sketcher에 들어간 상태에서의 화면과 Toolbar들의 모습입니다. 아래 그림에서는 Geometrical Set 안으로 Sketch.1이 생성되었습니다. Sketch의 위치는 나중에 Body나 Geometrical Set으로 이동시키는 것이 가능하며, Part의 시작 시 Geometrical Set을 생성하는 옵션을 꺼둔 경우엔 PartBody안으로 Sketch가 생성됩니다. 또한 현재 Sketch가 작업 중에 있기 때문에 업데이트 표시가 함께 나타나고 있다는 것을 기억하기 바랍니다. 기본적으로 Sketcher에는 아래와 같이 화면에 Grid가 표시되며 Toolbar들의 구성이 달라집니다.

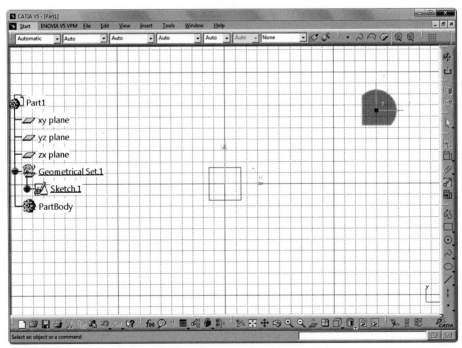

Sketch를 정의할 평면을 선택하지 않으면 Sketch 아이콘이 활성화된 상태로 대기하고 있으니 반드시 원하는 기준면을 선택해 줍니다. 처음 CATIA를 배우는 단계에선 주황색으로 활성화된 아이콘의 유무를 확인하는 것도 혼란스러울 수 있습니다. 차분히 화면의 구성과 아이콘들의 활성화 정도를 살펴보기 바랍니다.(Sketcher 명령을 실행하고 나서 원하는 기준 평면을 선택하거나 그 반대 순서도 가능합니다.)
또한 앞으로 Sketch 작업과 이를 이용한 3차원 모델링 작업을 이어가다 보면 다음과 같이 앞서 작업한 형상의 평평한 면(Face)을 직접 Sketch의 기준면으로 사용해도 된다는 것을 알게 될 것이며 적절히 이용할

것입니다.(물론 이와 같이 형상에 직접적으로 면을 선택하여 Sketch 작업을 할 경우 이 Sketch는 이 형상의 면과 종속 관계가 만들어져 형상에 수정이 생기면 그 영향이 이 Sketch에도 적용이 된다는 것을 알고 있어야 합니다. 특히 특정 경우에는 형상 수정만으로 Sketch의 오류가 발생할 수도 있습니다.)

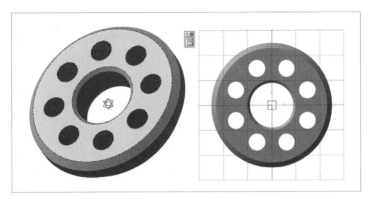

B. Positioned Sketch

Sketcher Workbench에 들어가는 또 다른 중요한 방법으로 Positioned Sketch  라는 명령이 있습니다. 앞서 Sketch 명령은 단순히 선택한 평면에 Part의 원점 위치를 기준으로 Sliding하는 방식으로 Sketch를 정의하고 들어간 것이라면, Positioned Sketch 명령을 사용하면 사용자가 원하는 지점을 Sketch의 원점으로 하여 Sketch의 수평, 수직 방향을 임의의 방향에 대해서 정의할 수 있습니다. 물론 원점과 방향을 정의하면서 Sketch를 생성하기 때문에 나중에 Sketch 기준 위치를 수정하는데 있어서도 이러한 특성을 효과적으로 활용하며 목적에 맞출 수 있습니다.(User Feature나 Power Copy 등의 기능에 있어서는 Positioned Sketch 사용이 필수라 할 수 있습니다.)

Sketch 상에서 원점의 위치가 어디냐에 따라 작업에서 효율성은 크게 달라집니다.(Sketch의 각 수평·수직 축의 '+' 방향과 '−' 방향에 대해서도 작업에서 중요한 영향을 줍니다.) 따라서 자신이 원하는 지점을 Sketch의 원점으로 설정할 수 있는 이 명령을 알아 둔다면 분명 도움이 될 것입니다.(사실 실무에서는 작업 Sketch를 데이터 변경과 수정 작업에 맞게 Sketch의 기준을 잡아줄 수 있는 Positioned Sketch  의 사용을 강조하고 있습니다. 기본적으로 일반 Sketch는 Part에서 작업 초기에 사용되거나 기준의 설정이 필요 없는 대상에, Positioned Sketch는 초기 작업은 물론 다른 대상과 연관된 설계를 하고자 할 때 중요합니다. 물론 이미 만들어진 Sketch를 Positioned로 변경도 일정 부분까지는 가능합니다.)

일반적으로 Sketch  는 Simple Geometry를 제작하거나 단순 설계의 경우에, Positioned Sketch  는 Sketch의 재사용 및 Sketch로 지정할 수 없는 난이도 있는 위치에 Profile을 그리고자 할 경우에 사용합니다. 기본적으로 Positioned Sketch  는 기준면, 원점, 축 방향에 대한 설정이 필요하기 때문에 다음과 같은 순서로 Sketch의 기준을 잡는 과정을 진행합니다.

Positioned Sketch 설정 순서

1 단계 : 기준 평면 요소 선택(Sketch Positioning)

2 단계 : 생성하고자 하는 Sketch의 원점 요소 선택(Origin)

3 단계 : 생성하고자 하는 Sketch의 축 방향(H, V)의 결정(Orientation)

물론 Sketch의 수평·수직축의 기본 방향을 잡아주는 설정 작업은 반드시 필요한 것은 아니며 기준 방향을 잡아주지 않았을 경우에는 Default 상태로 정의가 됩니다.

이와 같은 Positioned Sketch 과정이 다소 번거롭거나 불편하게 느껴질 수 있습니다. 그러나 이러한 Profile 선정과정을 통하여 작업자는 유용한 작업 과정의 결과를 추후 데이터 변경이나 수정에 있어서 그 유용함을 경험할 수 있을 것입니다.

Sketch 작업이 끝나고 Sketch Workbench를 나가려면 기본적으로 우측 상단에 배치된 Exit Workbench 아이콘을 사용하거나 G.S.D나 Part Design처럼 3차원 Workbench로 이동을 선택하게 되면 Sketch Workbench에서 나와 해당 3차원 작업 Workbench로 바로 이동하게 됩니다. 따라서 작업자는 Sketch 작업 후 이어지는 작업에 맞게 해당 Workbench 명령을 바로 실행하는 것이 바람직합니다.(Exit Workbench 아이콘은 Workbench Toolbar 에 있습니다.)

Power Copy와 같이 형상을 복사하여 재사용하는 명령 등에서는 입력 요소로 사용될 Sketch의 위치 기준을 설정해주기 위해 Positioned Sketch의 사용을 강조하고 있습니다.

Positioned Sketch로 만들어진 Sketch는 다음과 같이 Spec Tree에 나타납니다.

C. Sketch 작업의 순서

CATIA Sketcher Workbench의 일반적인 작업 순서는 다음과 같습니다.

- Profile Toolbar로 형상의 개략적인 모습을 그려냅니다. 완벽한 형상을 그리기에 앞서 형상을 간단하게 보았을 때 핵심이 되는 형상을 그리는 것입니다. 주로 직선 Profile이나 원, 호와 같은 1차적인 형상으로 구성됩니다.

- Operation Toolbar를 이용하여 형상의 Detail 한 부분을 다듬거나 수정하여 형상을 잡습니다. 앞서 작업한 대략적인 형상에 Detail을 가해주는 작업으로 선 요소들이 만나는 지점에서의 곡률 처리나 형상의 이동, 회전, 복사 등과 같은 과정을 처리해 줍니다.

- Constraints Toolbar를 사용하여 모습이 갖추어진 형상에 구속을 주어 완전한 Profile을 만듭니다. 형상이 잡히면 이제 치수 구속을 주어 형상의 데이터를 입력해 줍니다. 구속을 해주지 않는 한 Profile은 완성되지 않습니다.

D. Open Profile & Closed Profile

Open Profile은 하나의 프로파일이 폐루프를 이루지 않고 어딘가 열려있거나 교차되는 형상을 의미합니다. 폐루프로 닫혀있는 형상을 Closed Profile이라 부릅니다. 일반적으로 Solid 모델링에 있어서는 Closed Profile로 작업하는 것을 기본적으로 사용하고 있으며 Surface 모델링의 경우에는 이 두 가지 Profile을 두루 사용할 수 있습니다. 이는 Surface 모델링이 두께를 고려한 모델링 방식이 아니므로 열려있는 것과 닫힌 Profile의 개념을 구분하지 않기 때문입니다.

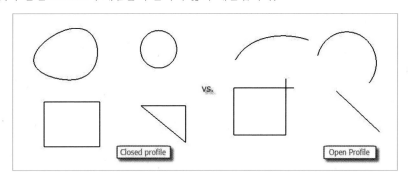

이제 다음 장에서 각각의 Sketcher Toolbar들의 학습을 통하여 그 세부 기능을 익히도록 하겠습니다.

SECTION **02** Sketch Toolbar

Sketcher Workbench는 다음의 4가지 Toolbar에 의하여 2차원 Profile 작업의 대부분을 담당합니다. 그 외 다른 Toolbar들은 알아두면 도움이 되는 정도이지만 이 4개의 Toolbar는 반드시 익히고 있어야 올바른 2차원 형상 제도가 가능하다는 점을 다시금 강조합니다.

Sketch Tools, Profile, Operation, Constraints

A. Sketch Tools

Sketch Tools Toolbar는 Sketcher Workbench의 기본 설정 몇 가지와 Profile Toolbar, Operation Toolbar 등 Toolbar에서 각각의 아이콘이 가지는 부가적인 기능에 대해서 표시를 해줍니다. 우선은 다음의 명령에 대해서 설명을 하겠습니다.

■ 3D Grid Parameter

이 옵션은 GSD Workbench에서 사용하는 3D Grid 값을 Sketch에서 사용하고자 할 경우에 사용합니다. 기본적으로 3D Grid(Work on Support 🔲)가 없는 경우에는 비활성화되어 있으며, 3D Grid 가 있는 경우에 이 옵션을 활성화하면 Sketch Grid가 아닌 3D Grid로 격자 표시가 바뀌게 됩니다.

■ Grid ▦

이 Option을 체크해 놓게 되면 Sketcher Workbench에 들어왔을 때 화면에 격자가 표시됩니다. 2차원 형상을 제도하는데 도움을 줍니다. 만약에 작업에 방해가 된다면 해제해 두어도 상관없습니다.

■ Snap to Point ▦

Snap 기능이란 Sketcher Workbench에 들어갔을 때 격자 간격으로만 커서가 놓일 수 있게 하는 Option입니다. 이 기능을 체크해 두면 임의의 지점에 Profile을 그리기 위해 마우스를 움직이면 포인터가 격자와 격자 사이로만 움직이는 것을 볼 수 있습니다.

■ Construction/Standard Element

이 명령은 Sketch 상에서 그린 Geometry 요소를 3차원 형상 작업 시에 사용할 수 있는 Standard 요소로 할 것인지 Sketch 상에서만 그 형상 및 구속을 확인할 수 있는 보조선 역할의 Construction 요소로 정의할 것 인지를 설정할 수 있는 명령입니다.

Standard Element	Construction Element
Standard Element는 일반적인 2차원 Sketch Geometry 요소로 보면 되는데 Sketcher Workbench에서 작업을 마치고 3차원 작업 Workbench로 이동하여서도 그 요소를 사용할 수 있는 형상을 말합니다. 우리가 일반적으로 Sketch에서 그리고 구속하는 대상입니다.(아래 그림에서와 같이 Sketch에서 제도한 원이나 사각형 형상에 3차원 Workbench에서도 그대로 출력되고 있는 것을 확인할 수 있을 것입니다. 이렇게 2차원에서 Sketch 후 3차원 Workbench에서도 출력되는 형상은 3차원 형상 모델링에 바로 이용할 수 있습니다.)	Construction Element는 Standard Element와 달리 Sketcher Workbench에서만 그 기능을 다하고 3차원 Workbench로 이동하게 되면 화면에 나타나지도 않으며 그 요소를 사용할 수 없게 됩니다. 물론 해당 형상이 완전히 사라지거나 형상이 가진 구속이 지워지는 것은 아니며 단지 출력되지 않을 뿐입니다. Construction Element는 Sketcher Workbench에서 제도 작업을 하는데 필요한 보조 도구 역할을 한다고 보면 됩니다.

이와 같은 두 요소의 성질을 잘 이용하면 형상을 제도하는 데 있어 효율적인 작업을 할 수 있습니다. 가령 형상을 만드는데 있어 보조선이나 보조 형상이 필요하다고 하면 Standard Element와 Construction Element를 적절히 조합하여 작업할 수 있을 것입니다.

- **Geometrical Constraints** 🖾

Geometrical Constraints는 간단히 말해 형상에 대한 기호로 정의되는 구속으로 보면 되는데 수치로 나타나는 구속이 아닌 수직, 수평, 평행, 직교 등과 같은 구속이라고 생각하면 됩니다. 이 아이콘을 활성화하지 않으면 이러한 Geometrical Constraints를 줄 수가 없게 됩니다.

- **Dimensional Constraints** 🖾

Dimensional Constraint는 앞서 Geometrical Constraints와 같이 Sketch 상에서 구속을 제어하는 역할을 하는데 앞서의 것과 다른 것 이 아이콘은 수치로 나타나는 구속을 제어한다는 것입니다. 이 수치 구속이 CATIA에서 두 번째 구속의 종류로 숫자로 나타낼 수 있는 길이, 거리, 지름, 각도 등과 같은 구속을 의미합니다.
이 아이콘 역시 반드시 Sketch Tools에 활성화되어 있어야 합니다. 명심하기 바랍니다.

- **Automatic Dimensional Constraints** 🖾

Sketch상에서 형상을 제도하다 보면 구속을 별도로 지정해 주는 것에 불편함을 느낄 수 있습니다. 형상을 그리고 구속하는 작업을 반복하는 과정을 간소화하기 위하여 형상을 그릴 때 형상에 대한 Internal Constrain만큼은 자동으로 생성할 수 있도록 이 Option을 켜 놓을 수 있습니다.
가끔은 실제 설계 작업에는 불필요한 구속이 생성되기도 하는데 필요에 따라 해당 Option을 활성화하여 Sketch 작업하기 바랍니다.

- **Sketch Tools의 확장**

Sketch Tools Toolbar의 경우 직접 프로파일링 작업을 하는 명령들이 아닌 설정의 기능을 가지고 있다는 것을 알았을 것입니다. 또한 Sketch Tools는 앞서 언급한 대로 다른 Toolbar 들의 작업 아이콘에 대해서 부가적인 Option이 있을 경우 이 세부 Option들을 출력하는 역할을 합니다. 다음은 몇 가지 명령을 실행했을 때 Sketch Tools Toolbar가 확장되는 경우를 보여 줍니다.

Corner	
Profile	
Quick Trim	

B. Profile

Profile을 구성하는 명령은 현재 Toolbar에 나타난 것이 전부가 아니고 그 안에 다음과 같은 세부적인 Sub Toolbar를 더 가지고 있습니다. 모든 Toolbar들에서 검은색 화살표시(Arrow) ▼ 가 있는 부분에는 항상 그 하위 Sub Toolbar가 있다는 것을 기억하기 바랍니다. 이 화살 표시를 클릭하면 그 Sub Toolbar가 따라 나오게 됩니다. 그리고 그 Sub Toolbar를 클릭하여 드래그하면 별도의 Toolbar로 꺼낼 수도 있습니다.

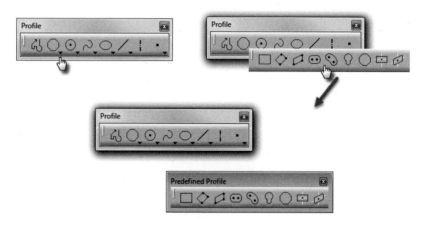

이제 각 명령어들을 알아보도록 하겠습니다. 하나하나 실제로 실습해 보기를 권장합니다.

■ Profile

다각형 형상을 그리는 명령으로 Sketch에서 형상을 그리는데 가장 사용빈도가 높은 아이콘입니다. 이 Profile을 사용하면 일반적인 형상 제도 명령들이 형상 요소를 한 가지씩 그리는데 반해 곡률 형상 및 다각형을 연속적으로 그릴 수 있습니다. Profile은 필요에 따라 형상 Option을 변경하여 Tangent Arc 또는 Three Point Arc로 변경하여 그릴 수 있습니다.

Profile은 다음과 같은 3가지 부가적인 Option이 있습니다. 따라서 Profile 아이콘을 클릭하면 Sketch Tools Toolbar의 뒷부분이 다음과 같이 확장됩니다. 그리고 여기서 형상을 그리면서 작업에 따라 Type을 변환해 가면서 작업해 주면 됩니다.

Line	• 클릭과 클릭한 사이를 직선 형태로 이어주는 Profile이 연속적으로 그려짐
	• 그리는 도중 다른 Option으로 변경이 가능
	• Profile 명령을 실행시켰을 때 Default로 선택된 그리기 Mode

Tangent Arc 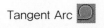	• 이전에 그려진 직선과 Tangent하게 다음 부분을 Arc 형태로 그려주는 Mode
	• Profile 명령이 활성화된 상태에서 Sketch Tools에 확장된 Option 부위에서 아이콘을 누르면 Type이 변경 가능
	• 마우스를 드래그하여 Tangent Arc로 Mode 변경이 가능
Three Point Arc	• 3개의 점으로 만들어지는 Arc 형상을 만들어 주는 Mode

이렇게 이 세 가지 Mode를 적절히 이용하면 원하는 거의 대부분의 형상을 만들어 낼 수 있습니다.

• Profile 명령의 종료

일반적인 명령들은 한번 클릭하여 작업을 수행하면 한번 형상을 그리는 것으로 명령이 종료됩니다. 그러나 Profile로 형상을 그리게 되면 그리는 작업이 무한정 반복이 되는데 Profile 시작 후 시작점과 끝점이 만나거나 Esc 키를 두 번 연속으로 누르거나 화면상에서 클릭을 두 번 연속으로 해주어야 Profile 작업이 종료됩니다. 다음은 이 Profile 명령을 종료하는 세 가지 예입니다.

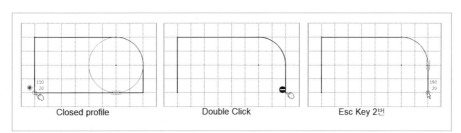

• SmartPick

앞서 설정 부분에서 언급한 바 있는 SmartPick 기능은 CATIA의 Sketch 작업 보다 수월하게 도와주는 기능을 합니다. 형상 Profile을 그리는 과정에서 현재 그리는 대상에 적용할 수 있는 다른 요소들과의 일치점이나 수평, 수직, 직교, 평행, 중점과 같은 구속들을 스스로 찾아 줍니다. 앞서 Profile 형상을 그리는데 수평 또는 수직 상태에서 선의 색이 파란색으로 나타나는 것도 SmartPick에 의한 표시 기능입니다. 따라서 우리가 Sketch 작업을 하면서 일일이 이러한 구속을 잡아주지 않아도 일부 구속은 CATIA 스스로 잡아줍니다. 다음은 일부 SmartPick를 이용한 형상을 그려주면서 구속을 함께 정의하는 예시입니다.

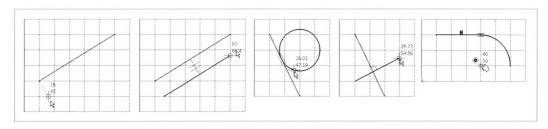

앞서 설명한 대로 이러한 SmartPick를 사용하지 않으려면 Option에서 끄거나 SHIFT Key를 누른 상태에서 작업하면 비활성화됩니다.

1. Predefined Profile Sub Toolbar

Predefined Profile Toolbar는 사용 빈도가 높은 형상에 대해서 미리 정의된 몇 가지 형상을 가지고 있습니다. 물론 이 들 모두를 자주 사용하는 것은 아니며 중요한 것과 그렇지 않은 것에 대해서 설명하도록 하겠습니다.

■ Rectangle

Description	Image
• 시작점과 끝점을 대각선으로 클릭해 사각형을 생성 • 사각형인 성질과 함께 기준 좌표에 대해서 수평과 수직인 성질을 가짐 • **H**, **V** 표시는 Geometrical Constraints로 각각 직선 요소의 수평 수직을 의미	

■ Oriented Rectangles

Description	Image
• 임의의 기준 방향을 정한 후 해당 방향으로 직각 사각형을 제도 • 두 개의 평행 구속과 1개의 직교 구속이 생성	

■ Parallelogram

Description	Image
• 평행사변형 형태의 Profile을 제도 • 기준 방향을 설정 후 두 번째 변의 방향을 설정 • 두 개의 평행 구속이 생성	

■ Elongated Hole

Description	Image
• 원 형상에서 원의 중심이 늘어난 모양 • 시작점 ⇨ 끝점 ⇨ 반경 순서로 제도	

■ Cylindrical Elongated Hole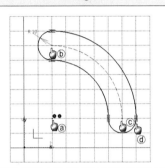

Description	Image
• Elongated Hole과 비슷하나 원의 중심이 연장된 형상이 Arc를 이루고 있음 • 구부러진 Elongated Hole이라 보아도 됨 • 중점 ⇨ 시작점 ⇨ 끝점 ⇨ 반경 순서로 제도	

■ Keyhole Profile

Description	Image
• 열쇠 구멍 모양의 프로파일 • 시작점 ⇨ 끝점 ⇨ Tangent 한 작은 반경 ⇨ 큰 반경 순서로 제도	

■ Polygon

Description	Image
• 다각형을 제도하는 명령 • 중점 ⇨ 끝점 ⇨ 각의 수 순서로 제도 • Sketch Tools 확장 확인 필요	

■ Centered Rectangle

Description	Image
• 중심 대칭 구속을 가지는 직각 사각형 제도 • 대칭 구속을 상징하는 ![기호] 기호에 의해 한 변을 잡아당기거나 이동시키면 대칭인 변 역시 변형됨	

■ Centered Parallelogram

Description	Image
• 임의의 교차하는 두 개의 기준선 사이로 평행사변형을 만드는 명령 • 기준선 1 ⇨ 기준선 2 ⇨ 꼭지점 순서로 제도	

2. Circle Sub Toolbar

■ Circle

Description	Image
• 기본적인 원 생성 명령 • 중점 ⇨ 반경 순서로 생성	

■ Three Point Circle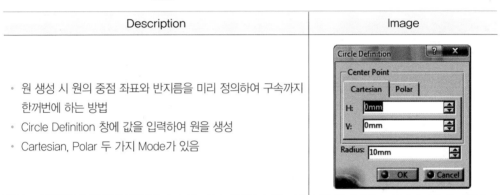

Description	Image
• 원 둘레를 지나는 3개의 점을 사용하여 원을 생성하는 명령 • 시작점 ⇨ 중간점 ⇨ 끝점 순서로 생성	

■ Circle Using Coordinates

Description	Image
• 원 생성 시 원의 중점 좌표와 반지름을 미리 정의하여 구속까지 한꺼번에 하는 방법 • Circle Definition 창에 값을 입력하여 원을 생성 • Cartesian, Polar 두 가지 Mode가 있음	

■ Tri-tangent Circle

Description	Image
• 선택한 3개의 형상 요소와 접하는 원을 만드는 명령 • 선택한 3개의 형상 요소에 접하는 원을 만들 수 없는 조건의 것이라면 원은 생성되지 않음	

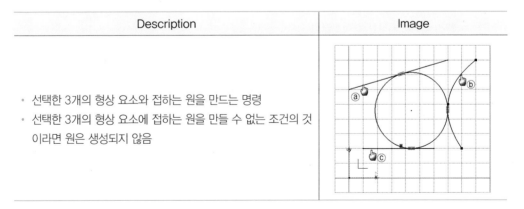

■ Three Point Arc

Description	Image
· 세 점을 지나는 호를 생성 · 시작점 ⇨ 중간점 ⇨ 끝점 순서로 생성	

■ Three Point Arc Starting with Limits

Description	Image
· 이 호 형상 역시 3개의 점을 사용하는 방법을 사용하나 선택 순서가 약간 다름 · 시작점 ⇨ 끝점 ⇨ 중간점의 순서	

■ Arc

Description	Image
· Arc는 호 형상을 그리는 가장 간단한 방법 · 중점 ⇨ Arc 시작점 ⇨ Arc 끝점 순서로 생성 · Arc 요소가 들어가는 형상의 경우 각도 구속을 통해 Arc의 길이를 구속할 경우 반드시 보조선을 그려 준 후에 각도 구속을 넣어 주어야 함	

3. Spline Sub Toolbar

■ Spline ⌇

Description	Image
• CATIA에서 여러 개의 점을 지나는 곡선을 만드는 명령 • 곡선을 이루는 각각의 점들을 정의하고 구속 시킬 수 있으며 곡선 생성 후 수정이 용이 • Spline 아이콘을 누른 상태에서 원하는 지점들을 클릭하여 생성 • 여기서 만들어지는 포인트들은 Geometry가 아니라 Spline 형상의 곡선을 정의하는 Spline 함수의 Control Point(제어점) • 명령을 종료하기 위해 Esc Key를 두 번 연속으로 누르거나 화면의 끝나는 점에서 두 번 연속 클릭 • Spline을 완전히 닫힌 형상으로 만들기 위해서는 종료 점 위치에서 MB3 버튼(Contextual Menu)을 눌러 Close Spline을 클릭 • Control Point를 더블 클릭하여 Control Point Definition 창에서 Tangency와 같은 추가 정의 가능 • Spline을 더블 클릭하여 제어점을 추가하거나 제거하는 것이 가능	

■ Connect ⌇

Description	Image
• Connect는 두 형상 요소 간을 이어주는 명령 • Sketch Tools Toolbar의 확장된 부분에서 Connect with Arc 와 Default 값인 Connect with Spline 사용 가능 • 더블 클릭하여 Connect Definition 창을 활성화하면 Continuity Mode 및 Tension 강도, 방향 설정 등이 가능 • Continuity Mode는 Continuity in Point , Continuity in Tangency , Continuity in Curvature 가 있음	

4. Conic Sub Toolbar

■ Description

Description	Image
• 타원 형상을 그려주는 명령 • 타원은 장축과 단 축의 길이가 서로 다르며 이 둘이 같으면 원 • 중점 ⇨ 1 축(장축 또는 단축) ⇨ 2 축(장축 또는 단축) 순서로 생성 • Constraints Defined in Dialog Box 명령을 사용해 구속 가능	

■ Parabola by Focus

Description	Image
• 포물선을 그려주는 명령. • 초점(Focus)과 정점(Apex)를 사용하여 포물선을 정의하고 시작점과 끝점으로 그 경계를 정의	

■ Hyperbola by Focus

Description	Image
• 쌍곡선을 그려주는 명령 • 두 정점과 중점을 사용하여 쌍곡선을 정의하고 두 번 점을 찍어 양 끝을 정의	

■ Conic

Description	Image
• 원뿔 형상을 그려주는 명령	

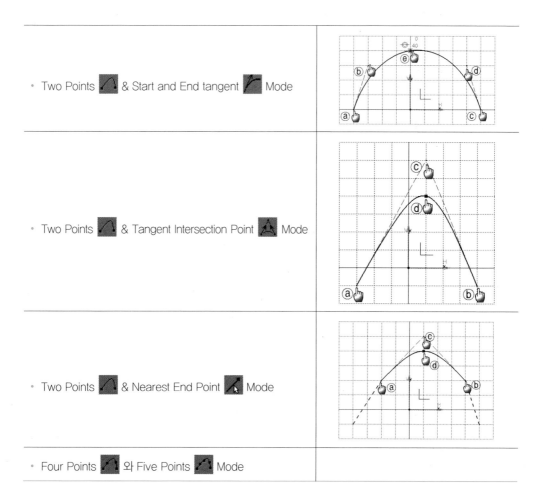

- Two Points & Start and End tangent Mode

- Two Points & Tangent Intersection Point Mode

- Two Points & Nearest End Point Mode

- Four Points 와 Five Points Mode

5. Line Sub Toolbar

■ Line

Description	Image
· 시작점과 끝점으로 이루어진 가장 일반적인 직선을 정의	

■ Infinite Line

Description
· 화면상의 무한히 긴 직선을 그리는 명령
· 부가 Option에는 다음과 같이 수평 , 수직 , 사선 Type 설정

■ Bi-tangent Line

Description	Image
· 두 개의 형상 요소 사이에 접하게 직선을 그려 주는 명령 · 두 형상 사이에 끝이 일치하면서 접하도록 직선을 그리고자 할 경우에 유용함 · 선택한 형상의 위치에 따른 방향성이 존재	

■ Bisecting Line

Description	Image
· 교차하는 두 직선의 이등분선을 그려주는 명령 · ✱ 기호가 대칭(Symmetry)을 나타내는 표시	

■ Line Normal to Curve

Description	Image
· 선택한 곡선에 대해서 임의의 지점에서 수직인 직선(법선)을 그려주는 명령	

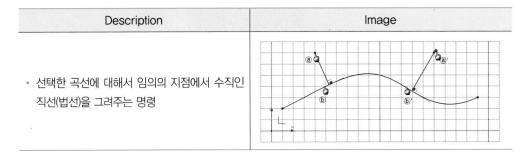

■ Axis

Description	Image
• Axis란 회전체의 중심 축 역할을 하는 2차원 요소로 만들어질 당시부터 Construction Elements임 • Sketch 상에서만 확인할 수 있고 3차원 Workbench로 이동해서는 보이지 않음 • 물론 3차원 상에서 축을 이용한 작업에 바로 사용 될 수 있습니다. 만드는 방법은 Line을 만드는 방법과 동일 • 시작점과 끝점을 이용하여 만듦	

6. Point Sub Toolbar

■ Point by Clicking

Description	Image
• 가장 일반적인 포인트 생성 명령으로 원하는 지점을 클릭하여 점을 생성 • Snap to Point가 활성화된 경우에는 Grid 사이에만 생성 가능	

■ Point by Using Coordinates

Description	Image
• 포인트를 생성하기 전에 Definition 창에서 위치를 결정하여 구속까지 함께 생성 • Cartesian, Polar 두 가지 Mode가 있음	

■ Equidistant Points

Description	Image
• 등 간격으로 포인트를 생성해 주는 명령 • 선 요소를 선택하여 해당 요소에 등간격으로 포인트를 생성 • 형상 요소의 양 끝점은 포함되지 않음	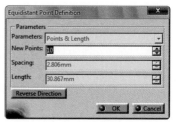

■ Intersection Point

Description	Image
• 교차하는 두 요소간의 교차점을 만들어 주는 명령 • 교차하는 두 요소가 있다고 했을 때 이 교차하는 지점에 포인트를 생성 • 만약에 두 선택한 대상이 여러 곳에서 교차하고 있다면 그 교차하는 모든 지점에 포인트가 생성 • 교차하는 지점에서의 포인트는 Point by Clicking을 사용하여 SmartPick의 도움으로 쉽게 생성 가능	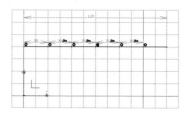

■ Projection Point

Description	Image
• 선택한 포인트를 Curve나 직선에 투영시켜 그 Curve나 직선상에 있는 점을 생성	

■ Align Points

Description	Image
• 이 명령은 선택한 점들을 일정한 방향으로 정렬을 시켜주는 기능 • 명령을 실행하고 기존의 Point들을 선택하면 방향을 지정할 수 있도록 화면에 표시가 생성되며, 임의의 방향 선택시 기존 포인트들이 정렬됨	

C. Operation

Operation Toolbar는 앞서 언급한 대로 Profile로 형상을 개략적으로 만든 후에 이를 다듬는 일을 합니다. 또는 이동을 한다거나 복제를 할 수도 있으며 다른 Sketch나 3차원 형상을 Sketch 요소로 가져올 수도 있습니다. 이 Toolbar 역시 그 안에 Sub Toolbar를 가지고 있습니다.

▪ Corner

Description	Image

• Corner는 Profile 형상 중에 Tangent 하지 않고 꼭지점이 있는 뾰족한 부분에 대해서 라운드 처리를 해주는 명령
 	
• 부가 Operation Type
 	
   • Trim All Elementsr
   • Trim First Elementsr
   • No Trimr
   • Standard Lines Trimr
   • Construction Lines Trimr
   • Construction Lines No Trimr
 	
• 동시에 여러 곳에 Corner를 주고자 할 경우 드래그하여 해당 꼭지점이 선택 될 수 있도록 선택하여 값을 Sketch Tools에 입력
	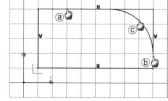

▪ Chamfer

Description	Image

• Corner는 Profile 형상 중에 Tangent 하지 않고 꼭지점이 있는 뾰족한 부분에 대해서 모따기를 수행하는 명령
 	
• 부가 Operation Type
 	
   • Trim All Elementsr
   • Trim First Elementsr
   • No Trimr
   • Standard Lines Trimr
   • Construction Lines Trimr
   • Construction Lines No Trimr
 	
• 동시에 여러 곳에 Corner를 주고자 할 경우 드래그하여 해당 꼭지점이 선택 될 수 있도록 선택하여 값을 Sketch Tools에 입력	

• Chamfer 치수 기입/정의 방법
 	
   • Angle and Hypotenuse
   • Angle and First Length
   • First and Second Length	

1. Relimitations Sub Toolbar

이 Sub Toolbar에는 형상 요소를 끊거나 잘라내는 등의 Profile로 만든 형상에서 불필요한 부분을 제거하거나 수정하는 작업을 합니다.

■ Trim

Description	Image

• Sketch에 그려진 형상 중에 불필요한 프로파일을 제거하는 명령
• 부가 Operation Type
 	
    • Trim All Elements
 	
    • Trim First Element	

■ Break

Description	Image
• 하나의 직선 또는 곡선과 같은 요소를 기준 요소에 대해서 나눠주는 기능을 수행 • 원래 마디가 없는 도형에 대해서 절점 정의가 가능 • 이 명령을 사용하기 위해서는 Break할 대상과 Break 할 기준이 필요	

■ Quick Trim

Description	Image
• Quick Trim 이란 앞서 Trim과 같이 불필요한 부분을 제거할 때 사용하는 명령으로 쉽게 Trim이 가능 • Operation Type 역시 Sketch Tools에서 선택 가능 　• Beak and Rubber In 　• Beak and Rubber Out 　• Break and Keep	

■ Close

Description	Image
• 원이나 타원, 닫힌 Spline 같은 단 요소의 닫힌 형상에 대해서 일부분이 잘려나간 경우 이를 다시 처음의 닫혀 있던 상태로 돌려주는 기능 • 원이나 타원, 닫힌 Spline 형상에 대해서만 사용이 가능 • 사용법은 단순히 이러한 형상을 클릭	

■ Complement

Description	Image
• Complement는 원이나 타원, 닫힌 Spline과 같은 형상의 일부가 잘려져 나갔을 때 현재 부분을 현재 남아있는 부분의 반대 부분으로 바꾸어 주는 작업을 함	

2. Transformation Sub Toolbar

■ Mirror

Description	Image
• 임의의 기준선이나 축을 대칭으로 선택한 형상 요소를 대칭 복사해 주는 명령 • 기준 요소로는 Sketch 축(H, V축), Axis, 다른 선형 형상 요소 등을 사용할 수 있음 • Mirror 명령으로 형상이 복사되면 ✦ 표시가 생성 • 복잡한 형상을 Sketch 할 경우 대칭의 성질을 이용하여 절반 형상 또는 1/4 형상을 만들어 나머지는 Mirror를 사용	

– Auto Search

Description	Image
• 여러 개의 대상을 동시에 선택할 때는 드래그하여 대상을 선택하거나 Contextual Menu(MB3)를 사용하여 Auto Search 기능을 이용하여 작업하면 효과적	

■ Symmetry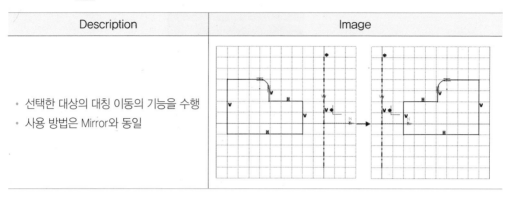

Description	Image
• 선택한 대상의 대칭 이동의 기능을 수행 • 사용 방법은 Mirror와 동일	

■ Translate

Description	Image
• 선택한 대상을 다른 지점으로 평행 이동하거나 하나의 원본 대상을 Sketch 에 여러 개 복사할 때 사용하는 명령 • Translate하기 위해 기준점이 되는 시작 위치를 반드시 지정해 주어야 함 • Duplicate Mode : Translate 명령으로 평행 이동을 할 것 인지 아니면 평행 복사를 할 것인지를 설정 • Keep internal Constraints : 형상 자체를 구성하는 구속이 Translate 후에도 유지될 수 있도록 체크 • Keep external Constraints : 형상과 기준 요소 사이 관계 구속이 Translate 후에도 유지될 수 있도록 체크. (Reference로 구속이 생성 • Keep original constraints mode : 형상과 기준 요소 사이의 구속이 Translate 후에도 유지될 수 있도록 체크	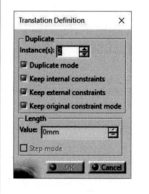

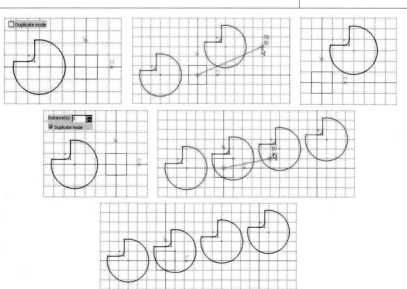

■ Rotate

Description	Image
• 선택한 대상을 다른 지점으로 회전 이동하거나 하나의 원본 대상을 Sketch에 여러 개 회전 복사할 때 사용하는 명령 • Rotate 하기 위해 기준점이 되는 시작 위치를 반드시 지정해 주어야 함 • 세부 Option은 Translate와 동일	**Rotation Definition** ✕ **Duplicate** Instance(s): 1 ☐ Duplicate mode ☑ Keep internal constraints ☑ Keep external constraints ☑ Keep original constraint mode **Angle** Value: 0deg ☐ Step mode ● OK　● Cancel

■ Scale

Description	Image
• Scale 기능은 현재 Sketch의 형상 요소의 크기를 일정 비율을 가지고 크게 하거나 작게 할 때 사용 • 완성된 형상이나 도면 파일에서 형상 요소를 가져왔을 때 그 스케일이 잘못되었을 때 전체 Sketch의 크기를 크게 하거나 작게 할 때 사용 • Scale하기 위해 기준점이 되는 시작 위치를 반드시 지정해 주어야 함 • 세부 Option은 Translate와 동일	**Scale Definition** ✕ **Duplicate** ☑ Duplicate mode ☐ Keep internal constraints ☐ Keep external constraints ☐ Keep original constraint mode **Scale** Value: 0.5 ☐ Step mode ● OK　● Cancel

■ Offset

Description	Image
• 선택한 형상을 일정 간격을 띄워서 만들어 주는 명령 • Offset Mode 　• No Propagation 　• Tangent Propagation 　• Point Propagation 　• Both Side Offset	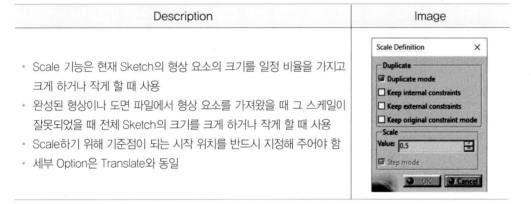

D. 3D Geometry

■ Project 3D Elements

Description	Image
<ul><li>3차원 형상의 모서리나 꼭지점 등을 현재의 기준 스케치에 투영된 지오메트리를 생성하는 명령</li><li>기준이 되는 3차원 형상에 종속되기 때문에 형상의 임의 수정은 Isolate하기 전엔 불가능</li><li>투영된 지오메트리는 노란색으로 표시</li><li>3차원 형상의 특성에 따라 투영하지 못하는 요소(구나 원통 면 등 날카로운 모서리가 없는 경우)도 있음</li></ul>	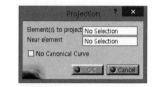 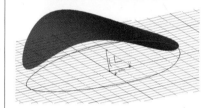

■ Intersect 3D Elements

Description	Image
<ul><li>투영하는 것은 앞서 명령과 같다고 할 수 있으나 투영하는 대상이 다름</li><li>Intersect 3D Elements 는 현재 Sketch 평면과 교차하는 부분을 투영하여, Sketch 평면과 형상의 선택된 부분의 교차하는 형상을 투영</li></ul>	

■ Project 3D Silhouette Edges

Description	Image
<ul><li>구체나 원통 면과 같은 회전체의 옆면 실루엣 형상을 현재 Sketch 면에 투영</li><li>회전체의 경우 회전에 의해 만들어진 옆면 부분은 일반적인 Project 3D Elements 로 가져올 수 없으므로 이 명령을 사용하여 실린더나 구와 같은 회전체 형상의 외곽면을 Sketch 평면으로 투영 가능</li></ul>	

■ Project 3D Canonical Silhouette Edges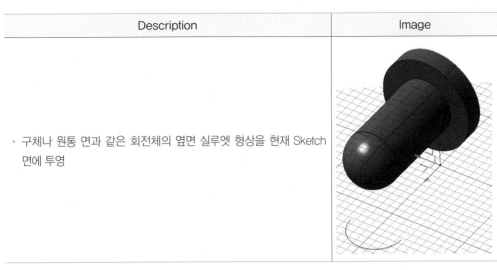

Description	Image
• 구체나 원통 면과 같은 회전체의 옆면 실루엣 형상을 현재 Sketch 면에 투영	

E. Constraints

■ Constraints란?

Constraints란 앞서 말한 바와 같이 구속을 의미합니다. 형상을 만드는데 필요한 숫자 또는 문자 형태의 치수가 그것이며 이러한 구속을 이용하여 작업자가 원하는 형상 치수대로 제도한 형상을 만들어냅니다. 형상을 그려냈다고 해서 제도가 끝나는 것은 아니며 구속 작업을 통하여 바른 치수를 입력해 주어야 그 형상이 의미 있는 데이터가 된다는 것을 기억하기 바랍니다.

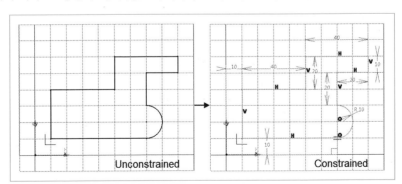

CATIA의 구속 방식을 크게 두 가지로 나뉘는데 앞서 Sketch Tools에서 언급한대로 Geometrical Constraints와 Dimensional Constraints가 있습니다. 이 두 가지 구속의 차이를 이해하면 보다 손쉽게 구속을 부여할 수 있을 것입니다.

- Geometrical Constraints & Dimensional Constraints

숫자가 아닌 기하학적 형상 정의 방식을 가진 구속들로 수치적인 구속이 아닌 문자나 기호로 정의되는 구속을 의미합니다. 기하학적 구속의 종류에는 다음과 같습니다.

Fix, Horizontal, Vertical, Coincidence, Concentricity,
Tangency, Parallelism, Midpoint, Perpendicularity

예를 들어 직선 요소가 수평하거나 수직한 경우, 두 개의 직선 요소사이가 직교하는 경우 등을 수치로 표현하는 경우 보다 기하학적 구속을 사용하면 보다 간편하게 정의가 가능합니다. 대신에 숫자가 포함되어야 하는 구속은 기하학 구속에서 사용할 수 있는 방법은 없습니다. 아래 동일 구속을 수치 구속과 기하학 구속으로 표현하였을 때 차이를 확인해 보기 바랍니다.

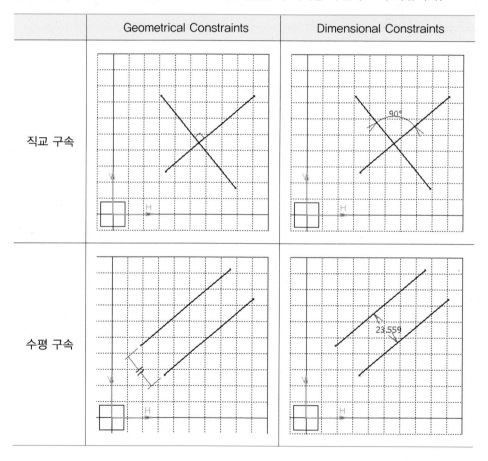

또한 다음과 같이 기하학 구속 명령을 실행하기에 앞서 선택된 형상 요소의 수에 따라 다음과 같은 구속들이 적용 가능합니다.

Number of Elements	적용 가능한 Geometrical Constraints
한 개의 요소를 선택했을 때	Fix Horizontal Vertical
두 개의 요소를 동시에 선택했을 때	Coincidence Concentricity Tangency Parallelism MidPoint Perpendicularity
새 개의 요소를 동시에 선택하였을 때	Symmetry Equidistant Point

숫자로 나타낼 수 있는 구속을 의미합니다. 형상 정보를 구속하는데 있어 실제 제도를 위해서 필요하게 되는 길이나 거리, 반지름, 지름, 각도와 같은 수치 구속 값을 의미합니다. 기본적으로 도면에 나온 수치 정보는 모두 길이나 거리, 반지름, 지름, 각도로 표현되는 것들입니다.

Number of Elements	적용 가능한 Constraints
한 개의 요소를 선택했을 때	Length Radius/Diameter
두 개의 요소를 동시에 선택했을 때	Distance Angle

이제 이러한 구속을 실제의 Sketch 형상 요소에 적용시키는 명령들에 대해서 공부해 보도록 할 것입니다. 앞으로 배울 명령 중에는 Geometrical Constraints를 적용하는 구속 명령이 있고 Dimensional Constraints를 적용하는 구속 명령이 있습니다. 이를 잘 구분하여 사용하면 보다 쉽고 빠르게 구속을 줄 수 있을 것입니다.

• Internal Constraint & External Constraints

Sketch에서 형상을 만드는 것만큼이나 구속을 주는 작업은 무척 중요합니다. 구속이 바르지 않으면 아무리 형상을 Sketch 하였더라도 무용지물이 됩니다.

일반적으로 구속은 Geometrical Constraints와 Dimensional Constraints로 구분 하는 것 외에 Internal Constraint와 External Constraints로 구분되어 지기도 합니다. 후자는 우리가 Sketch 원점 상에서 구속을 주는데 있어 중요하게 여겨야 하는 개념으로 실제로 형상을 구속 주는 방법론적으로 알고 있어야 합니다.

CATIA의 Sketch 환경은 원점을 기준으로 작업이 이루어집니다. 우리가 Sketch Workbench 에 들어갔을 때 가운데 보이는 H, V 표시의 화살표는 수직 축과 수평 축을 의미합니다.

그리고 이 두 축의 교차점에는 원점이 존재합니다. 이러한 기준 요소가 존재하는 이유는 단지 이 형상을 그리는데 참고하라는 것이 아니라 이곳을 기준으로 형상을 그려야 한다는 의미가 됩니다. 따라서 우리가 구속을 주는 과정에서도 이 점을 잊지 말아야 합니다. 원점을 무시하거나 틀리게 그린다는 것은 아예 작업 자체를 망치게 된다는 점을 기억해 주기 바랍니다.

앞서 말한 External Constraints는 바로 이러한 원점과의 구속을 나타낸다고 본다. 즉 형상을 구성하는데 필요한 Internal Constraints와 달리 External Constraints는 원점, 수직 축, 수평 축과 같은 기준 요소와 형상과의 구속이라고 생각하면 됩니다. 다음 그림을 보겠습니다.

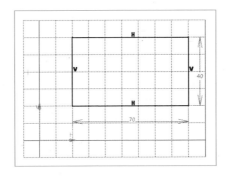

위 그림은 형상에 대한 Internal Constraints가 모두 충족된 모습입니다. 그러나 이 Sketch는 아직 완벽하지 못합니다. 바로 External Constraints가 없기 때문인데 이 External Constraints가 빠진 상태라면 이 형상을 마우스로 드래그 하여 움직이면 형상이 따라 움직이게 됩니다. 따라 움직인다는 말을 들어도 알 수 있듯이 무언가 빠져있다는 의미입니다. 여기에 External Constraints를 다음과 같이 주게 되면 완전한 구속이 주어진 상태가 됩니다.

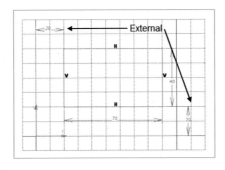

Sketch에서 구속을 주면서 항상 기억해 두도록 하겠습니다. 구속은 Internal Constraints와 External Constraints가 모두 갖추어 져야 완전한 구속이 됩니다.

■ Constraints Defined in Dialog Box

Image	Description
Constraint Definition ☐ Distance ☑ **Fix** ☐ **Length** ☐ Coincidence ☐ Angle ☐ Concentricity ☐ Radius / Diameter ☐ Tangency ☐ Semimajor axis ☐ Parallelism ☐ Semiminor axis ☐ Perpendicular ☐ Curvilinear distance ☐ **Horizontal** ☐ Symmetry ☐ Vertical ☐ Midpoint ☐ Equal ☐ Equidistant point **Create Multiple Constraints** ☐ Target Element OK Cancel	• 형상에 Geometrical Constraints 및 Dimensional Constraints를 Definition 창을 통해 부여 • 선택한 대상에 따라 활성화되는 구속의 종류가 달라짐

• Geometrical Constraints

⌐	Perpendicular	두 대상이 서로 직교함을 나타내는 구속 기호
◉	Coincidence	두 대상이 서로 일치함을 나타내는 기호
V	Vertical	선택한 직선 요소가 좌표축에 대해 수직임을 나타내는 기호
H	Horizontal	선택한 직선 요소가 좌표축에 대해 수평임을 나타내는 기호
●	Concentricity	선택한 원이나 호 요소들끼리 중심이 일치함을 나타내는 기호
✕	Parallel	두 대상이 서로 평행함을 나타내는 구속 기호
⚓	Fix	선택한 대상들이 하나로 묶여있음을 나타내는 구속 기호
♣	Symmetry	선택한 대상이 다른 요소와 대칭이라는 구속 기호
⊬	Bisecting	선택한 대상이 다른 대상을 이등분 한다는 구속 기호

• Dimensional Constraints

⊢10⊣	Length Distance	직선의 길이 또는 대상과 대상 사이의 거리를 나타내는 구속 기호
45°	Angle	두 개의 직선이 이루는 그 사이 각을 나타내는 구속 기호
D 50 R 25	Diameter /Radius	원이나 호, Corner의 곡률 값을 나타내는 구속 기호

1. Constraints Sub Toolbar

■ Constraint

Description	Image
• 수치로 적용 가능한 구속을 대상에 정의 • 대상 선택 ⇨ 구속 생성 ⇨ 더블 클릭 ⇨ 수치 입력 순서로 정의 • 길이, 거리, 각도, 반지름, 지름 등 정의 가능 • 명령을 연속적으로 사용하기 위해 더블 클릭 후 구속 정의 • Contextual Menu를 사용하여 Geometrical Constraints로 변경 가능 • 반지름과 지름의 경우 Definition 창에서 Dimension으로 변경	

■ Contact Constraint

Description	Image
• 선택한 요소들과의 접촉 조건에 의해 구속을 CATIA 에서 직접 잡아주는 명령 • 명령을 실행하고 구속을 주고자 하는 두 개의 요소를 각각 순차적으로 선택해 주면 구속이 스스로 생성	

다음은 형상에 따른 Contact Constraints 의 구속 생성 결과를 간단히 표로 나타내었습니다.

A Point and a line Two Points A Point and any other Element	Coincidence	점과 점, 점과 직선, 점과 원점과 같이 일치하는 형상 구속을 생성
A line and a circle Two Curves (except circles and /or ellipses) or two lines	Tangency	원과 직선이 접하는 것과 같이 한 지점에서 접하는 구속을 생성
Two Curves and/or ellipses Two circles Circle or Arc/Fillet	Concentricity	원이나 호와 같은 요소들의 중심을 일치시키는 구속을 생성

2. Constraints Sub Toolbar

■ Fix Together

Description	Image
• Sketch 형상 요소들을 모두 현재 상태의 위치로 묶어 버리는 기능 • 수치나 문자 구속 없이 형상을 현 상태 그대로 고정하는 것이 가능	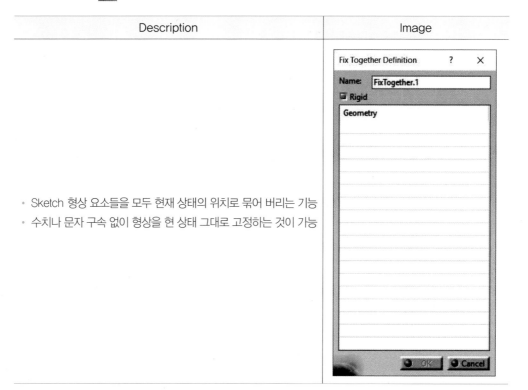

■ Auto-Constraint

Description	Image
• 구속을 자동 생성해 주는 기능 • 명령을 실행 후 대상을 선택하면 선택 범위내 모든 형상의 구속이 생성 • 원점 기준 요소를 배제하고 구속을 생성할 경우 완전 구속은 불가능 • 구속 방법이 설계 치수 기입 방식과 다를 수 있음	

■ Animate Constraints

Description	Image
• 주어진 구속 값을 변수로 하여 치수가 정해진 범위를 움직여 볼 수 있게 정의 • 선택된 구속 부분에 치수 값의 범위를 가능하거나 변경하였을 때 다른 부분과 간섭이나 충돌이 없는지 2차원 기구학 분석을 할 때 사용 • 변형하고자 하는 구속을 선택 후 Definition 창에서 범위와 증분 등의 설정 가능	

■ Edit Multi-Constraint

Description	Image
• Sketch 상의 모든 구속을 동시에 수정할 수 있는 기능 • Restore Initial Value로 수정 전 원래 값으로 초기화 가능 • 공차 정의도 가능	

F. Visualization

이 Toolbar에서는 Sketch 상태에서 시각 환경을 설정해 줍니다. 작업하는 동안 많이 설정하거나 반복적으로 활용하는 부분은 없습니다.

- Cut Part by Sketch Plane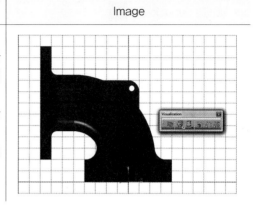

Description	Image
<ul><li>현재 Sketch 평면을 기준으로 작업자의 시각 앞을 가리는 Solid 또는 Surface 물체를 절단하여 보이게 하는 명령</li><li>작업자에게 3차원 물체로 인한 현 Sketch에서 작업 방해를 받지 않기 위한 용도로 사용</li><li>실제로 절단이 아니기 때문에 Sketch를 벗어나거나 명령을 해제하면 원래대로 돌아옴</li></ul>	

1. Visu 3D Sub Toolbar

이 Sub Toolbar에서는 Sketch 작업에서 조명의 세기를 조절할 수 있습니다. 실제 밝기의 조절은 아니며 3차원 물체에 가해지는 빛을 조절하여 Sketch 작업에 효율을 높이기 위함입니다. 다음의 세 가지 Mode에 따른 상태를 확인하기 바랍니다.

■ Usual	■ Low light	■ No 3D Background

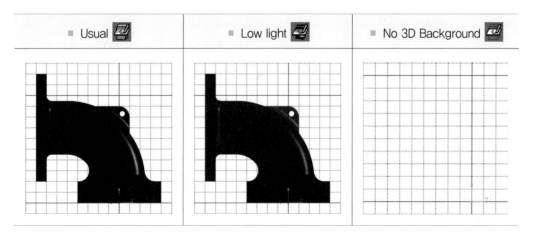

2. 2D Visualization Mode Sub Toolbar

■ Pickable visible background	3차원 물체를 출력시킴과 동시에 선택할 수 있습니다.
■ No 3D background	3차원 물체 및 다른 2차원 Sketch를 출력하지 않습니다. 현재 Sketch만이 보입니다.
■ Unpickable background	3차원 물체와 Sketch가 보이지만 선택은 할 수 없습니다.
■ Low intensity background	3차원 물체에 약한 밝기로 빛이 들어갑니다.
■ Unpickable low intensity background	3차원 물체에 약한 밝기로 빛이 들어갑니다. 더불어 선택은 할 수 없습니다.
■ Lock current view Point	앞서 설정한 Mode를 고정하여 바꾸지 못하게 합니다.
■ Diagnostics	Sketch 형상의 구속 정도에 따라 색상으로 알려주는 것을 활성화합니다. 이 명령이 꺼있는 경우 색상으로 구속 상태를 알려주지 못합니다.
■ Dimensional Constraints	Sketch 형상에서 수치 구속을 출력시키게 합니다. 만약에 이 명령이 꺼진다면 화면에 Sketch 치수 구속이 출력되지 않습니다.
■ Geometrical Constraints	Sketch 형상에서 문자 기호화된 구속을 출력시키게 합니다. 만약에 이 명령이 꺼진다면 화면에 Sketch 문자 기호 구속이 출력되지 않습니다.

G. Tools

이 Toolbar에서는 Sketch 작업에 부가적으로 설정할 수 있는 몇 가지 설정 및 도구를 가지고 있습니다.

■ Create Datum

Description
• 모체가되는 대상과 연결을 끊어주는 기능 수행. 즉, Link 관계를 끊어 줄 수 있음
• 해당 명령이 활성화된 상태에서 작업할 경우 결과물의 Link가 끊어지는 것으로 이미 만들어진 대상에 적용되지 않음
• 3D Project 명령을 사용하게 되면 투영시킨 3차원 형상과 Link가 성립되게 되는데 여기서 이 명령을 활성화 한 상태로 작업하게 되면 이러한 Link가 끊긴 상태로 Isolate 된 형상을 활용할 수 있음
• 모든 형상 요소에 대해서 적용 가능한 것은 아님
• Isolate 시킬 대상을 선택하여 Contextual Menu에서 Isolate할 수 도 있음

■ Only Current Body

Description
• Part 안에 여러 개의 Body와 Geometrical Set을 가지고 작업을 할 때 현재 Define된 Body외에 나머지 것들을 출력하지 않도록 하는 명령
• 복잡한 Multi-Body의 작업의 경우 활용

■ Output Feature

Description	Image
• 현재 Sketch에서 만들어진 성분들을 각각의 요소들로 분리하여 3차원 Workbench 상에서 개별 인식할 수 있도록 정의 • 명령을 실행하고 분리하고자 하는 대상을 선택 • Sketch 안에서는 수정 및 변경이 가능 • Sketch 상에서 Contextual Menu를 사용하여 정의하는 것도 가능	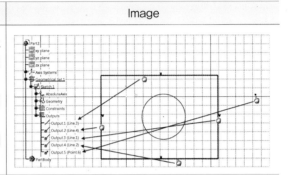

■ Profile Feature

Description	Image
• Output Feature 명령과 유사하나 각각의 Sketch 성분들을 낱개로만 인식하는 것뿐만 아니라 연결된 Profile의 경우 이들을 연결된 상태로 Feature로 분리하여 사용 가능 • 다음과 같은 Definition 창을 통하여 이름 및 색상을 정의 • 만약에 위와 같은 연결된 형상 중에서 닫혀있는 Profile 상태가 아닌 일부분만을 Profile Feature로 사용하고자 할 경우 Definition 창에서 Mode를 Wire(Explicit Definition)으로 변경한 후 Check connexity를 해제한 후에 원하는 것만을 선택도 가능 • 하나의 기준면에 대해서 Sketch를 만들 때 여러 개의 Sketch를 만들지 않고 하나의 Sketch에서 작업한 후에 분리하여 사용할 수 있음	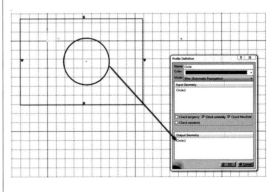

■ Curvature Analysis

Description	Image
• 주로 GSD에서 곡면 또는 곡선 설계에서 사용되던 기능으로 대상의 곡률 정보를 분석 • 상세한 기능 설명은 GSD Workbench에서 확인	

1. 2D Analysis Sub Toolbar

현재 작업한 Sketch에 대해서 진단을 해주는 또 다른 방법으로 2D Analysis Sub Toolbar의 명령을 사용할 수 있습니다. 현재 구속 상태가 어떠하며 Sketch를 구성하고 있는 요소들에 대해서 일괄적으로 볼 수 있습니다.

■ Sketch Solving Status

Description
현재 Sketch 구속 상태가 어떤지를 알려주는 명령으로 명령을 실행하면 현재 Sketch의 구속 상태에 대해 다음과 같은 창으로 메시지를 보여줌

• 구속이 들어가지 않았을 때(흰색)

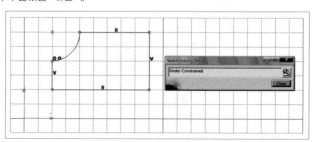

• 구속이 바르게 들어갔을 때(녹색)

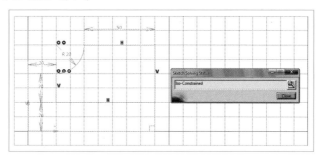

• 구속에 중복이 있을 때(보라색)

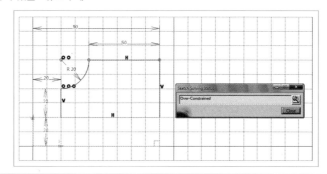

■ Sketch Analysis

Description

• 현재 Sketch에 그려진 형상에 대해서 분석을 해주는 도구로 Geometry가 어떻게 구성되며 이들 각각의 요소는 닫혀있는지 외부 형상으로부터 Projection이나 Intersection을 사용했는지의 상태를 표시

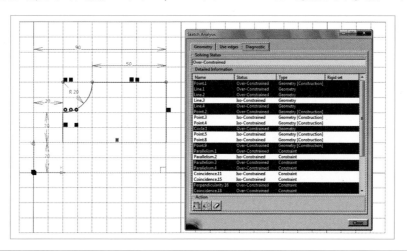

CATIA V5-6R2019 Training Book Vol.1 Basic

CHAPTER 04

Part Design Workbench

A. Workbench 들어가기

앞서 Sketch Workbench의 시작처럼 Part Design Workbench의 시작 또는 이동은 간단히 단축키를 사용하거나 시작 메뉴 또는 File의 New를 사용할 수 있습니다.

■ File 메뉴

모든 프로그램마다 가지고 있는 기능이지만 File 풀다운 메뉴 ⇨ New를 통해 Part Document를 시작할 수도 있습니다.

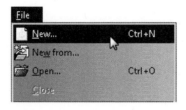

다음과 같은 'New' 창이 나타나는데 여기서 'Part'를 직접 입력하거나 목록에서 찾아 선택하고 확인을 눌러 줍니다.

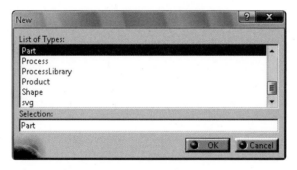

그러나 'CTRL Key + N'를 실행하는 것은 직접적인 Part Design Workbench를 시작하는 것은 아니고 Part 도큐먼트를 사용하는 Workbench를 앞서 사용했던 것을 기준으로 불러옵니다. 마지막에 사용된 Workbench가 실행되기 때문에 다른 Part 도큐먼트 관련 Workbench를 사용하였다면 이 Workbench가 실행됩니다.

■ Start 메뉴

가장 기본적인 방법으로 Start ⇨ Mechanical Design ⇨ Part Design을 따라 선택하는 방법이 있습니다. 그러나 이 방법은 CATIA의 무수히 많은 Workbench 중에서 원하는 Workbench를 찾아가는 과정이 비효율적이라 자주 사용하는 메뉴에 대해서는 바로 가기와 단축키를 지정하는 방법을 사용하길 권장합니다.

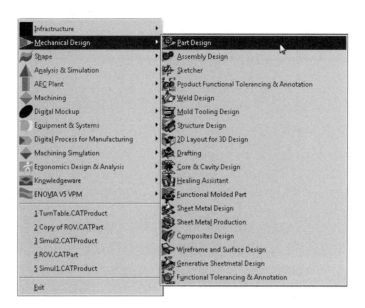

이렇게 Part Design을 실행시키거나 다른 Part Document를 실행시킬 경우 다음과 같은 New Part 정의 창이 나타납니다. 여기서 작업자는 생성할 Part Document의 Hybrid Design 설정 및 Part 시작 시 Geometrical Set의 추가 여부를 정의할 수 있습니다.

여기서 중요한 것은 Part Name(Part Number)을 정확히 기재하는 습관을 기르는 것입니다. 흔히 바로 Part Design에 들어와 서둘러 모델링을 하면서 빼먹는 행동이 Part Name을 설정하는 것입니다. Part Name을 정의하지 않아도 파일은 큰 문제가 없어 보이기에 그럴 수 있다고 생각할 수 있지만 Assembly Design과와 같이 Product 상에서 여러 개의 Part들을 다루다 보면 이들의 이름이 정확이 주기되지 않으면 혼동을 줄 수 있다는 점을 주의해야 합니다.

Part Name은 각 작업 방식이나 회사의 규칙에 따라 다양한 방법이 나올 수 있습니다.(규칙을 엄수하는 회사에서는 자동으로 도큐먼트 생성 시 특정 룰을 지정하기도 합니다.) 대상의 부품명을 기입하거나 또는 작업 날짜와 접목한 이름을 정의하여 Part의 이름에 의한 혼선을 줄여야 합니다. Part의 이름은 나중에 파일 이름으로 할 수 있습니다.

Part Design Workbench에 들어가게 되면 다음과 같은 화면 구성을 볼 수 있을 것입니다. 좌측에 Spec Tree와 가운데 Reference Elements(XY, YZ, ZX 평면), 우측과 하단에 Toolbar들을 확인하기 바랍니다.

135

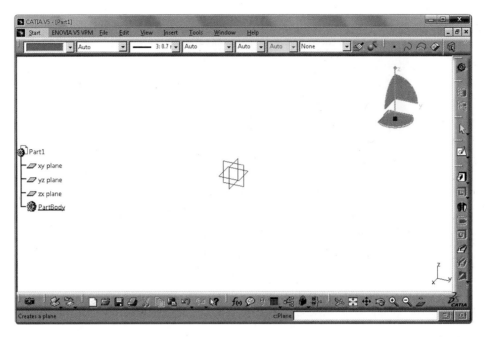

이러한 Part Design Workbench에서 작업은 다음과 같은 Spec Tree를 가지게 되는데 이 Spec Tree에서 각각의 Part, PartBody, Feature, Geometrical Set이 가지는 의미와 역할을 생각해 보기 바랍니다.

■ 단축키(Accelerator)

CATIA 설정에서 Part Design Workbench의 단축키를 'Alt + P'로 지정을 하였다면 CATIA 시작 후 이를 입력하면 Part Design Workbench가 나타날 것입니다.

그리고 앞서 설정 부분에서 단축키를 시작 메뉴에 바로 가기로 추가하였다면 CATIA 풀다운 메뉴의 Start를 클릭하면 바로 Part Design Workbench가 보일 것입니다.

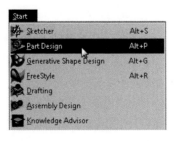

이러한 Part Design Workbench에서 작업은 다음과 같은 Spec Tree를 가지게 되는데 이 Spec Tree에서 각각의 Part, Body, Feature, Geometrical Set이 가지는 의미와 역할을 생각해 보기 바랍니다. 아래 예시의 경우 bevel_gear라는 Part에 Surface 요소를 활용하여 Solid로 정의하기 어려운 부분분에 대해서 형상을 만들었고, 이를 활용해 Solid 작업으로 마무리한 것을 유추해볼 수 있습니다. 추가로 Knowledge 요소를 가미하여 형상 변경에 대해서 변수를 이용한 것도 보입니다.

B. Part Design 작업 순서

Sketch Workbench와 마찬가지로 Part Design Workbench에서의 작업 방식에도 기본적인 작업의
흐름이 있습니다. 이 흐름을 기준으로 작업의 방향을 잡게 되면 쉽게 원하는 형상을 만들 수 있으리라
생각합니다. Part Design Workbench에서의 작업 순서는 대략적으로 다음과 같습니다.

■ STEP 01 – Rough Feature

Sketch「Based Features Toolbar를 사용하여 2차원 Sketch 형상을 이용한 Solid 형상을 만듭니
다. 여기서 Profile 형상은 반드시 Sketch가 아닌 형상의 면이나 DWG, DXF 파일을 불러와 사용
도 가능합니다. 이 때 만들어진 3차원 형상은 Sketch의 단면 형상에 의존한 형상을 하고 있어 추가
적인 수정 작업을 해주게 됩니다.

■ STEP 02 – Dressup Feature

Dress-Up Features Toolbar를 사용하여 Sketch를 이용하면 만든 거친 형상을 다듬어줍니다. 이
단계에서는 형상을 만들어 내는데 있어 Sketch를 이용하지 않고 형상 자체의 요소만을 이용하여 작
업이 수행됩니다.

■ STEP 03 – Additional Feature

Transformation Features Toolbar나 Surface「Based Features Toolbar등을 사용하여 필요하다
면 형상을 이동시키거나 같은 형상을 반복적으로 만들어 낼 수 있으며 추가적으로 Surface형상을
이용하여 3차원 형상을 만드는 작업을 거치게 됩니다.

■ STEP 04 – Advanced Feature

작업의 난이도에 따라서는 Boolean Operation을 사용하여 형상을 정의한 Body와 Body 사이에 합 또는 차와 같은 Boolean 연산을 수행하여 복합 형상을 생성합니다.

이렇게 위에서 언급한 Toolbar가 Part Design의 주된 역할을 하게 되고 나머지 Toolbar 들은 보조 수단으로 사용하게 됩니다.

SECTION **02** Part Design Toolbar

CATIA의 Solid 모델링을 담당하는 Part Design Workbench의 Toolbar 들은 작업의 순서에 따라 각각 잘 분류가 되어 있습니다. 그리고 각 Toolbar의 이름만으로도 그 안의 명령들의 기능을 짐작할 수 있습니다.

A. Sketcher Toolbar

■ Sketch

Description	Image
• 2차원 단면 Profile을 제작하기 위한 Sketcher Workbench로 이동하는 명령 • DWG, DXF 파일로 받은 데이터를 불러와 Sketch로 수정하기 위해 사용 • 일반적인 Sketch 명령은 Part의 원점을 기준으로 각 X, Y, Z 축의 '+' 방향을 H, V 축의 '+' 방향으로 정의 • Sketch 명령을 실행하고 평면 요소를 선택하면 해당 평면 요소를 기준으로 Sketch 작업에 들어갈 수 있음	

■ Positioned Sketch

Description	Image
• Part의 원점을 기준으로 정의하지 않고 임의의 꼭지점이나 직선 방향으로의 기준 위치에 Sketch 원점과 축 방향을 정의하여 Sketch를 정의함	Part Origin Sketch Origin

B. Sketch-Based Features

형상을 설계하기 위해서 2차원 Sketch를 완성한 후 이 Sketch를 이용해 Solid 형상을 만들고자 할 때 반드시 거쳐야 하는 작업 Toolbar가 바로 Sketch-Based Feature입니다. Sketch를 이용한 형 상에는 한 개의 Sketch만을 이용하는 Feature가 있기도 하고 여러 개의 Sketch를 이용하여 하나 의 형상을 만드는 Feature도 있습니다. Sketch 단면 형상을 이용해 형상을 정의하는 명령들이기 때문에 형상이 거칠다 할 수 있습니다.

1. Pads Sub Toolbar

- Pad

Description	Image
• Pad는 Sketch Workbench에서 작업한 2차원 형상에 높이 또는 특정 방향으로 길이를 주어 3차원 형상을 생성 • 단면 형상에 높이를 주어 3차원 형상을 정의하는 개념 • Pad Definition 창을 통하여 필요한 정보들을 입력하여 Pad 형상을 정의	

- Profile/Surface

Description
• Pad 하고자 하는 대상을 선택. Sketch 또는 면 (Surface) 요소를 선택(또는 Contextual Menu를 사용하여 선택 대상을 확장) 가능 • 여기서 Profile을 선택할 때 주의할 것은 기본적으로 Pad는 닫힌 Profile(Closed Profile)에 대해서만 생성되기 때문에 완전히 닫혀 있지 않거나 여러 개의 형상들이 교차하는 경우, Trim이 잘못된 경우, Pad가 안될 수 있음

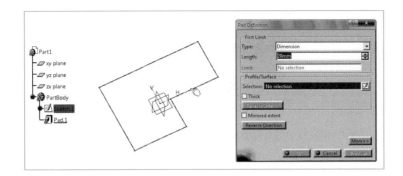

- 또한 아래와 같이 Profile 선택 칸에서 Contextual Menu를 실행하여 GSD Workbench 도구인 Fill 이나 Join , Extract 를 사용하여 Profile의 정의가 가능

- Profile로 선택된 요소는 Spec Tree에서 Pad의 하위 메뉴로 들어가는 것을 확인

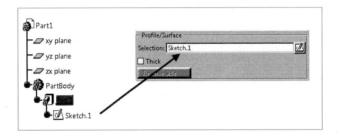

- 원하는 치수를 입력하고 미리 보기를 원한다면 Preview를 누르면 현재 조건으로 만들어지는 형상을 미리 확인 가능

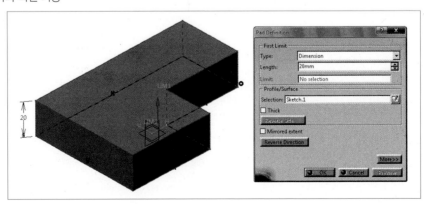

- 'First Limit'과 'Second Limit'

Description

- Pad 하고자 하는 대상(Profile)을 선택한 후에 다음으로 해야 할 일은 이 형상을 Pad 할 때 얼마만큼 어느 방향으로 무엇을 기준으로 높이를 줄지를 결정하는 것으로 Pad의 볼륨 생성은 두 방향으로 정의 되는데 Profile을 기준으로 두 방향으로 정의 가능.(면에 대해서 수직인 방향은 +, − 두 방향으로 정의)
- 'First Limit'은 Profile을 선택하였을 때 나타나는 화살표 방향을 나타나게 됩니다. 이 'First Limit'으로 Pad Type에 따라 여러 가지 기준을 가지고 Pad 가능

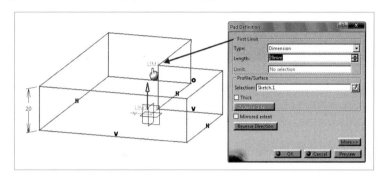

- 'Reverse Direction'을 누르거나 형상에 나타나는 주황색 화살표시를 직접 클릭하면 'First Limit'의 방향을 바꿀 수 있음. 작업하고자 하는 기준 방향에 맞추어 First Limit 방향을 설정

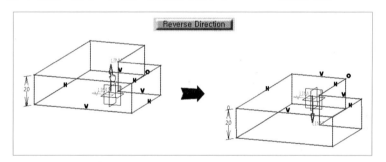

- Pad의 치수 입력 Default Type은 'Dimension'인데 수치 값을 입력에 의해서 Pad를 실행
- Profile이나 Surface는 면 요소이기 때문에 항상 두 개의 방향을 가짐. 위의 Pad Definition 창에는 'First Limit'만 보이지만 아래의 'More' 버튼을 누르게 되면 다음과 같이 'Second Limit'도 확인 가능

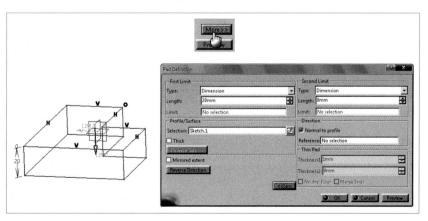

- 'Second Limit'은 앞의 'First Limit'의 반대 방향으로 이러한 양방향으로 다른 길이 값을 주어 Pad 할 수 있음

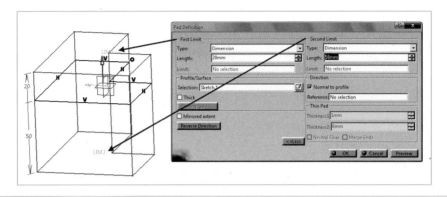

- Pad의 치수 정의 Type

Description

- Dimension
  - 치수를 주는 Type으로 Pad할 길이를 수치 값을 입력
  - 양수 음수 모두 가능하며 음수일 경우에는 원래 기준 방향과 반대 방향으로 치수를 주는 것과 같은 의미를 지님
  - Pad에서 'First Limit'과 'Second Limit'을 적절히 사용하면 다음과 같이 형상을 Sketch 위치에서 오프셋 하여 정의 가능
  - 치수 입력 값으로 Formula 사칙 연산을 직접 입력도 가능

- Up to Next
  - Up to Next를 선택하게 되면 현재의 Body 내에서 Sketch한 면 바로 다음의 Solid 면까지 Pad 작업을 수행
  - 즉, 따로 수치를 넣지 않아도 Pad를 할 때 현재 Sketch 기준면에서 다음 형상의 면까지 Pad가 생성
  - 'Second Limit' 대해서도 똑같이 'Up to next' Type을 사용할 수 있으며 Mirrored extent는 불가능
  - 경계가 되는 Body 형상이 Pad하고자 하는 단면 형상을 충분히 가리지 못하는 경우에는 사용할 수 없음

- Up to Last
  - Up to Last는 이름에서도 알 수 있듯이 현재의 PartBody의 가장 마지막 면까지 Pad를 하는 Option
  - Up to Last로 Pad를 하게 되면 하나의 Body의 가장 마지막 부분까지 Pad가 그대로 생성

- Up to Plane
  - Up to Plane은 임의의 평면이나 형상의 면을 선택하여 그 면까지 Pad를 생성
  - 물론 Surface는 사용할 수 없으며, Solid의 면이나 Plane을 선택할 수 있음

- Up to Surface
  - 현재 Part에 곡면 요소가 있을 경우에 그 요소 면까지 Pad를 생성
  - 즉, 곡률을 가진 면에 대해서 그 면까지 Pad를 생성

- Mirrored Extent

Description

- First Limit 길이 값을 Profile/Surface를 기준으로 양쪽에 똑같이 적용해 주는 것
- 즉, 하나의 길이 값을 가지고 양쪽 방향으로 값을 주게 하는 방법으로 입력한 값이 이등분되는 것이 아니라 양쪽으로 각각, 결국 2배가 된다는 것

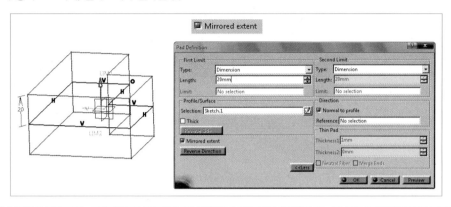

- Thick

Description

- 경우에 따라서 완전히 닫힌 형상이 아닌 열려있는 Profile을 사용할 경우 체크하는 Option
- 또는 닫힌 Profile에 대해서 완전히 안을 채우지 않고 Sketch의 둘레에 대해서 두께만 주어 Pad를 생성할 때 사용

예시 1

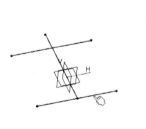

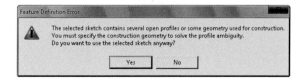

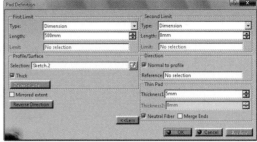

예시 2

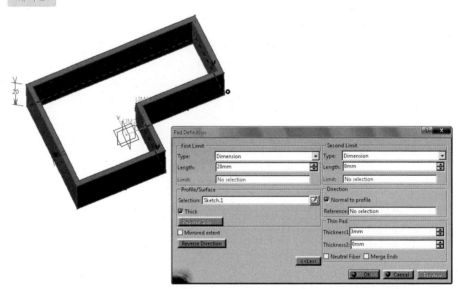

- 'Thickness 1'은 Sketch Profile을 기준으로 안쪽 방향을 정의하고 'Thickness 2'는 바깥 방향을 정의

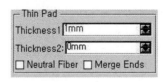

- Neutral Fiber를 사용하면 'Thickness 1' 값을 Sketch Profile의 라인을 기준으로 좌우로 등분하여 두께
가 생성

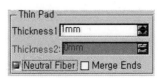

- Normal to Profile

Description

- 필요에 따라서 Pad의 방향을 바꾸어 주어야 할 경우가 있는데 이때 이 'Normal to Profile'을 해제하고 임의로 그려준 직선이나 기준 요소를 선택하여 Pad의 방향 변경

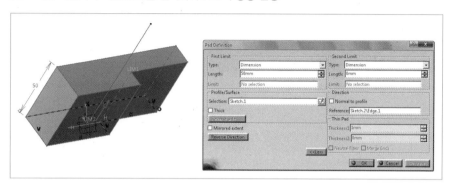

- 물론 이 Reference에 곡선은 선택은 불가능.(곡선을 따라 단면 형상이 만들어지는 경우에는 Rib ✎ 명령을 사용)

■ Reverse Side

Description

- Pad 하려는 형상이 다른 3차원 Solid 형상의 면들과 Profile이 교차하여 만들어진 닫힌(Closed) 부분에 대해서 다음과 같이 두 개의 방향으로 Pad가 정의가 가능(하나의 Body 안에서 작업이어야 가능)

■ Go to Profile Definition

Description

- 하나의 Sketch에 여러 개의 Domain이 존재할 때, 중 일부만을 선택하여 Pad 하고자 할 경우 전체 Sketch에서 일부만을 불러오는 Go to Profile Definition 기능을 사용
- 다음과 같은 여러 개의 Domain을 가지는 Sketch에서 일부분만을 작업에 사용하고자 할 경우 다음과 같이 Profile 선택란에서 Contextual Menu ⇨ 'Go to profile Definition'을 선택

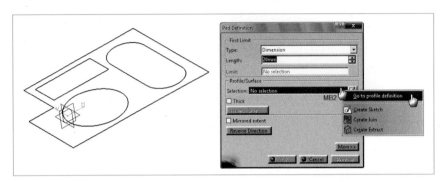

- Profile Definition 창에서 원하는 Profile 요소를 선택 가능하며 하나로 이어진 Domain 요소끼리는 모서리 하나만을 선택해도 한 번에 선택되며 복수 Domain 선택도 가능

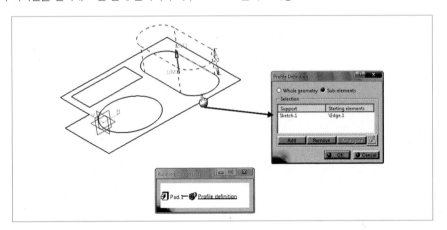

- Profile 요소를 선택하였다면 OK를 누릅니다. 그러고 나면 아래와 같이 선택된 Domain만이 Pad에 Profile로 입력된 것을 확인할 수 있음

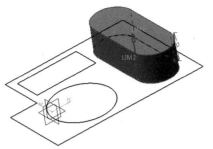

- 전체 형상에서 원하는 형상만을 골라내어 작업할 수 있다는 장점
- 추가적으로 기억할 것은 Sketch Workbench의 Profile Feature 명령을 배우게 되면 이와 유사하게 하나의 Sketch에서 여러 개의 Profile들로 분리하여 사용 가능

위의 Pad 명령을 통하여 다양한 CATIA 입력 체계를 여러분은 공부하였습니다. 이러한 명령 정의 방식은 다른 CATIA 명령들에도 두루 활용되기 때문에 필히 마스터해두기 바랍니다.

■ Drafted Filleted Pad 🔲

Description

- 이 명령은 3개의 CATIA 명령이 복합된 것으로 Pad를 하면서 동시에 Solid 면에 Draft로 각도를 주고 Fillet으로 라운드 처리까지 해주는 작업 방식 임. 즉, 한꺼번에 Pad, Draft, Edge Fillet 작업을 동시에 수행하는 명령
- Profile을 선택한 후에는 반드시 Second Limit의 Limit를 면 요소로 선택해주어야 미리 보기 됨

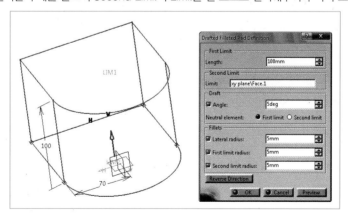

- 여기서 Draft의 Neutral Element를 어디로 지정하는지에 따라 형상의 Draft 기준면을 변경
- Fillets 부분에서는 위아래 Limit 면의 Fillet과 측면 방향의 Fillet을 정의. 원하지 않는 부분은 체크를 해제

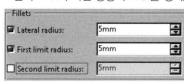

147

- Drafted Filleted Pad는 다음과 같이 Spec Tree상에 하나의 Feature로 남지 않고 각 작업에 대한 Feature들로 나누어짐

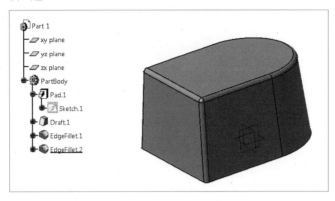

■ Multi-Pads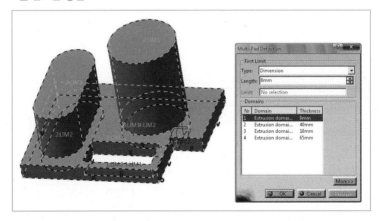

Description

- 하나의 Sketch에 대해서 만약 이 Sketch가 여러 개의 Domain을 가지고 있다면 그 각각의 Domain 별로 따로 치수를 주어 Pad하는 방법. 즉, 여러 개의 Domain을 가지는 Sketch를 사용하여 한 번에 여러 높이의 Pad를 만드는 방법

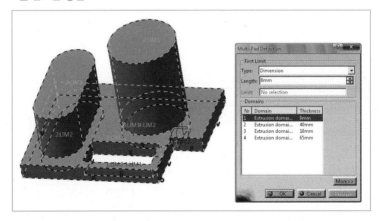

- Multi-Pads에서 주의할 것은 Profile 형상이 완전히 Domain 별로 나누어지지 경은 경우에는 Multi-Pads를 사용할 수 없음

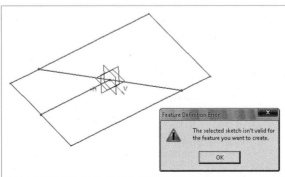

- Domain끼리 구별이 확실하다면 아무런 문제가 없으나 Sketch에 일부분 요소가 이어지거나 공유되면 문제 발생. CATIA에서 Domain으로 인식이 되려면 이어지는 마디가 모두 끊어져 있어야 함
- 이러한 작업은 Sketch Workbench에서 Break 명령을 사용하여 형상의 교차되는 지점을 모두 끊어주어야 함. Multi-Pads하려는 대상은 교차하는 지점에서 직선이나 곡선은 항상 나누어져 있어야 함

2. Pockets Sub Toolbar

■ Pocket

Description

- Pocket은 임의의 Sketch를 사용하여 그 Sketch의 Profile 형상대로 현재 Body에 속한 Solid 형상을 제거하는 명령
- 형상을 제거한다는 속성 외에는 모든 작업 방식이나 세부 Option이 Pad와 동일. 따라서 세부 Option에 대해서는 Pad 부분을 참고
- 아래와 같이 Body에 Solid 형상이 있고 Pocket에 사용할 Sketch가 있는 경우에 Pocket 명령을 실행하면 다음과 같은 결과를 확인

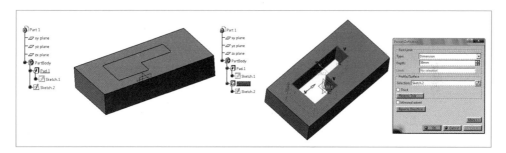

▶ Thick 사용

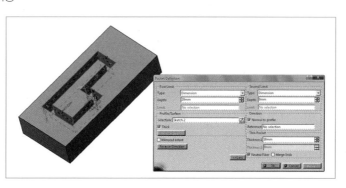

149

▶ Reverse Side 사용

현재의 Solid 형상에서 Pocket할 부분을 Profile을 기준으로 두 방향으로 변경

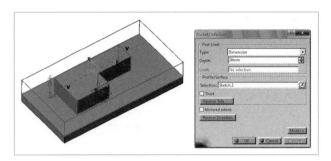

▶ Limit

Pocket 역시 Profile을 기준으로 양방향으로의 Pocket 값 설정이 가능

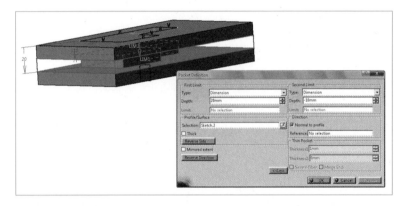

• 한 가지 기억해 둘 것은 여러 개의 Body에 형상을 나누어 작업하는 경우 아무 Solid 형상이 없는 Body 에 Pocket을 하면 Pad를 수행한 것과 같은 결과가 생성(반드시 여러 개의 Body가 있는 경우라야만 가능)

• 이 부분은 나중에 Boolean Operation을 다루면서 활용. 아래의 경우는 Boolean Operation중 Assemble 을 통하여 두 Body를 합한 결과

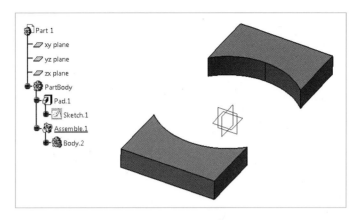

- Pocket 할 Profile Sketch를 Solid 형상의 면에 지정하여 작업할 경우 Solid 형상이 지워지거나 수정되었을 때 영향을 받음

■ Drafted Filleted Pocket 🛡

Description

- Drafted Filleted Pad 🗗 와 생성 결과만 다를 뿐 세부 Option은 동일

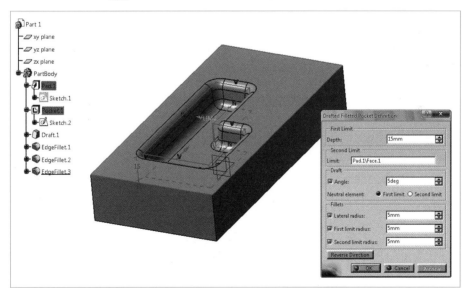

■ Multi-Pocket 📇

- Multi-Pads와 짝을 이루는 명령으로 여러 개의 Domain을 포함하는 한 개의 Sketch에 대해서 서로 다른 값으로 Pocket을 수행

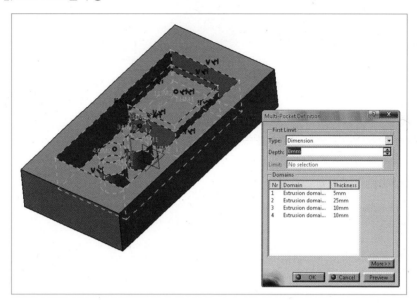

- Multi-Pocket 역시 교차하는 부분에서 각각의 직선이나 Curve 요소가 끊어져 있어야 함

■ Shaft 🔟

- 2차원 단면 형상을 회전축을 기준으로 회전체 형상을 만드는 명령
- Shaft에는 필수적인 두 가지 요소로 바로 회전축(Axis)과 Profile이 필요

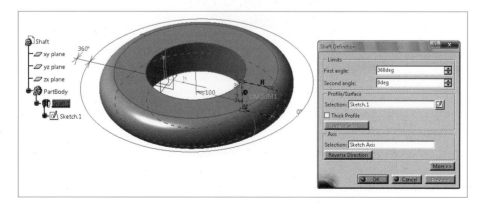

- Limit : Shaft를 사용하는데 회전축을 중심으로 Profile이 회전하게 되는 First Angle/Second Angle 값을 입력

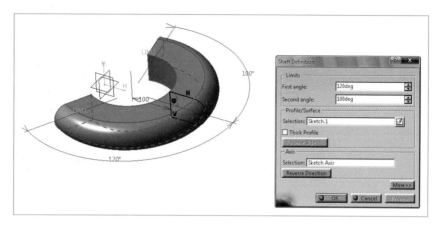

- Profile/Surface : 회전체 Solid 형상을 만들기 위한 단면 Profile 형상을 입력. Sketcher Workbench에서 생성한 Sketch나 면 요소를 선택할 수 있음. 여기서 선택한 Profile 요소가 Sketch Axis를 가지고 있다면 별도로 Axis를 지정하지 않아도 됨

- Thick Profile : Shaft 하고자 하는 대상의 Profile 이 완전히 닫혀있지 않은 형상이거나 닫힌 형상을 두께를 가지고 Shaft 하고자 할 때 이 Option을 체크. 'Thickness 1'과 'Thickness 2'는 형상을 기준으로 안쪽과 바깥쪽으로의 두께

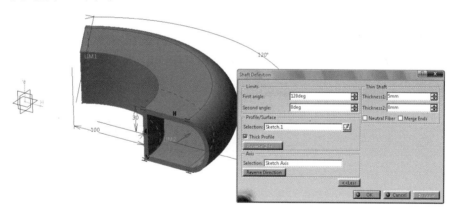

- 여기서 'Neutral Fiber'를 체크하면 'Thickness 1' 값을 형상을 기준으로 안쪽 바깥쪽으로 등분하여 두께가 생성. 또한 'Merge Ends'를 사용하게 되면 Shaft 스스로가 Profile의 부족한 부분을 보간 하여 Shaft를 완성

- Axis : 회전하고자 하는 대상이 가지는 회전 중심축으로 이러한 회전축은 Sketch Workbench에서 Axis를 사용하여 그려주어도 되고 또는 형상 자체의 직선 요소를 선택하여도 됨

Axis로 사용할 수 있는 요소에 따른 예시

▶ Sketch Axis

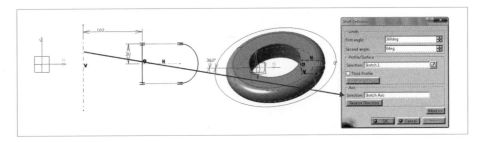

▶ Profile Element

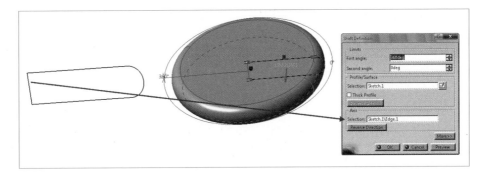

▶ Absolute Axis

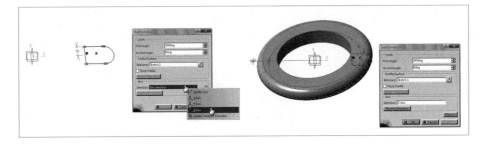

▶ Cylindrical Face

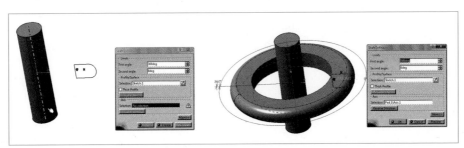

- Open Profile : Shaft 역시 다음과 같이 Open 된 Profile이 이미 만들어진 형상과 교차되어 만들어진 부분을 만들어 낼 수 있음

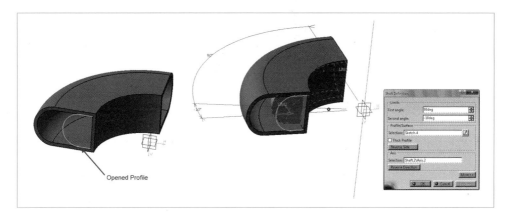

- 이런 경우 형상은 두 가지 방향으로 나타날 수 있기 때문에 Reverse Side가 활성화 되며 이를 사용하게 되면 위와 같이 두 가지 형상을 만들 수 있음

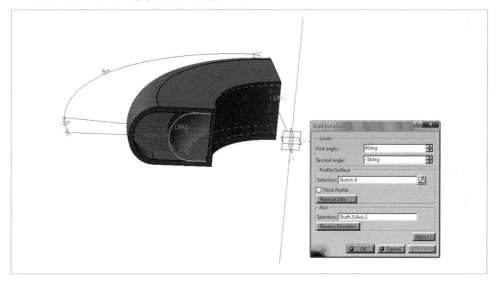

■ Groove

Description

• Shaft와 짝을 이루는 명령으로 2차원 Profile을 회전축을 기준으로 회전시켜 형상을 제거
• 세부 Option은 Shaft와 동일

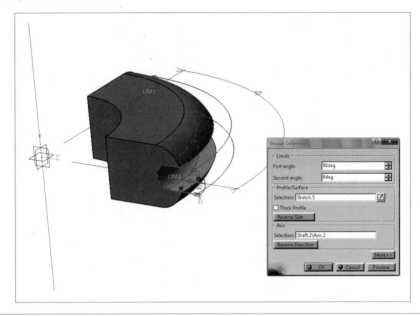

■ Hole

Description

• 일반적인 기계 제도 나사 가공 구멍을 생성하는 명령으로 다양한 방식을 제공
• 나사산을 직접 표시하지 않으며 이는 단지 기호 및 수치적으로 명시
• Hole을 생성할 지점을 포인트 ⇨ 면 순서로 선택하고 명령을 실행하면 다음과 같은 Definition 창이 나타남

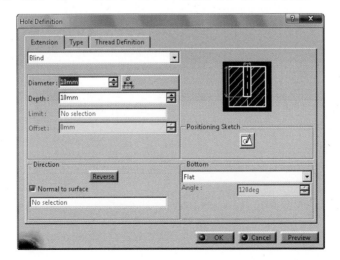

▶ Hole의 세부 Type

- Hole의 형상은 다음과 같은 5가지 방식으로 정의 가능

Simple	Tapered	Conuterbored	Countersunk	Counterdrilled
	Parameters Angle : 30deg	Parameters Diameter : 15mm Depth : 5mm	Parameters Mode : Depth & Angle Depth : 5mm Angle : 30deg	Parameters Diameter : 15mm Depth : 5mm Angle : 30deg

▶ Extension

- Hole 역시 Pad나 Pocket처럼 수치 값을 주는 방법으로 5가지로 정의 가능

Blind	Up to Next	Up to Last	Up to Plane	Up to Surface

▶ Hole Positioning

- Hole의 위치를 지정해 주기 위해서 Hole Definition 창의 Positioned Sketch 사용 가능

- 먼저 Hole의 중심이 될 포인트를 선택하고 Hole이 생성될 면을 선택하는 것이 가장 바람직한 방법이지만 먼저 Hole의 중점을 정의하지 못한 경우 Positioned Sketch에 들어가 중점을 정의

▶ Bottom

- Hole 3가공을 할 때 바닥 부분을 평평하게 할 것인지(Flat) 아니면 Taper를 줄 것인지(V-Bottom)를 정의

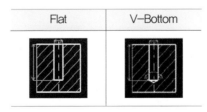

Flat	V-Bottom

▶ Tolerance

- Hole 형상의 가공을 고려한 공차 값의 정의를 위해 사용
- Hole에서는 지름 값을 입력하는 곳 옆에 [아이콘] 버튼을 클릭하여 Limit of Size Definition 창에서 정의

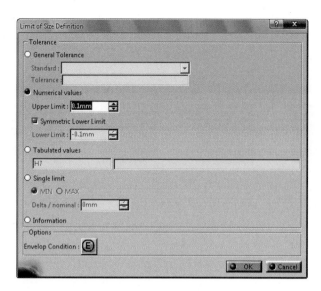

- 원하는 치수로 공차를 입력하면 Hole에 적용
- Hole에 공차가 적용된 경우 Spec Tree에서 Hole 표시가 다음과 같이 변경

- Tolerance를 해제 : Hole Definition 창의 치수 입력란 ⇨ Contextual Menu ⇨ Tolerance ⇨ Suppress 선택

▶ Direction

- Hole Definition 창에서 Direction의 'Normal to Surface'를 해제하고 방향이 될 직선이나 축을 선택하여 방향 설정 가능

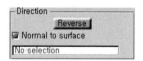

▶ Thread

- Hole의 나사산 가공을 정의하는 부분으로 Threaded를 체크해야 사용 가능

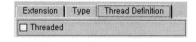

- Thread Type
  ① No Standard : 사용자 정의 값
  ② Metric Thin Pitch : ISO standard values (ISO 965-2)
  ③ Metric Thick Pitch : ISO standard values (ISO 965-2)

- ISO 값으로 정해진 것 이외에 사용자가 값을 미리 정의하여 엑셀이나 텍스트 문서로 저장해 사용할 수도 있음

사용자 정의 Thread 만들기

• Thread Type을 만들 때 다음과 같은 순서로 값을 정의해야 함

Nominal diameter	Pitch	Minor	Diameter	Key

• 사용자 정의 공차 테이블을 완성하였다면 다음과 같이 Add를 사용하여 추가

• 다음은 'ASCATIToleranceExample.txt'란 공차 데이터 파일을 추가한 결과로 Type에서 선택 가능

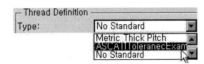

• IThread가 들어간 Hole은 Spec Tree에서 다음과 같이 나타나며, 세 번째 Hole은 Thread와 Tolerance가 같이 들어간 결과

• 이러한 Thread의 결과는 나중에 배울 Tap/Thread Analysis 라는 명령에의해 정보를 파악 할 수있다.

■ Rib

Description

• 하나의 단면 Profile을 지정한 가이드 Curve를 따라 지나가는 Solid 형상을 만드는 명령
• 즉, 단면 Profile을 곡선이나 여러 개의 직선으로 이루어진 가이드 Curve를 따라서 만들어지도록 하는 명령으로 Pad에서는 임의의 직선 방향으로 단면 Profile을 만들 수 있던 것에서 확장하여 이제는 곡선이나 구불구불한 선들에 대해서도 Solid 형상 정의가 가능
• Rib Definition 창

▶ Profile

- Rib 하고자 하는 형상의 단면 의미
- 닫힌 Profile 형상을 기본으로 하며 닫힌 Profile 형상이 아닌 경우 'Thick' Option을 사용 가능
- Profile 형상을 작업할 때는 가급적(또는 반드시) Positioned Sketch를 사용하여 Part의 원점이 아닌 Center Curve의 끝단을 중심으로 잡아 주어야 함

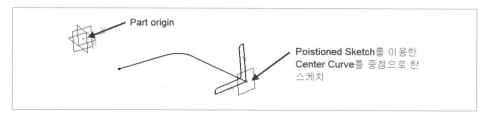

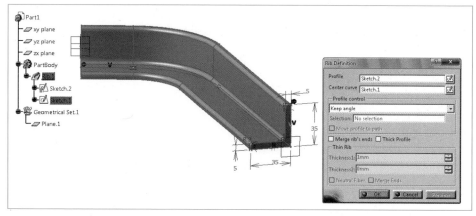

▶ Center Curve

- 앞서 생성한 Profile을 여기 선택한 Curve 형상을 따라 이어지는 형상을 정의.
- 연속적인 곡선이나 다각형을 사용할 수 있으나 연속되지 않은 Curve는 사용 불가능.
- Center Curve는 항상 단면 Profile과 꼬임이 발생하지 않도록 적절한 곡률을 가져야 하며, 만약에 Profile이 Center Curve를 따라 지나가면서 꼬임(Twist)이 발생하면 형상이 만들어지지 않으니 주의해야 함

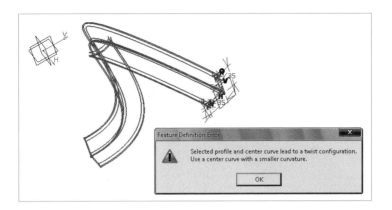

▶ **Profile Control**

　① Keep angle : Profile의 단면과 Canter Curve가 이루는 각을 그대로 유지한 상태로 Rib를 생성

　② Pulling Direction : Profile을 임의의 방향으로 정한 상태에서 Rib가 되도록 정의. Center Curve
　　를 따라가기는 하지만 Center Curve와 일정한 각을 유지하지는 않음

　③ Reference Surface : Profile을 Surface를 사용하여 Center Curve를 따라가도록 정의

▶ **Merge rib's ends**

　• Rib는 Center Curve의 길이만큼 형상이 만들어짐. 따라서 따로 제한을 둘 수 없으나 다음과 같
　　은 경우에 Merge rib's ends를 사용하여 Rib의 끝을 마무리 지을 수도 있음

　• 이는 반드시 다음 경계로 선택할 Solid 형상이 있는 경우에만 가능

▶ Thick Profile

- Rib에 사용하는 단면 Profile이 닫혀 있지 않거나 닫힌 형상에 두께를 주어 Rib를 하고자 할 때 사용

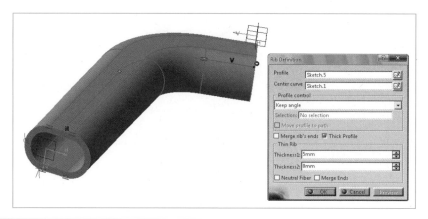

■ Slot

Description

- Slot은 Rib와 짝을 이루는 명령으로 Center Curve를 따라 단면 Profile 형상대로 기존의 Solid 형상을 제거하는 명령
- 기본적인 명령 구조는 앞서 Rib와 동일

- Slot 역시 Profile 형상의 경우 Positioned Sketch를 사용하여 Center Curve에 일치하도록 작업해 주는 것이 바람직

▶ Merge slot's ends

- 아래와 같이 Center Curve 형상이 완전히 형상을 지나지 않는 경우에 나머지 경계 부분까지의 Slot을 마무리해 줄 수 있음

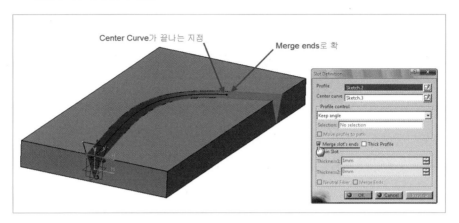

Rib와 Slot을 사용한 볼트 설계의 예시

Rib	Slot

■ Stiffener

Description

---

* Solid 형상 사이에 보강제 형식의 구조물을 만들어주는 명령
* Stiffener Definition 창

▶ Mode

From Side	From Top
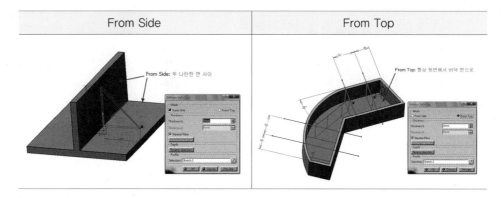	

▶ Thickness

보강제가 들어갈 경우 그 두께를 나타내며 일반적으로 Neutral Fiber가 체크되어 있어 두께를 입력하면 Profile을 기준으로 좌우로 값이 정의됨

■ Solid Combine

Description

- 두 개의 Profile에 대해서 이 둘의 단면 Profile이 교차하는 부분을 3차원으로 생성
- 앞서 말한 대로 두 개의 Component 즉, Profile이 필요하고 다른 수치 값은 필요하지 않으며 Profile을 반드시 Profile에 대해서 수직하게 하지 않고 방향을 잡아 줄 수도 있음

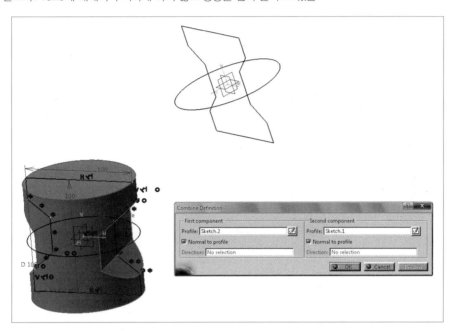

- 이와 같은 형상은 나중에 배우게 될 Boolean Operation에서 Intersect 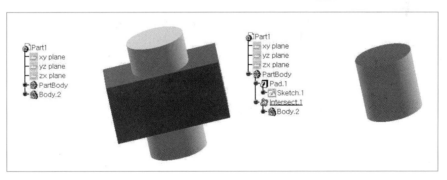 와 동일

■ Multi-sections Solid

Description

- Multi-sections Solid는 두 개 이상의 단면 Profile을 이용하여 그 단면들을 따라 이어지는 Solid 형상을 만드는 명령
- 배나 비행기의 단면들처럼 여러 개의 단면을 이용하여 형상을 만드는 기능을 함
- 또한 이 Multi-sections Solid는 여러 개의 단면 Profile외에 Guide Curve를 사용하기도 하며 각각의 단면 Profile에서 'Closing Point'라는 요소 또한 살펴야 함
- Multi-sections Solid Definition 창

▶ Section

- 단면 Profile을 선택해 주는 섹션으로 다수의 단면 Profile을 입력할 수 있음
- 각각의 단면에는 Section1, Section2 …와 같이 표시가 되며 단면 Profile을 선택할 때는 반드시 순서대로 선택하여야 함

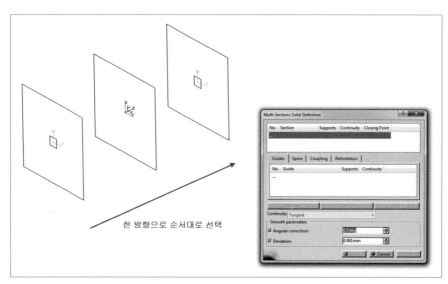

한 방향으로 순서대로 선택

- 각 단면 Profile을 선택할 때는 다음의 'Closing Point'를 유의해야 함
- 'Closing Point'란 하나의 단면 형상을 종이에 손으로 그린다고 했을 때 시작점과 끝 점이 만나는 지점으로 어떤 단면 형상이든 이러한 점은 반드시 존재하게 되며 이 점의 위치와 그리는 방향을 맞추어 주는 게 Closed된 단면을 사용하는 Multi=section Solid에서는 매우 중요

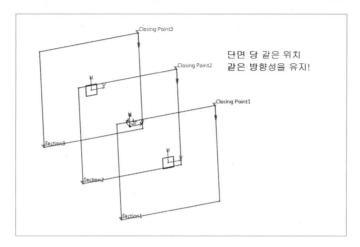

- 'Closing Point'의 방향은 다음과 같이 간단히 마우스 클릭으로 화살표 방향을 변경해 줌으로 가능

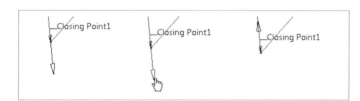

- 'Closing Point'의 위치 변경은 다음과 같이 Contextual Menu에서 'Replace'를 사용함

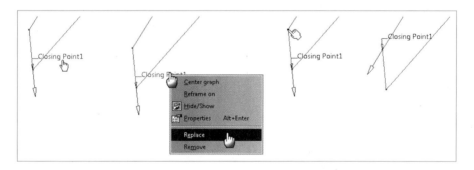

- 'Closing point'의 위치 설정에 따라 다음과 같은 결과의 차이를 확인할 수 있음

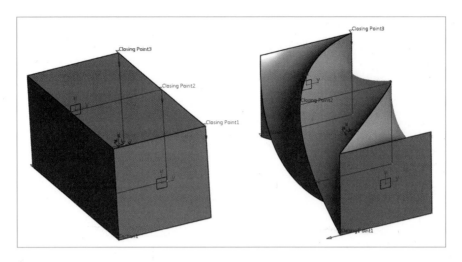

- 형상에 따라 이웃하는 Solid 면과 연속적인 형상이 만들어져야 하는 경우에는 다음과 같이 Solid 면을 단면으로 선택해 줄 수도 있음
- Definition 창에 Support가 입력되면 Tangent하게 형상이 이어지는 것을 확인할 수 있음

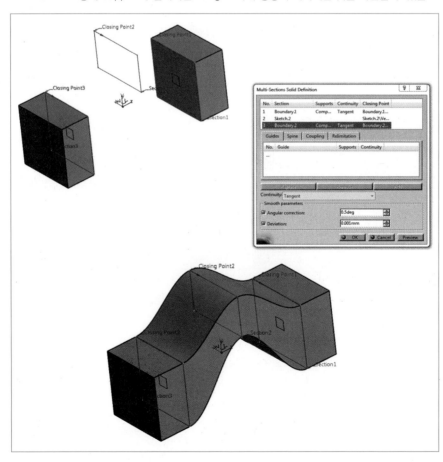

▶ Guides

- 각각의 단면 Profile들의 Vertex를 잇는 선으로 단면들 사이의 세부적인 구현을 위해 사용
- Guide Curve는 주로 GSD Workbench의 Spline, Polyline 등을 사용

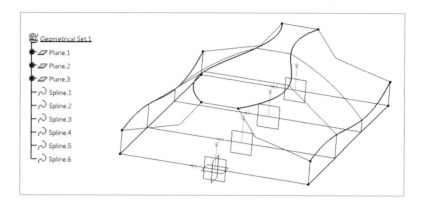

▶ Spine

- Spine은 척추라는 의미는 갖는데 이 작업에서도 같은 기능을 수행하여 전체 단면 형상을 가로지르는 중심선 역할을 함
- Guides는 단면 Profile에 대해서 형상의 각 마디마다 그려주어야 하는 반면 Spine은 단면 형상들을 지나는 단 하나의 Guide Line으로 형상을 정의할 수 있음
- Spine은 주로 Sketch에서 직접 그려주어도 되며 또는 GSD Workbench의 Spine 라는 명령을 사용할 수도 있음

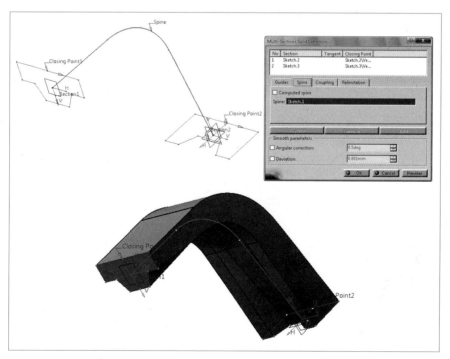

▶ Coupling

- Coupling은 각각의 단면 Profile이 가지고 있는 꼭지점(Vertex)들을 각각의 위치에 맞게 이어주는 작업 방식
- 단면의 Vertex가 다음 단면의 이 Vertex와 이어지고 또 다음 단면의 Vertex와 이어진다는 정의를 해주는 것
- 주로 단면의 형상이 제각기 다를 때 이 Coupling을 사용하여 Vertex들을 짝지어 줌
- Definition 창에서 Coupling Tab을 'Ratio'로 바꾸어주고 각 단면의 Vertex를 순서대로 선택해 줌
- 처음 단면에서 마지막 단면까지 차례대로 선택을 해주어야 하나의 Coupling이 만들어짐

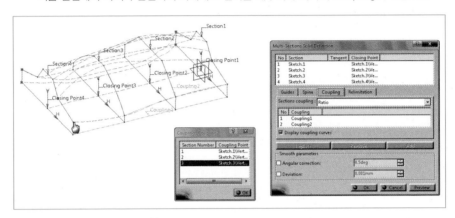

- Multi-section의 추가적인 부분은 다음 장의 GSD Workbench의 Multi-sections Surface 에서 상세히 다룸

■ Removed Multi-sections Solid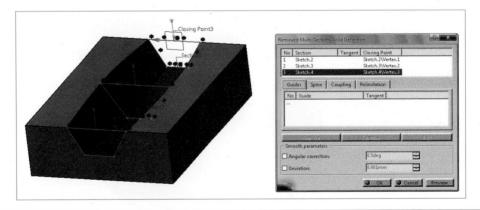

Description

- 여러 개의 단면을 이용하여 현재 형상에서 단면들로 이루어진 형상을 제거하는 명령
- 앞서 설명한 Multi-Sections Solid와 짝을 이루며, 세부 Option은 Multi-sections Solid와 동일

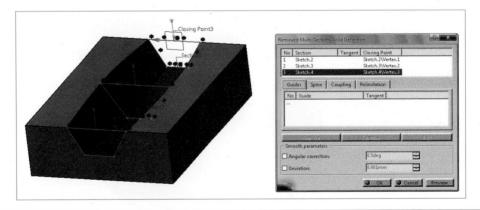

C. Dress-Up Features

1. Fillet Sub Toolbar

- Edge Fillet

Description

- 형상의 모서리(Edge)를 둥글게 라운드 처리하는 작업 명령
- Sketch Based Feature에서 만든 Solid 형상은 모서리가 날카롭게 되는데 이러한 모서리를 둥글게 가공할 때 사용
- Edge Fillet Definition 창

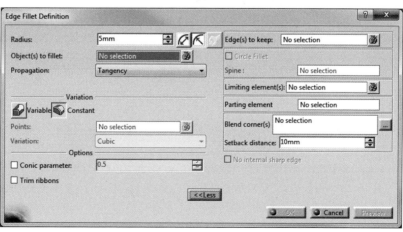

▶ Radius/ Chordal Length

• 기본적으로 Fillet 치수는 반경 값을 입력하는 방식과 Chordal이라는 버튼을 클릭하면 치수 입력 Mode로 변경하여 사용 가능

▶ Object(s) to Fillet

• Edge Fillet의 사용은 우선 Fillet을 주고자 하는 모서리 또는 면을 선택해 줄 수 있음
• 복수 선택이 가능함

▶ Propagation

• Fillet이 적용될 영역에 대한 연속성 Mode를 정의

Tangency	선택한 모서리와 탄젠트하게 접하는 모든 모서리에 Fillet이 적용
Minimal	선택한 모서리에 대해서 이웃하는 모서리에 최소한의 영향이 가도록 Fillet
Intersection	선택한 두 Feature의 교차하는 부분에 대한 Fillet을 수행하고자 할 경우 사용 (불필요한 Fillet Edge의 선택 횟수를 조절)
Intersection with selected features	Fillet을 선택한 임의의 형상(Feature)와 교차하는 지점에만 주고자 할 경우에 사용

▶ Variation

• Constant ⬤ Mode

– 선택한 모서리 또는 면에 대해서 일정한 라운드 값을 가지는 Fillet을 만드는 방식

• Variable ⬤ Mode

– 선택한 모서리에 대해서 임의의 지점을 기준으로 반경 값에 변화를 줄 수 있는 명령
– 즉, 우리가 곡률 값이 일정하지 않고 모서리를 따라 변한하게 작업하고자할 때 Mode 변경
– Mode를 변경하면 하단에 Point 입력란이 활성화

▶ Points

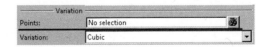

• Fillet의 곡률을 변화시킬 지점을 선택하여 주면 되는데 작업자가 임의로 점을 선택
• 또는 모서리가 Tangent하게 옆의 모서리와 연결되면서 그 사이의 마디 점을 곡률이 변하는 지점으로 선택

▶ Conic Parameter

- Conic Parameter는 Fillet을 단순 곡률이 아닌 Fillet의 단면 형상을 다양하게 변형하기 위하여 0 에서 1사이 값으로 그 형상을 정의

0 < Parameter < 0.5	Ellipse
0.5 = Parameter	Parabola
0.5 < Parameter < 1	Hyperbola

▶ Edge(s) to keep

- 형상의 Fillet 값은 주고자 하는 부분 외에 그 주변의 모서리에 의해 그 범위를 제한하고자 할 경우에 사용

▶ Limiting Element(s)

- Fillet하고자 하는 모서리와 교차하는 임의의 기준면을 넣어 이 기준까지만 Fillet 하게 정의

▶ Blend corner(s)

- Fillet들이 모여 복잡한 형상을 나타내는 부분을 부드럽게 뭉개어 형상을 수정하는 Option

■ Face-Face Fillet

Description

- 형상의 면(Face)을 선택하여 그 면과 면 사이에 곡률을 주는 명령
- 여기서 선택한 면은 서로 교차하는 않는 면이어야 함
- 이웃하지 않는 두 Face들을 선택하고 적당한 Fillet 값을 입력

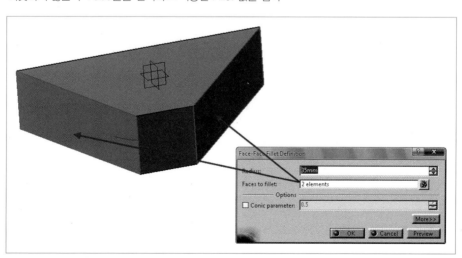

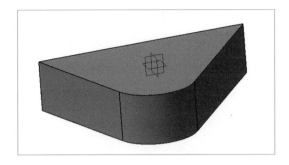

▶ Hold Curve

- 곡률 반지름 값을 넣는 대신에 Fillet이 들어갈 곡률의 경계선을 입력해 주어 Fillet을 수행하게 하는 Option
- 다음과 같은 솔리드 형상이 있고 이 형상 위에 다음과 같은 곡선이 있다고 했을 때 Hold Curve를 사용

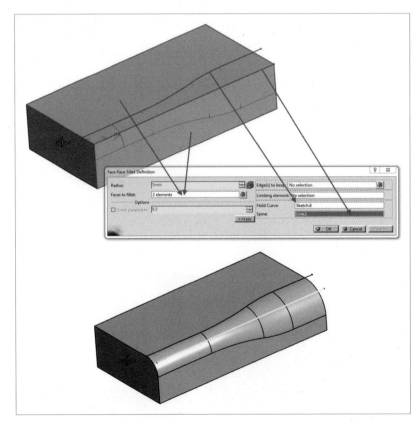

- Tri-tangent Fillet

Description

- Tri-tangent Fillet은 곡률 값을 따로 지정하지 않고 3개의 면에 대해서 접하도록 Fillet을 주는 명령
- 세 면에 접한다는 형상학적인 구속 조건이 작용
- Tri-tangent Fillet은 선택한 3면에 대해서 접해야 하기 때문에 양쪽의 면과 접하면서 그 사이면 즉, remove될 면에는 접하면서 해당 면을 제거
- Tri-tangent Fillet을 주기 위해서 우선 양 옆의 두 개의 면을 선택하고 마지막으로 Fillet이 생길 면을 Face to remove 부분에 선택

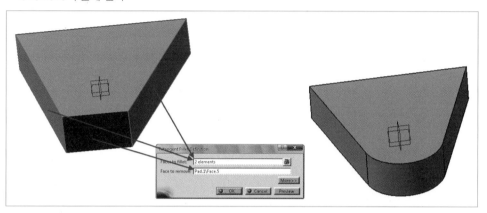

- Chamfer

Description

- 3차원 상에서 모 따기를 하는 명령으로 만들어지는 결과나 치수 넣는 방식을 제외하고는 Edge(s) Fillet 과 유사
- Chamfer 역시 다중 선택이 가능하며 치수 값은 길이와 각도를 입력하거나 또는 두 개의 길이를 사용하여 입력
- 명령을 실행하고 원하는 모서리나 면 요소를 선택한 후에 치수를 입력하면 Chamfer 작업이 수행

175

2. Drafts Sub Toolbar

■ Draft Angle / Variable Angle Draft

Description

- Solid 형상의 면에 각도를 부여하는 명령으로 금형 작업에서 형상을 만들고 떼어내기 편하도록 구배 각을 부여하는 명령

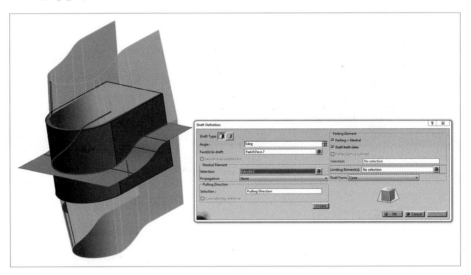

▶ Draft Type

- 기본적으로 Constant 가 선택되어 있으며 선택한 면에 대해서 일정한 각도 값을 가지는 구배 각을 정의
- Variable 로 변경해 주면 선택한 면에 대해서 구배 각이 변하는 가변 Draft를 수행할 수 있음

▶ Angle

- 기준 방향에 대해서 선택한 Solid 면을 몇 도의 각으로 기울이게 할 것인지(구배각) 그 값을 입력

▶ Face(s) to draft

- Draft 하고자 하는 면을 선택하는 부분으로 다중 선택이 가능하며 면들이 Tangent하게 이어져 있다면 연속적으로 선택됨
- 따라서 경우에 따라 Fillet을 먼저 하지 말고 Draft를 먼저 해야 함

▶ Neutral Element

- Draft의 기준이 되는 중립면으로 반드시 선택을 해주어야 함
- Neutral Element는 평면 요소 또는 곡면 요소를 선택 가능

▶ Pulling Direction

- Draft가 들어가는 방향을 정의하는데 Neutral Element에 수직
- Pulling Direction 방향에 따라 Draft 각이 '+'로 들어가기도 하고 '-'로 적용

▶ Parting Element

- 형상에 Draft를 정의하는 데 있어 선택한 면 전체에 Draft 주지 않고 임의의 위치까지만 Draft가 정의되도록 설정 가능

  • Parting = Neutral

  – 앞서 선택한 Neutral Element를 기준으로 Draft를 정의

  • Draft both sides

  – Neutral Element를 기준으로 상하 두 방향 모두에 Draft를 적용

▶ Variable Angle Draft 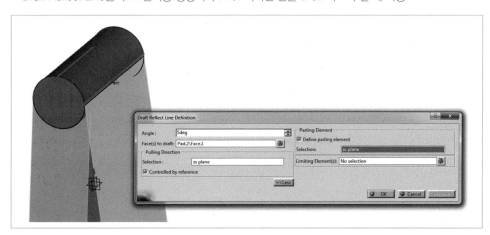 Mode

- Variable Angle Draft Mode는 Variable Radius Fillet처럼 선택한 면에 대해서 각도 값이 하나로 일정하지 않고 특정 부위에 다른 각도를 줄 수 있게 하는 명령
- Draft Type을 Variable로 바꾼 것으로 이 명령 역시 Variable Radius Fillet 명령과 같이 Points 입력 부분을 통하여 구배 각이 바뀔 지점을 정의

■ Draft Reflect Line

Description

- 선택한 면에 대해서 Pulling Direction으로 Draft 하는 것은 위와 동일하나 Reflect Line을 기준으로 Draft가 생성
- 즉, 기준 방향에 대해서 형상이 나누어지는 부분을 직접 정의하지 않고 Reflect Line에 대해서 Draft가 정의
- Draft Reflect Line은 주로 원기둥 형상이나 Fillet 처리된 면을 Draft 하고자 할 때 사용

- Shell

Description

· Solid 형상에 대해서 그 안을 일정한 두께로 파내어 얇은 껍데기와 같은 구조로 만드는 작업을 수행
· Solid 형상의 외형을 만들고 내부를 간단히 제거 가능

▶ Default inside thickness
  · 현재 Solid 형상의 경계면을 기준으로 안쪽 방향으로 두께를 정의하고자 하는 값을 입력
  · 여기에 입력 값 이외의 Solid 형상의 내부는 모두 비워짐

▶ Default outside thickness
  · 현재 Solid 형상의 경계면을 기준으로 바깥 방향으로의 두께 값을 정의

▶ Face to remove
  · Shell 작업을 수행하기 위해 Open 시키고자 하는 면을 선택
  · 복수 선택이 가능

▶ Other thickness faces
  · 동일한 두께로 Shell을 수행하는 데 있어 일부 면에 다른 두께 값을 정의하고자 할 때 해당 면을
    선택 후 두께 값을 입력

- Thickness

Description

· Solid의 기존 형상에 두께를 추가하거나 제거시키는 명령
· 임의적으로 현재 만들어진 형상의 어떤 면에 두께를 추가시켜 주거나 두께를 빼 주어야 할 때 이 명령을
  사용하여 두께를 조절
· 수치 값은 양수(+)와 음수(-) 모두 가능

- 복수 면 선택이 가능하며 Other thickness face를 이용하여 두께를 다르게 입력 가능

■ Thread/Tap

Description

- Hole 명령에서 Thread Option을 통하여 나사 가공 정의가 가능하지만 별도 형상에 대해서 가공 정보를 입력하고자 할 경우에 사용
- Thread Hole을 정의하기 위해 Lateral Face로 원통 형상의 둥근 면(나사산이 들어갈 위치)을 선택해 주고 Limit Face(나사산의 시작 기준)로 끝 면을 선택해 줌

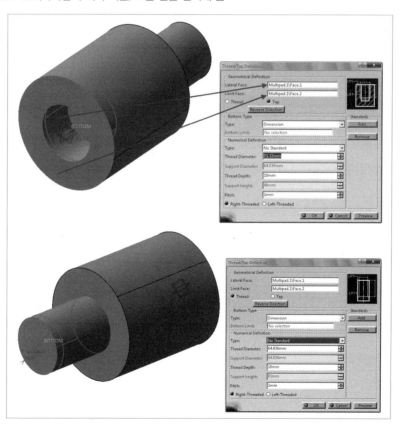

- Thread는 숫 나사 형태의 작업일 때이고 Tap은 암 나사 작업일 때 사용

3. Remove Faces Sub Toolbar

■ Remove Face Feature

Description

- 현재의 Solid 형상에서 필요하지 않은 형상의 면을 제거하는 명령으로 제거할 면을 현재 존재하는 다른 면들로 감쌀 수 있는 경우에만 사용 가능
- Face(s) to remove는 제거하고자 하는 면들을 선택하고 Face(s) to keep에서는 앞서 선택한 면을 제거할 때 이 부분을 감싸는 면들을 선택

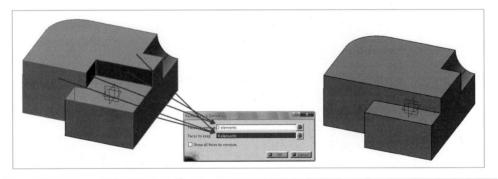

■ Replace Face

Description

- Replace Face는 말 그대로 현재 형상의 면을 다른 면으로 대체하는 명령
- 즉, 현재 형상을 구성하는 면을 모델링 작업을 수정하지 않고 다른 면이나 Surface의 면으로 바꿀 수 있는 작업 명령
- Replacing Surface에 새로이 바뀌게 될 면을 선택하고 Face to remove에는 바꾸어 버릴 기존 형상의 면을 선택

화살표 방향에 주의!!

- 이 명령은 Pad 작업을 Up to Surface로 하는 것과 유사

D. Transformation Features

1. Transformations Sub Toolbar

- Translate

Description

- Solid 형상을 현재의 Part 도큐먼트 상에서 평행 이동을 시킬 때 사용
- Body를 기준으로 이동하므로 임의적으로 Body 안의 어떤 특정한 부분만을 이동시키는 것은 아님
- 명령을 실행하면 다음과 같은 창이 나타나며 여기서 'Yes'를 클릭하고 방향과 거리를 입력

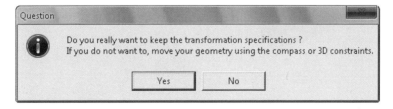

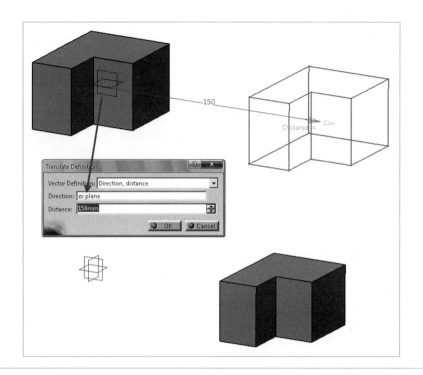

■ Rotate

Description

- 임의의 회전 축을 기준으로 회전 이동시키는 명령
- Body 단위로만 이동
- Translate와 마찬가지로 명령을 실행하면 우선 메시지가 뜨는 것을 확인할 수 있으며 'Yes'를 선택한 후, 회전의 기준이 될 축(Axis)과 각도를 입력

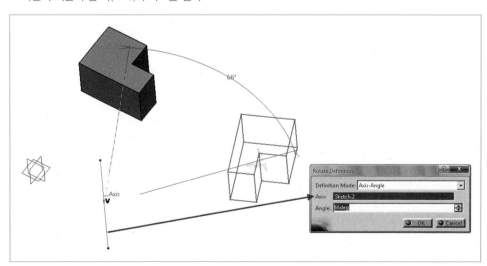

- Symmetry

Description

- 평면 대칭으로 형상을 이동하는 명령으로 대칭 형상의 작업에 용이
- Body로만 작업이 가능하며 명령 실행 후 기준 면을 선택

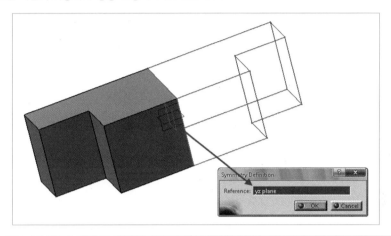

- AxisToAxis

Description

- Body를 기준으로 축 대칭 이동을 수행
- Axis의 위치와 방향을 기준으로 원본 형상을 목적 위치에 이동
- 이동에 앞서 원본 위치와 목적 위치를 정의하는 두 개의 Axis가 필요

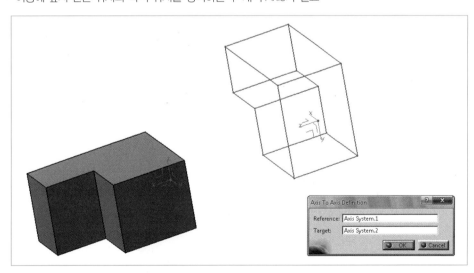

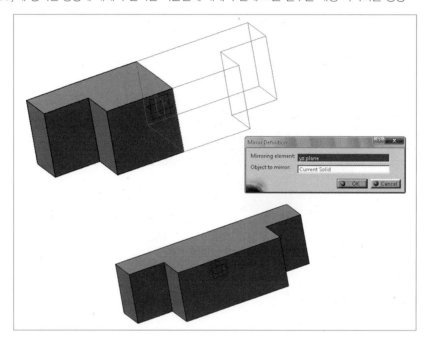

■ Mirror

Description

· Body에 정의된 형상에 대해서 선택한 기준면에 대해서 전체 또는 일부를 대칭 복사하는 명령

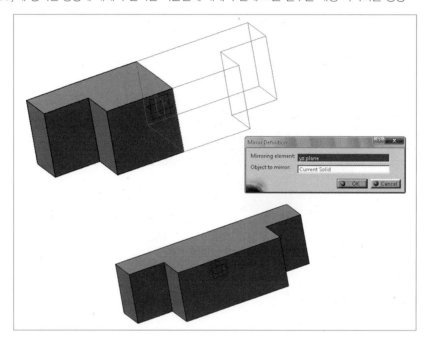

· Body 안의 임의로 어떤 부분만을 선택하여 대칭 복사에 사용할 수 있으며 Body 전체를 대칭 복사하게 할 수도 있으나 일부 작업에 대해서는 Mirror할 수 없는 경우가 있으니 주의 필요
· 다음과 같이 제거 작업에 관한 형상에 대해서도 복사가 가능

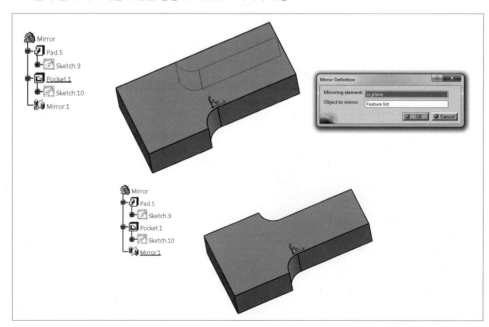

- Mirror 형상은 Spec Tree에서 Explode가 가능함

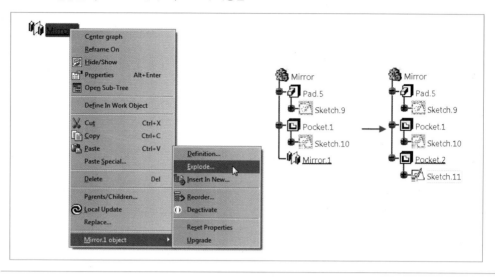

2. Patterns Sub Toolbar

- ■ Rectangular Pattern

Description

- Pattern이란 일정한 규칙성을 가진 채 반복되는 형상을 가리키는데 Rectangular Pattern은 가로와 세로 두 개의 직교하는 방향으로 선택한 형상을 반복하여 생성하는 명령
- 이 두 개의 방향대로 Pattern의 값 설정이 가능
- Rectangular Pattern을 클릭하면 다음과 같은 창이 나타남

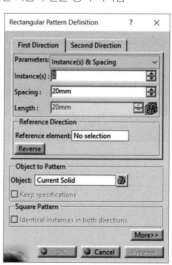

▶ Parameters

- Pattern을 정의할 때 필요한 방식을 선택하고 정의
  - Instance & Length : Instance란 반복하여 만들 복사되는 개체의 수를 의미하며, 여기에 전체 Pattern 될 길이를 정의
  - Instance & Spacing : Instance란 반복하여 만들 복사되는 개체의 수를 의미하며, Spacing은 이들 사이의 간격
  - Spacing & Length : 반복하여 만들 복사본을 정의할 때 전체 길이와 Instance들 사이의 간격으로 정의

▶ Reference Direction

- 우선 First Direction과 Second Direction이 있는 것을 확인하여 각 방향 성분을 입력

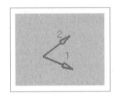

- Pattern이 만들어질 기준 방향을 선택하게 되는데 직선 요소를 선택하거나 평면 요소를 선택 가능
- Reverse를 사용하면 선택한 방향에 대해서 반대 방향으로 Pattern의 방향 변경 가능

▶ Object to Pattern

- Pattern 하고자 하는 대상을 선택하는 부분으로 Body 전체인 경우에는 Current Solid로 표시가 되며 일부 Feature만 선택이 가능
- 만약에 Pattern 대상이 여러 개라면 Pattern 명령을 시작하기 전에 미리 CTRL Key를 누르고 원하는 형상을 모두 선택한 후에 Pattern 명령을 실행

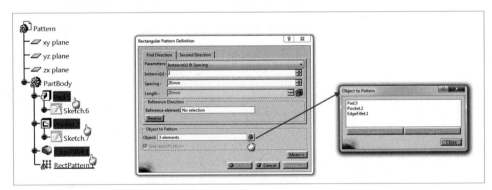

▶ Keep Specifications

- Pattern 하고자 하는 대상을 현재 형상만이 아닌 대상의 특성을 유지한 채 Pattern하는 Option
- Keep Specification을 활성화하면 선택한 Pattern 대상이 가지는 특성을 유지하게 됨

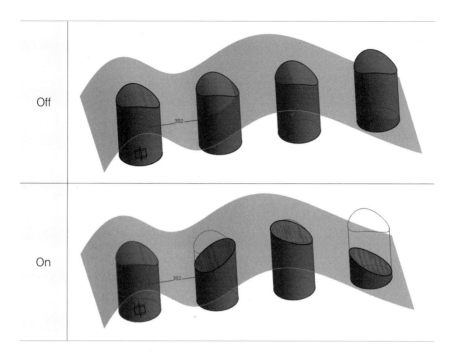

▶ Pattern에서 필요 없는 부분 제거하기

- Pattern을 하게 되면 두 개의 방향에 대해서 격자 형태로 형상이 복사되는데 이중에 불필요한 부분을 선택하여 제거 가능
- 이런 경우 Pattern에서 다음과 같이 미리 보기 상태에서 각 형상이 만들어질 위치에 있는 주황색 포인트를 클릭하여 제거

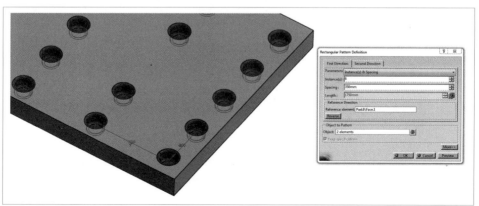

▶ Position of Object in Pattern

- Pattern을 저의하게 되면 정해진 방향에 대해서 한쪽으로만 만들 수가 있는데 여기서 이 Row in Direction의 값을 바꾸어 주게 되면 그 줄에서의 반대쪽으로의 Pattern을 조절 가능

▶ Pattern Explode 하기

- Pattern을 사용하여 만든 형상은 기본적으로 Pattern이라는 Feature에 종속되어 관리
- 이를 풀어 개별적으로 인식하기 위하여 Contextual Menu에서 Object의 Explode 사용 가능
- 다만 이렇게 Explode한 형상은 다시 Pattern으로 돌릴 수 없음

■ Circular Pattern

Description

- Circular Pattern은 앞서 Rectangular Pattern과 마찬가지로 어떤 규칙을 가진 채 형상을 복사하게 되는데 이 명령은 회전축을 잡아 그 축을 중심으로 회전하여 원형으로 형상을 복사
- Circular Pattern을 정의할 때는 이 회전의 중심이 될 Reference Direction을 축/선 요소 또는 원통 면을 선택
- Circular Pattern은 두 개의 방향을 가지는데 하나는 축 회전 방향(Axial Reference)과 반지름 방향(Crown Definition)으로 Tab의 두 값을 통해 설정

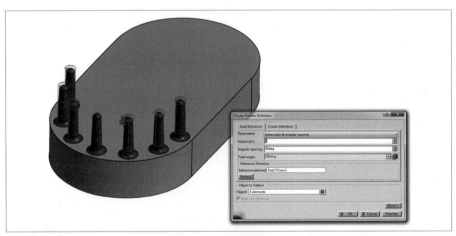

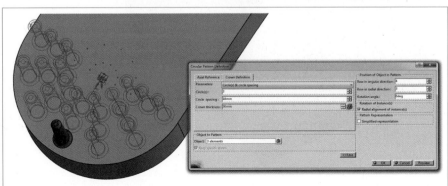

■ User Pattern

Description

- User Pattern은 앞서 Pattern과 다소 차이가 있는데 이 명령은 일정하게 Pattern 되는 규칙이 정해진 것이 아니라 자신이 Pattern으로 복사될 지점을 Sketch에서 포인트로 만들어서 이 지점으로 선택한 Solid 형상을 Pattern
- 따라서 User Pattern에는 다음과 같이 Position 이라는 부분이 있어 이곳에 작업자가 Sketch로 그린 포인트들의 위치를 입력해 주어야함
- User Pattern을 할 때 마찬가지로 우선 Pattern 하고자 하는 대상을 선택한 후, Pattern 될 Position으로 Sketch에서 포인트로 정의한 Sketch를 선택

3. Scale Sub Toolbar

■ Scaling

Description

- 3차원 형상을 임의의 선택한 방향으로 크기를 늘리거나 줄이는 명령
- 3차원 상에서 크기를 조절해야 하기 때문에 Definition 창에서 기준 방향을 선택해 주어야 하며 기준 방향은 2차원 평면 또는 축 요소가 선택
- 따라서 3차원으로 모든 방향에 대해서 Scaling을 해주려면 3번의 Scaling을 해주어야 함

■ Affinity

Description

· 3차원 Solid 형상에 대해서 3축 방 향 모두에 대해서 동시적으로 Scale해 주는 명령
· Define한 Body의 Scale 기준이 될 원점과 XY 평면, X 축을 정의해 주면 해당 방향에 맞추어 Scale을 입력할 수 있습니다. 따로 이 값을 입력하지 않은 경우 기본적인 Part 원점 요소가 그대로 적용

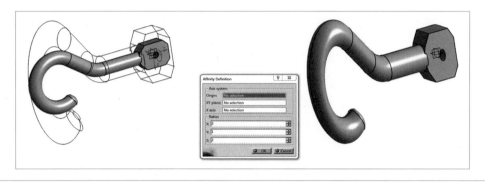

E. Surface-Based Features

■ Split

Description

· Solid 형상을 임의의 Surface나 평면, 또는 형상의 면을 기준으로 잘라주는 기능
· Solid 형상이 있을 때 임의의 기준 면을 선택하게 되면 그 면을 기준으로 두 방향으로 나뉘게 되는데 이때 원하는 방향을 선택하여 Solid 형상을 절단
· Splitting Element에 Surface 또는 면 요소를 선택하고 방향은 남아있기를 원하는 방향을 선택

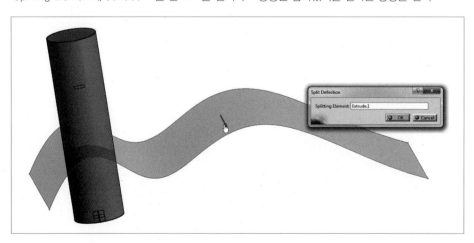

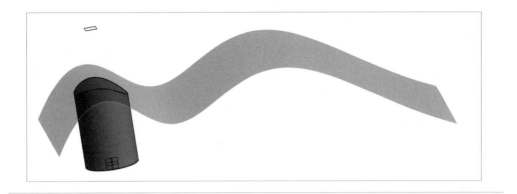

■ Thick Surface

Description

- Surface 요소에 대해서 두께를 주어 Solid를 만드는 명령
- Surface는 두께가 없는 형상이기 때문에 여기에 두께를 이러한 방법으로 따로 주어야 함
- Thickness Definition 창에서 두께를 입력하게 되는데 Surface 면을 기준으로 두 방향으로 입력이 가능

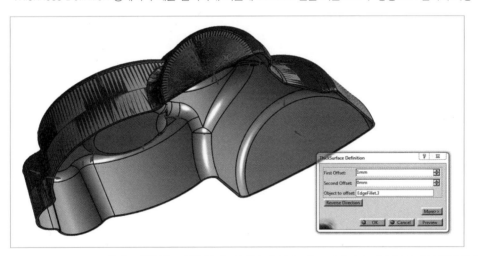

■ Close Surface

Description

- 닫혀 있는 Surface 형상에 대해서 그 닫혀있는 내부를 완전한 Solid로 만드는 명령
- 앞서 Thick Surface가 두께만 주는 것과 다르게 이 명령은 완전히 닫힌 Solid를 만들며 일반적으로 Surface가 닫혀 있지 않으면 만들어지지 않음
- 닫혀 있지 않더라도 열려있는 경계가 단순할 경우 Close Surface 실행이 가능

191

■ Sew Surface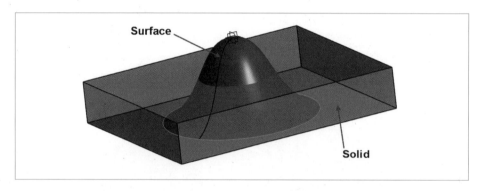

Description

- 선택한 Surface와 Solid가 교차하여 만들어지는 Surface 부분을 Solid화하는 명령

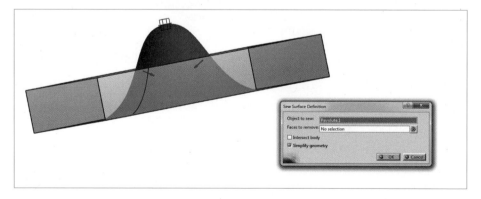

- Sew Surface를 사용하여 다음과 같이 Surface에서 화살표 방향이 안쪽으로 가게 방향을 맞추고 OK를 클릭

- 그러면 아래와 같이 Solid 형상에서 Surface의 바깥 부분은 모두 사라지고 Surface 안쪽 부분이 Solid가 생성. 이러한 경우는 Surface가 Solid를 완전히 양분할 때의 경우 임

- Surface가 Solid를 완전히 양분하지 못하는 경우 Intersect body를 체크

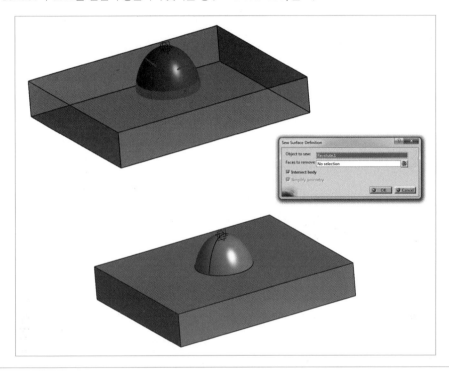

F. Boolean Operation Toolbar

■ Assemble

Description

- Body와 Body끼리 합쳐주는 명령으로 여러 개의 Body를 하나로 병합하는 작업을 수행
- Assemble을 실행시키면 다음과 같은 창이 나타나는데 여기서 Assemble에 합치기 위해 종속될 대상을 To에는 기준이 될 Body를 선택

193

1. Boolean Operations Sub Toolbar

■ Add

Description

• 선택한 Body 들에 대해서 서로를 모두 더해 하나의 덩어리로 합쳐주는 작업을 수행

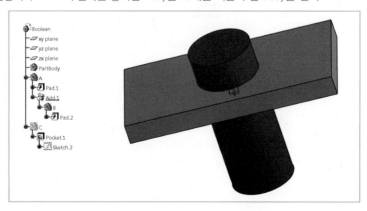

• 명령을 실행시키고 Add 부분에는 종속될 Body를 To에는 기준이 될 Body를 선택

■ Remove

Description

- 차집합을 생각하면 되며 Body 간에 교차하는 부분을 기준이 되는 Body에서 제거함
- Remove에는 없애고자 하는 대상을 From에는 기준이 될 Body를 선택

■ Intersect

Description

- 서로 다른 Body에 대해서 공통되는 부분만을 제거하고 나머지는 모두 제거
- Intersect에 추가한 Body를 선택하고 To에는 기준 Body를 선택

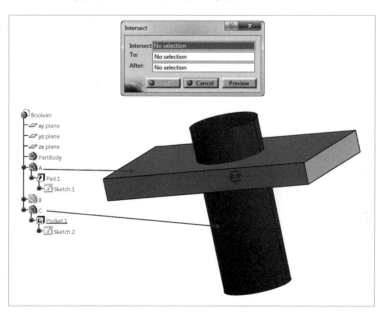

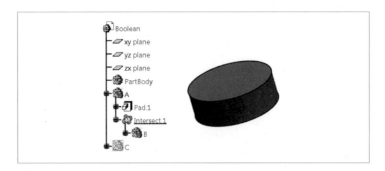

- 유사한 기능을 하는 Solid Combine 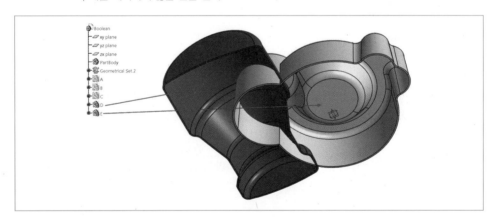 이라는 명령 사용 가능

■ Union Trim

Description

- Body들끼리 합치는 작업을 하면서 선택적으로 필요하지 않은 부분을 제거 가능
- 즉, 필요한 부분은 합치고 필요하지 않은 부분은 제거하면서 Boolean Operation을 할 수 있는 명령
- Union Trim 명령을 실행하여 Trim에 새로 추가한 Body를 선택하고 Face to Remove에는 제거할 면을 Face to keep에는 제거하지 않을 면을 선택

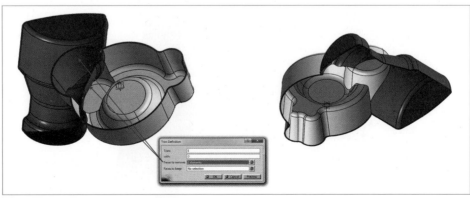

■ Remove Lump

Description

- Boolean Operation 후 만들어 진 형상 중에 불필요한 부분을 제거하는 명령
- 앞서 Boolean Operation을 사용할 후에 사용 가능
- 이 작업은 기준이 되는 Body에서 작업이며 Face to remove에는 제거하고자 하는 형상의 면을 Face to keep에는 제거하지 않을 부분을 선택

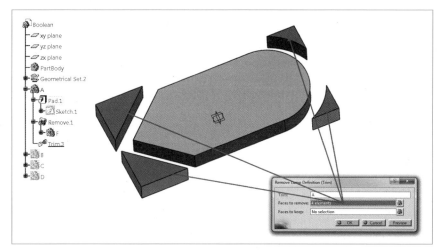

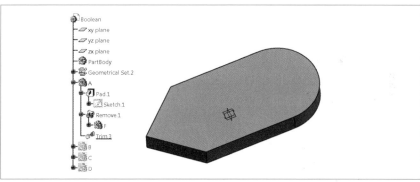

G. Tools

■ Update ⟳	업데이트를 실행하기 위해 실행하는 명령. 일반적인 Part에서 작업은 자동으로 업데이트되는데 업데이트 지시가 필요한 경우나 업데이트 Mode를 수동으로 하였을 때 이 명령을 사용
■ Manual Update	Part에서 업데이트 작업을 수동으로 하도록 설정. 이 명령을 활성화하면 수동 업데이트 상태가되어 업데이트를 실행하여야만 Part가 업데이트 됨
■ Axis System	3차원 Reference Element 중에 하나인 Axis를 생성하는 명령. Option에서 Part가 생성될 때 자동으로 생성하게 할 수도 있으며 원하는 위치에 원점과 방향을 정의하여 Axis를 생성할 수 있음 주로 GSD에서 Wireframe과 Surface 작업에서 많이 사용됨. 상세한 설명은 GSD Workbench를 참고
■ Mean Dimensions	이 명령은 Part 도큐먼트가 가진 모든 치수들의 공차 값을 평균값을 계산하여 정의해 주는 기능. 명령을 실행한 후엔 Update를 실행

1. View Mode Sub Toolbar

■ Only Current Body	여러 개의 Body와 Geometrical Set을 가지고 작업을 할 때 현재 Body외에 나머지 것들을 출력하지 않도록 하는 명령
■ Only Current Operated Solid	앞서 Only Current Body와 유사한 명령이라 할 수 있으나 여기서는 좀 더 세분화하여 현대 Define 되어 작업 중인 Solid에 대해서 분리하여 출력. Boolean Operation을 통해서 여러 개의 Body가 나뉜 경우에 유용
■ Catalog Browser	CATIA의 사용자 Library라고 할 수 있는 Catalog에서 Feature를 불러오고자 할 경우에 사용. Part 단위가 아닌 Feature 단위로 Catalog를 생성한 경우에 이를 현재 Part로 가져올 수 있으며 Knowledgeware 부분에서 공부하겠지만 Power Copy 작업을 Catalog로 저장하여 재사용할 수도 있는데 이런 경우 Part Level에서 Catalog Browser가 사용

H. Feature Recognition

■ Manual Feature Recognition

Description

- 수동으로 작업자가 직접 인식하고자 하는 부분들을 선택하여 CATIA Feature를 생성
- 우선 이 기능을 사용하기 위해서는 Solid에 Define이 되어있어야 하며 Body에 Define하지 않아야 함
- 형상을 살펴 원하는 Feature로 인식하고자 하는 면 요소들을 선택한 후 해당 Feature를 선택한 후 Apply를 클릭

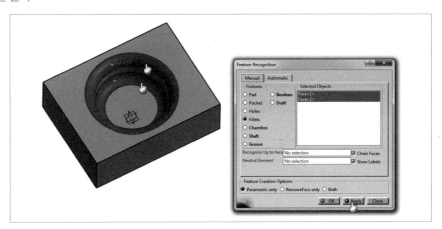

그럼 다음과 같은 결과를 확인할 수 있습니다.

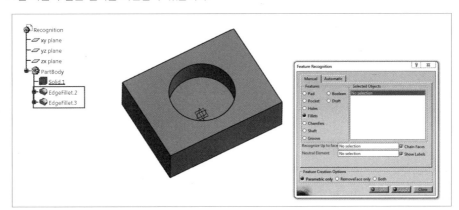

■ Automatic Feature Recognition

Description

- Solid 형상의 Tree를 인식하는 데 있어 작업자가 따로 면이나 어떤 값을 선택하지 않고 자동으로 인식할 수 있게 하는 기능

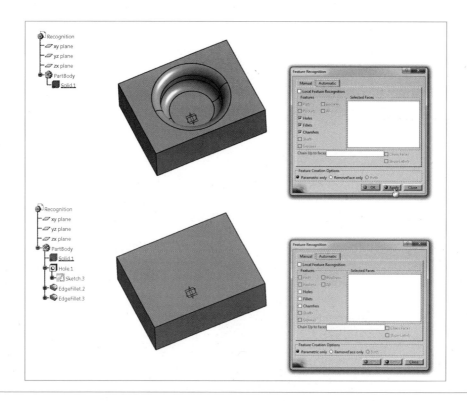

■ Part Analysis

Description

• 현재 선택한 Solid Body에 Fillet이 들어간 부분에 대해서 시각적으로 분석해 주는 기능

I. Annotation

1. Text Sub Toolbar

■ Text with Leader

Description

· 3차원 Text와 함께 지시선을 생성

■ Text

Description

• 선택한 Feature 부분에 Text로 주석을 다는 기능

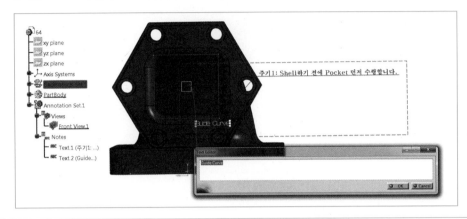

■ Text Parallel To Screen

Description

• 주석 Text를 Feature에 입력하면서 항상 화면 방향에 나란하게 보이도록 생성할 수 있습니다. 정의하는 방법은 위의 Text와 동일
• 항상 화면 방향과 나란하게 주석이 표시되기 때문에 물체 조작에 구애받지 않고 주석을 확인할 수 있는 장점

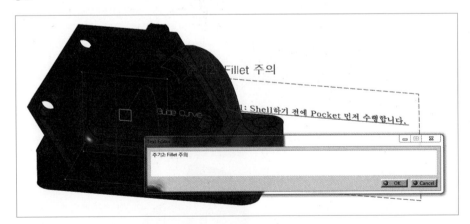

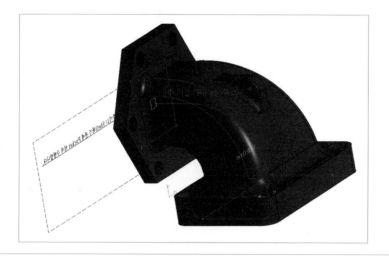

2. Flag Note Sub Toolbar

- Flag Note with Leader

<hr>

Description

- 깃발 형태의 주석을 지시선과 정의하는 명령
- 다음과 같은 Definition 창에 의해 주석과 더불어 하이퍼링크도 입력할 수 있음

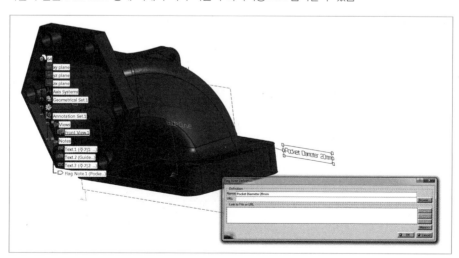

■ Flag Note

Description

- 깃발 형태의 주석을 정의하는 명령
- 다음과 같은 Definition 창에 의해 주석과 더불어 하이퍼링크도 입력 가능

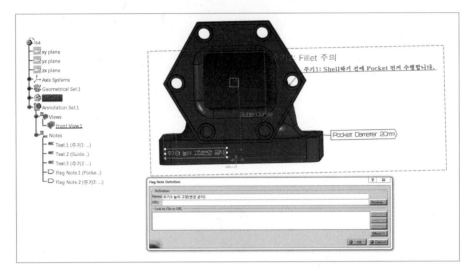

■ 3D Annotation-Query

Description

- 주석으로 지목된 Geometry 성분을 하이라이트 시켜주는 효과를 줌
- 사용하지 않을 때는 Off 상태로 체크하지 않으면 됨

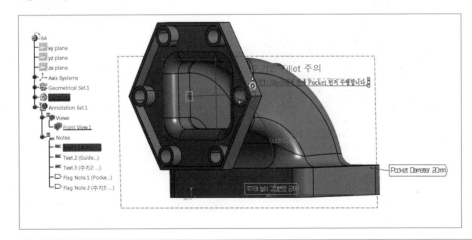

Description

- Annotation 기능들은 다음과 같이 Spec Tree에 정렬되며 필요에 따라 Spec Tree 상에서 수정 가능
- 필요에 따라 View를 추가하여 원하는 방향으로 주석을 정렬

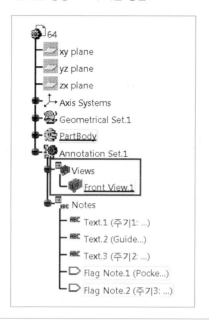

J. Analysis

- Draft Analysis ![icon]

Description

- 3차원 형상의 면이 가지는 구배 각을 분석하는 기능을 수행
- 금형이나 기타 형상의 면에 경사각이 들어갔는지를 확인하는데 활용할 수 있는 기능
- 기본적으로 형상이 가지는 구배 각이나 경사 정도를 알 수 없는 경우나 일일이 Spec Tree에서 찾아서 확인하기 어려운 경우에 직관적으로 확인 가능
- 명령 실행에 앞서 View Mode를 Shade with material ![icon] 로 설정한 후에 분석하고자 하는 Body의 면을 지정
- CTRL Key를 누르면 복수 선택도 가능
- 작업자의 필요에 따라 각도 값 및 Contour를 변경하는 것도 가능

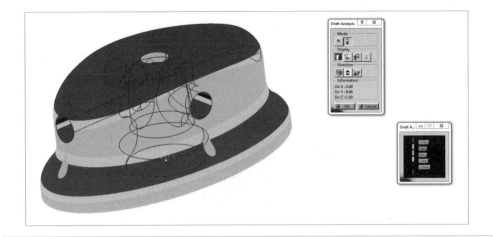

■ Surface Curvature Analysis

Description

• 이 명령은 3차원 형상의 면이 가지는 곡률을 분석해 주는 기능
• Solid 면이나 Surface의 면 선택이 가능
• GSD Workbench에서 주로 사용

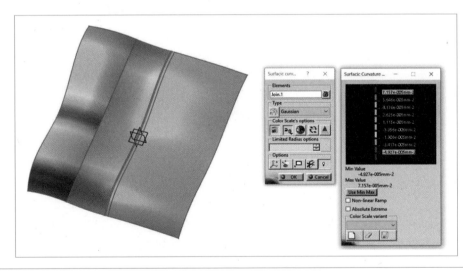

■ Tap/Thread Analysis

Description

- 이 명령은 Hole 이나 Thread/Tap 명령에 의해서 나사산 가공이 들어간 정보를 화면에 출력하여 주는 기능
- Hole 명령 등으로 나사산 가공을 정의하면 화면상으로 직접 그 모양이 출력되거나 하지 않기 때문에 데이터 상으로 확인 차원에서 유용하게 사용

■ Wall Thickness Analysis

Description

- 이 명령은 Shell 구조와 같이 내부에 일정한 두께를 가지거나 내부 상태가 복잡한 경우 두께를 가늠하기 위한 목적으로 사용
- 두께가 같은 부분끼리 같은 색상으로 표시되는 것을 확인 가능
- 이 기능을 활용하면 제품 두께가 기준치 이하로 떨어지는 부분이라거나 과도하게 두꺼운 부분을 직관적으로 파악하여 수정이 가능

K. Dynamic Sectioning

■ Dynamic Sectioning

Description

- 이 명령은 3차원 형상을 Compass를 기준으로 방향을 정해 단면을 보는 기능을 수행
- Shell 구조와 같이 내부에 일정 작업이 작업되거나 외부 형상에 의해 내부 형상을 확인하기 어려운 경우에 사용

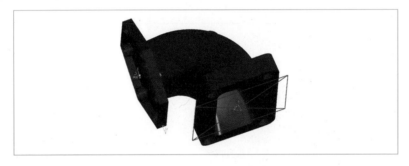

- 명령을 실행하면 별도의 Definition 창 없이 붉은색으로 Plane이 Compass와 함께 나타나며, 관찰하고자 하는 위치로 평행 또는 회전을 통해 이동시켜 주면 해당 부분에 대한 단면 확인 가능

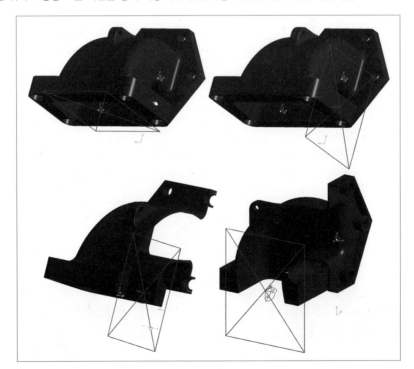

- 일시적인 View 기능으로 실제로 형상을 Split하는 것은 아님

CATIA V5-6R2019 Training Book Vol.1 Basic

A. Multi-Body Operation이란?

일반적으로 Part Design에서 모델링 작업은 하나의 Body를 사용합니다.(PartBody) 그러나 이것은 아주 간단하거나 단순한 형상에 대해서 작업할 경우에 대해서 입니다. 실제 어떤 제품을 만든다고 한다면 수 내지 수십 여 개의 Body를 사용하여 하나의 Part 도큐먼트를 완성하기도 합니다. 이는 간단한 형상들로만 Part 도큐먼트를 구성하였을 경우 나중에 불필요하게 Assembly 상에서 많은 컴포넌트를 불러오는 불편을 없애기 위한 방법론이기도 합니다.

Body를 분리하여 작업하는 데에는 다음과 같은 이점이 있습니다.

- Body는 서로 독립된 Part 도큐먼트로 분리할 수 있습니다.
- Body는 다른 Body끼리 연산이 가능합니다.
- Body끼리 나누어 작업을 하면 복잡한 Part 도큐먼트라 하더라도 쉽게 수정이 가능합니다.
- Body를 나누어 작업을 하면 불필요하게 Assembly를 많이 사용하지 않아도 됩니다.
- Body를 나누어야지만 각 Body에 대해서 재질(Material)을 적용하거나 색상을 변경하는 등의 작업이 가능합니다.

B. 새 Body에 형상 옮기기

위와 같은 이유로 인하여 Part Design 형상을 여러 개의 PartBody로 나누어 작업하기를 권합니다. 그런데 때때로 형상을 만들고 나서야 이 형상 중에 일부분은 다른 Body 옮겨야 한다는 것을 인지하거나다 만들고 나서 수정을 하려고 합니다. 이런 경우 사용할 수 있는 기능을 소개합니다.

■ Insert in new body

Description
• 새로운 Body로 옮기고자 하는 대상을 현재의 Body에서 선택하고 명령을 실행
• Insert라는 Toolbar 에 아이콘이 있으며 또는 Contextual Menu를 사용하여 Insert in new body 를 선택

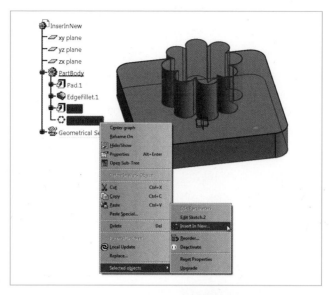

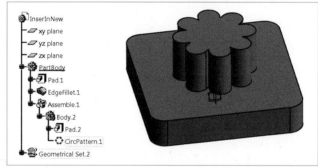

- 참고로 Insert in new body 명령은 Spec Tree 상에서 연속적으로 이어진 작업 형상들에만 적용이 가능
- 서로 연결되지 않았거나 분리할 수 없는 대상을 선택한 경우 에러가 발생함

C. Define in Work Object

우리가 하나의 Part 도큐먼트에서 Body나 Geometrical Set을 여러 개 사용하다 보면 현재 작업 중인 Body에서 다른 Body로 작업 영역을 변경하기 위해서는 작업 명시(Define) '이제 내가 이 위치 또는 해당 Body에 작업을 할 것이다'는 것을 CATIA에 전달해 주어야 하는데 이렇게 현재 작업의 위치를 명시해 주는 작업이 Define in Work Object입니다. 따라서 여러 개의 Body가 있는 경우 원하는 Body를 선택해 Contextual Menu ⇨ Define in Work Object를 선택합니다.

D. Paste Special

앞서 하나의 Part의 Body를 복사하여 새로운 Part 도큐먼트에 붙여넣기를 할 수 있다는 것을 설명하였는데 여기서 일반적으로 Body를 붙여넣기 할 때 사용하는 3가지 방식을 소개합니다.

원본 Part 도큐먼트에서 복사하고자 하는 Body를 선택하여 복사(CTRL+C)를 하고 원하는 Part 도큐먼트의 Spec Tree를 선택하여 Paste Special(선택하여 붙여넣기)을 선택해 줍니다. 그러면 다음과 같은 창이 나타납니다.

- As specified in Part Document

    Body를 복사하여 붙여넣기 할 때 전체 형상은 물론이고 형상을 만드는데 사용한 모든 Spec Tree의 Feature들까지 복사됩니다. CTRL+V하여 그대로 붙여넣기하는 것과 동일한 결과를 나타냅니다. 자칫 다른 형상 요소와 연결된 Body를 다른 Part에 이 방식으로 붙여넣기할 경우 Error가 발생할 수 있으니 주의 바랍니다.

- As Result with Link

    복사하여 붙여넣기를 하게 되면 Spec Tree의 작업한 History 없이 형상만이 복사됩니다. 또한 복사된 형상은 원본 형상과 Link 되어 있어 원본을 수정하게 되면 붙여넣기 한 형상까지 수정이 됩니다. 업데이트를 해주어야 같이 변경된다는 점도 기억하기 바라며 원본 형상이 이동되거나 Link가 훼손되면 이러한 업데이트가 불가능하다는 것도 기억하기 바랍니다.

211

■ As Result

복사하여 붙여넣기를 하게 되면 형상만이 붙여넣기 됩니다. 물론 원본 형상과 Link는 없으며 복사할 당시 그 형상으로만 남게 됩니다.(Define in Work Object로 복사하는 것은 적용 안 됨)

필요에 따라서 형상을 복사하여 새로운 Part 도큐먼트 혹은 현재의 Part 도큐먼트에 붙여넣기 할 때 필요에 따라 선택하도록 합니다.

SECTION 04 Part Design Management

■ Parents & Children

어떠한 하나의 형상을 만들게 되면 우리는 일련의 과정을 거치게 됩니다. 이러한 과정을 지나면서 어떤 작업을 먼저하고 그 작업을 이어 다음 작업을 하게 되는 데 이러한 작업의 순서적인 원리에 의해 Parents/ Children 관계가 성립됩니다.

■ Activate/Deactivate

우리가 작업을 하다 보면 일부 형상이 필요 없어지는 경우가 있습니다. 물론 이때 이러한 부분을 바로 삭제하면 좋겠지만 그렇게 하지 못할 경우 현재의 Part 도큐먼트 상에서 비활성화(Deactivate)해 놓을 수 있습니다. 이렇게 비활성화 해 놓게 되면 필요에 따라 다시 그 형상을 활성화시켜 사용할 수 있습니다.

■ Reorder

PartBody에서 작업은 시작에서부터 끝까지 그 작업에 대한 순서가 Spec Tree 안에 남게 됩니다. 이 작업 순서를 무시한 채 다른 작업을 할 수 없으며 중간에 어떤 작업으로 인해 생긴 형상을 강제로 지울 수 없습니다. 이는 다음 작업 형상과 연관이 있기 때문입니다.

따라서 작업의 순서에 의한 Body의 형상은 큰 차이가 있게 됩니다. 그리고 어떤 작업을 먼저 했는지도 중요한 영향을 미치게 되는데 이로 인해 때때로 우리는 작업의 순서를 조정하려고 합니다. 그래서 CATIA에서 제공하는 기능이 바로 Reorder입니다. 말 그대로 순서를 다시 정렬한다는 뜻인데 Spec Tree에서 작업을 순서를 조절할 수 있습니다.

■ Replace Elements

우리가 하나의 작업을 하다 보면 작업 후나 작업 중간에 일부 대상에 대해서 수정을 할 경우가 생깁니다. 이때 무작정 더블 클릭하고 수정을 하면 Error가 날 확률이 높습니다. Replace는 간단히 앞서 작업으로 어떠한 형상을 만들었는데 이 형상에서 Sketch 나 Surface, Plane과 같은 작업 요소를 다른 요소로 대체하여 작업하게 하는 기능입니다. 전체 작업을 다시 하지 않고 중간에 이러한 대체될 부분만을 바꿀 수 있는 방법으로 매우 유용한 Part Design Management 방법입니다.

■ Part Properties

하나의 Part 도큐먼트에서 작업이 끝나면 이제 이 도큐먼트에 대한 정보를 입력해 주어야 하는데
Properties에서 이러한 정보를 입력합니다. 정보를 입력하고 확인할 수 있어야 다른 곳으로 데이터
를 보내거나 Assembly 작업 시 이 부분에 대해서 제대로 정의해 줄 수 있습니다.

Spec Tree에서 상단의 Part1을 선택하고 Alt + Enter Key를 입력합니다. 또는 Contextual Menu
에서 Properties를 클릭해 주어도 됩니다.

그러면 다음과 같은 속성 창이 나타납니다.

여기서 Mass Tab에 가면 다음과 같이 현재 Part 형상의 무게 중심이나 부피, 밀도, 질량 등이 계산
되어 나옵니다.

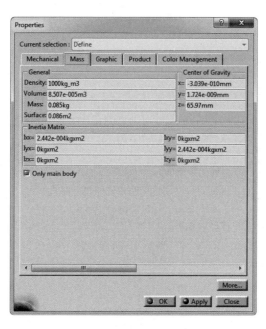

다음으로 Product Tab에 가면 형상에 대한 정보를 입력할 수 있는데 다음과 같이 Part Number, Revision 등을 입력해 놓을 수 있습니다. 특히 Part Number는 Assembly 시 각 단품 들을 분류하기 위해서 반드시 기재하여야 합니다. 그렇지 않으면 나중에 Part Number가 중복되게 됩니다. Part Number에는 주로 도면 번호나 부품 이름을 사용합니다.

여기에 추가적으로 작업자의 필요에 따라 Properties 항목을 추가해 줄 수 있습니다. Part나 Product 등에 Parameter를 추가하는 방법은 Parametric Modeling 부분을 참고 바랍니다.

SECTION **05** Geometry Symbols

여기서는 Part 도큐먼트로 모델링을 하면서 Spec Tree에서 관찰 할 수 있는 생소하지만 중요한 symbol 들의 의미를 설명하도록 하겠습니다.

Symbol	Descriptions
Solid.1	형상이 다름 Part 도큐먼트로부터 링크되어 복사되어 왔음을 의미 함
Solid.1	복사한 원본 형상이 수정되어 복사한 현재의 형상에 대해서 동기화가 필요. 사용 전 업데이트 해주어야 함
Solid.1	복사한 원본 형상이 삭제되어 원본 형상이 담긴 도큐먼트를 찾을 수 없음 의미 함
Solid .1	원본 형상을 찾기는 하였으나 불러와지지 않은 경우. 이럴 경우 Edit ⇨ Link를 사용하여 Link해 주어야 형상이 불러와 짐
Solid.1	형상을 비활성화(Deactivated) 시켰을 때 표시
Solid.1	Paste Special을 이용하여 결과 형상을 Link를 유지한 상태로 복사하여 붙여넣기 한 경우
Sketch.1	Publish를 사용하여 형상을 공개한 경우에 🛅 자 표시와 함께 나타남
Sketch.1	Publish 한 대상이 수정되었을 때 나타나며 업데이트 해주어야 함
PartBody	Link가 깨진 경우에 나타나며 반드시 수정을 해주어야 함
PartBody	Body에 수정 작업이 진행 중이거나 업데이트가 필요함을 나타냄

215

CATIA V5-6R2019 Training Book Vol.1 Basic

CHAPTER 05

Generative Shape Design
Workbench

A. Surface Modeling 접근

일반적으로 기계 제도를 공부하시거나 기계공학을 전공한 분들이 곡면 설계를 하는 경우 어려움을 겪는 경우가 종종 있습니다. 형상을 이해하는 방식 또는 모델링에서 접근 방식의 차이에서 오는 어려움이라 할 수 있는데요. Solid 모델링 방식을 통해 하나씩 쌓아나가거나 제거하는 방식은 간편한 모델링 방식에 속합니다.(Solid 모델링이 나중에 정립된 모델링 방식이지만 접근은 더 편리합니다.) 그러나 곡면 모델링의 경우 내부가 비어있는 상태(두께 0)를 고려하여 정의하기 때문에 중첩이나 틈(Gap)이 생길 경우 처리해야 하는 문제점도 있습니다. 또한 작업 내역이 순차적 기록이 아닌 단순 묶음에 의한 정렬이라는 점도 우리가 CATIA에서 모델링을 하면서 단순히 형상 위주의 모델링을 할 때 주의해야할 사항이기도 합니다. Geometrical Set을 이용한 Tree 정리 및 작업 구상을 확실히 정의한 후에 모델링하는 습관을 들이시길 권장합니다. Solid 모델링에서 Body를 나누는 것보다 더 비중 있는 사항입니다. 또한 우리는 곡면 모델링의 경우 다루게 되는 대상이 Solid 모델링에서 보다 훨씬 복잡하다는 점을 염두에 두어야 합니다. Solid 모델링 방식으로 처리할 수 없는 형상이기에 Surface 모델링으로 작업 하는 경우가 많기 때문입니다. 그것은 Surface 모델링이 형상을 정의하는 제약이 거의 없기 때문입니다. 그리고 이웃하는 곡면들과의 연속성도 살펴야 하는 문제입니다. 단순히 우리가 형상들을 이어 붙인다고 해서 실제 제작까지 가능한 형상이 나오는 것은 아닙니다. 얼마나 매끄럽게 부드럽게 정의하는지가 Skin 형상을 정의하는 작업에서는 큰 영향을 미치게 됩니다. 선도 Class A라는 말을 종종 들어보신 분들이시라면 곡면에 연속성에 대해서 잘 이해하리라 생각됩니다.

여기 Generative Shape Design Workbench의 경우 Surface 모델링을 하는 가장 대표적인 CATIA Workbench라고 할 수 있습니다. Wireframe & Surface(WFS) Design Workbench와 기능이 거의 일치하는데요. GSD Workbench 쪽이 더 많은 기능과 표현 능력을 가지고 있습니다. 아마도 라이센스가 있는 곳이라면 WFS가 아닌 GSD로 작업을 주로 하실 것입니다. 일반적으로 Profile과 치수를 이용한 설계 방식이기에 곡면이 들어간 정형화된 형상을 정의할 때 GSD에서 작업을 수행합니다. Profile을 그리고 거기에 형상에 관련된 3차원 기능을 적용하는 것은 Solid 모델링과 유사하다고 할 수 있습니다. 그리고 이렇게 만들어진 각각의 곡면들을 교차하는 지점을 기준으로 잘라낸다거나 이어 붙여주는 작업을 수행하게 됩니다. 아마도 Solid 모델링을 익히신 후에 Surface 모델링을 공부하신다면 GSD가 가장 쉬운 Workbench라 할 수 있을 것입니다. 그러면서 곡면 설계에서 비중도 높은 편이니 깊이 관심을 가지시기 바랍니다.

B. Geometrical Set Management

Geometrical Set은 Surface 또는 Wireframe, Sketch, Referemce Element 형상들을 나누어 보관하는 꾸러미 역할을 합니다. 작업 순서와 상관없이 위의 형상 요소들을 묶어 두는 기능을 하기 때문에 우리가 필요한 형상들만을 모아서 새로운 Geometrical Set을 구성할 수도 있으며 하나의 Geometrical Set을 다른 Geometrical Set에 넣을 수도 있습니다. 이러한 Geometrical Set의 특성을 잘 이용한다면 현재 작업한 형상을 보다 수정하기 쉽도록 Spec Tree를 구성할 수 있는데 우리가 모델링을 하면서 우선하여 고려해야 할 사항 중에 하나입니다. 무조건 형상만 맞게 만든다고 만점이 되지는 않습니다. 이제 Geometrical Set을 다루는 방법을 통하여 보다 효율적이고 수정이 용이하도록 모델링 작업 방식을 소개하겠습니다.

■ Geometric Set 만들기

풀다운 메뉴에서 Insert ⇨ Geometrical Set을 선택하면 다음과 같이 Insert Geometrical Set 창이 나타날 것입니다.

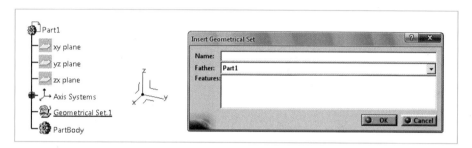

여기서 원하는 Geometrical Set의 이름을 Name에 입력을 해줍니다. Name을 빈칸으로 두면 자동적으로 Geometrical Set. X와 같이 나타납니다. 그리고 이 상태에서 바로 OK를 입력하면 현재의 Spec Tree에서 Define 된 곳의 다음 부분에 Geometrical Set이 추가됩니다. Geometrical Set은 Insert Toolbar에서도 추가해 줄 수 있습니다.

■ Geometric Set을 이용한 Spec Tree 구성

앞서 Geometrical Set을 추가하는 방법을 사용하여 다음과 같은 구조를 만들 수 있습니다.

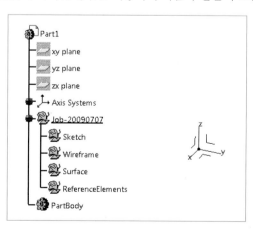

위에선 하나의 Main Part에 대한 Geometrical Set 아래에 Wireframe, Surface, Operation의 하위 Geometrical Set을 정의하였습니다. 이렇게 Spec Tree를 구성하여 Sketch나 Wireframe 요소는 'Sketch' 혹은 'Wireframe' Geometrical Set에 모아두고 Surface 관련 명령은 'Surface'라는 Geometrical Set에 모아줄 수 있습니다. 물론 이와 같은 구조는 간단히 Toolbar의 이름으로 나누어준 하나의 예에 지나지 않습니다. 작업의 효율을 생각하여 또 다른 분류 목록을 작성하여 Geometrical Set으로 구조를 만들어주어도 됩니다.

그리고 이러한 Geometrical Set의 구조는 Duplicate Geometrical Set 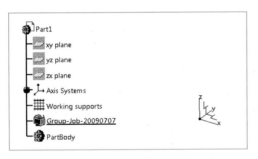 명령을 사용하여 현재 Part 도큐먼트에 여러 개를 복사하여 틀로 사용할 수 있습니다.

이렇게 Geometrical Set 구조를 완성한 후에 Main Part에 해당하는 Geometrical Set을 Group으로 바꾸어 주면 한층 더 정돈된 상태로 Spec Tree를 구성할 수 있습니다. Main Part에 해당하는 상위 Geometrical Set을 선택하고 Contextual Menu에 들어가 가장 아래 있는 Geometrical Set. X object ⇨ Create Group를 선택합니다. 생성될 Group 이름을 변경하거나 다른 Input 요소를 추가하려는 요소를 선택을 해주고 OK를 누르면 다음과 같이 Geometrical Set이 Group으로 바뀌는 것을 볼 수 있습니다.

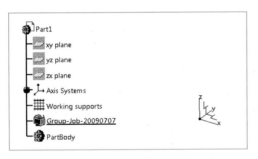

Group을 처음 만들게 되면 Group의 요소가 보이지 않고 접혀있는데 다시 Contextual Menu(MB3 버튼)를 선택하여 Geometrical Set. X object ⇨ Expand Group를 이용하면 Group 안의 성분을 열어 볼 수 있습니다.

반대로 Group을 접어서 성분을 보지 않으려면 같은 메뉴로 이동하여 이번엔 Collapse Group를 선택해 줍니다.

■ Geometric Set으로 형상 요소 정렬하기

위에서 Geometrical Set을 구조적으로 정렬하였다면 다음으로 할 일은 이곳에 각각의 형상에 맞는 Geometrical Set으로 요소들을 이동시켜 주어야 합니다. 작업하면서 즉각적으로 각 요소에 맞게 'Define in Work Object'를 원하는 Geometrical Set에 걸어 작업을 할 수도 있습니다. 그러나 항상 이렇게 Define을 걸며 작업을 하기가 쉬운 것은 아닐 수도 있습니다. 따라서 어떤 경우에는 메인 Part에 작업을 모두 해 놓고 작업이 완료된 후 이것을 각 하위 Geometrical Set으로 옮기는 경우도 있습니다. 이렇게 작업을 할 때는 우선 이동하고자 하는 요소들을 CTRL Key를 이용하여 복수 선택합니다. 그리고 Contextual Menu(MB3 버튼)를 열어 가장 아래 보이는 Selected object로 이동해 그 안에 Change Geometrical Set을 이용하여 형상 요소들을 원하는 Geometrical Set으로 이동시킵니다.

Change Geometrical Set을 선택하면 질문 창이 나타날 것입니다. 여기서 옮기고자 하는 Geometrical Set을 선택해 줍니다. 그럼 다음과 같은 창이 나타납니다. 여기서 'Yes'를 선택하면 지정한 Geometrical Set 다음에 정렬이 되는 것이고, 'No'를 선택하면 지정한 Geometrical Set의 안으로 대상을 이동시키게 합니다.

Change Geometrical Set 명령은 Geometrical Set 자체를 이동시키는 데에도 사용할 수 있으며 복수 선택으로 대상을 한 번에 이동시킬 수 있습니다. 복수 선택은 CTRL Key를 누르고 대상을 선택하면 됩니다. 이러한 방법을 사용하여 원하는 Geometrical Set을 작업하는 중간에 구성할 수 있습니다.

다음으로 이렇게 생성된 Geometrical Set 요소들을 재정렬하는 방법을 소개합니다. Geometrical Set의 Contextual Menu(MB3 버튼)에 들어가 가장 아래 있는 Geometrical Set. X object ⇨ Reorder children이 보일 것입니다. 이것을 선택하게 되면 현재 선택한 Geometrical Set 안에 있는 형상 요소 및 Geometrical Set 들의 순서를 정렬할 수 있습니다.

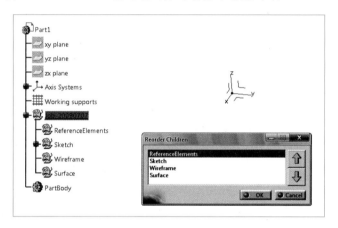

■ Geometric Set 삭제하기

Geometrical Set을 삭제하고자 Delete Key를 누르면 그 안에 들어있던 모든 성분 역시 모두 사라지게 됩니다.

만약에 Geometrical Set만 지우고 내부 구성 요소는 보존하고자 할 때는 어떻게 해야 할까요?

이런 경우라면 다음과 같이 제거하고자 하는 하위 Geometrical Set의 Contextual Menu의 Geometrical Set. X object ⇨ Remove Geometrical Set을 선택해 줍니다. 그러면 Geometrical Set만 삭제가 되고 그 안에 들어있던 요소들은 상위 Geometrical Set으로 옮겨집니다.

A. Insert

- Body

Description

- CATIA에서 하나의 Part 도큐먼트의 Solid 형상을 구분하는 기준
- 하나의 Part 도큐먼트엔 반드시 한 개 이상의 Part 도큐먼트가 필요
- CATIA에서 Part 도큐먼트를 실행하였을 때 다음과 같이 이미 하나의 Body가 정의된 것을 Spec Tree 구조를 통해 확인 가능(PartBody는 하나의 Part 도큐먼트에서 기준이 되는 Main Body)

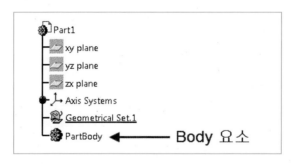

- Multi Body를 이용한 Boolean Operation을 위해 이러한 Body를 추가해 주고자 할 경우에 사용
- Body 명령을 실행하면 다음과 같이 Spec Tree에 Body가 추가됨

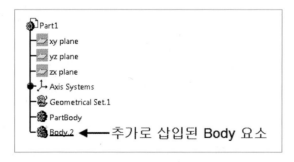

- Part Design 등과 같은 Solid 기반 Workbench에서 사용(Surface 모델링에서는 Body를 거의 사용하지 않음)

■ Geometrical Set

Description

- 앞서 설명한대로 CATIA Surface 모델링에서 Wireframe 및 Surface 형상 요소에 대해 정렬 및 구분을 짓기 위한 꾸러미 도구로 Surface Design을 수행하는 데 있어 기본 틀이 되는 명령
- Sketch, Wireframe, Surface, Reference Elements 등에 대해서 Geometrical Set 안으로 정렬하여 그룹처럼 지정할 수 있음
- 단순히 Workbench 상에서 형상을 만들어 결과를 얻으려는 것이 아닌 데이터 관리 및 수정 등을 고려한 체계적인 모델링을 수행하고자 할 경우에 반드시 짜임새 있는 Geometrical Set Tree 구조부터 구성할 수 있어야 함
- Geometrical Set은 작업 순서에 상관없이 대상들을 정렬할 수 있음

■ Ordered Geometrical Set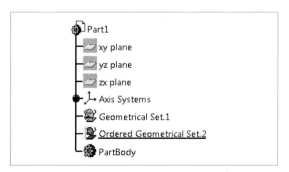

Description

- Geometrical Set과 마찬가지로 Wireframe 및 Surface 요소들에 대해서 정렬 및 데이터 관리를 위한 꾸러미 기능을 하는 명령으로 Geometrical Set과 달리 정렬한 대상들에 대해서 작업 순서에 대한 영향을 받음

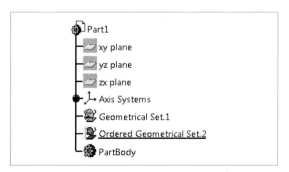

- Body안에 삽입될 수 있으며 Defined in work object에 영향을 받음

B. Wireframe

1. Points Sub Toolbar

■ Point

Description

· 3차원 상에서 Point를 생성하는 명령
· 평면이 아닌 3차원 상에 Point를 생성하는 명령으로써 다양한 방식으로 정의 가능

▶ Coordinates

· 가장 단순한 형태로 Point의 위치를 각각 X, Y, Z 방향의 좌표 값을 정의하여 Point를 생성
· Reference에 입력한 위치를 기준(포인트 또는 Axis)으로 입력되며 하단에 별도로 입력하지 않으면 원점을 기준으로 정의

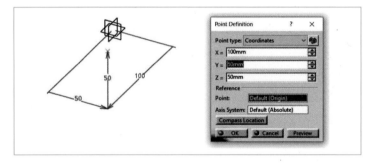

▶ On Curve

· 곡선이나 직선 요소 위에 놓인 Point를 생성하고자 할 경우에 사용

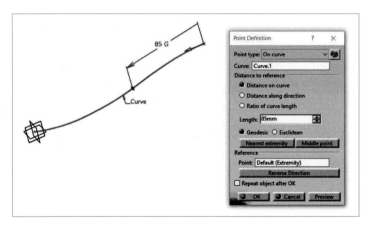

▶ Distance to reference

- 시작 위치를 기준으로 Curve 위의 위치를 지정하는 방식
- Distance on Curve : Curve 상의 실제 길이 기준으로 정의
- Distance along Direction : 지정한 방향으로의 길이를 기준으로 정의
- Ratio of Curve length : Curve 전체 길이를 1로 보고 그 비율로 정의

▶ Middle Point

- Curve의 정 중앙에 Point를 생성

▶ Reference

- 현재 선택한 Curve 위에 있는 임의의 Point를 선택하여 이것을 기준으로 시작점의 위치 변경
- Reverse Direction을 클릭하여 포인트 생성 방향 변경

▶ On plane

- 평면상에 Point를 만들고자 할 경우에 사용하는 Type
- 평면을 선택하면 그 평면상에서 Part의 원점을 지준으로 H, V 두 방향으로 값을 입력

▶ On Surface

- 곡면 위에 Point를 생성하는 명령으로 Surface를 선택하고 방향을 지정하여 거리를 입력

▶ Circle/sphere/ellipse center

- 3차원 형상 중에 일정한 곡률을 가진 부분이면 원이나 호, 타원 형상의 중점 위치에 Point를 생성

▶ Tangent on Curve

- 임의의 Curve에 대해서 선택한 방향으로 Tangent 한 위치에 Point를 만들어 주는 방식
- Curve를 선택하고 임의의 방향을 직선 또는 축으로 방향을 잡아 주게 되면 Tangent 한 부분에 대해서 Point가 생성
- Tangent 한 부분이 없다면 만들어지지 않음

▶ Between

- 선택한 점과 점 사이에 이등분 하는 지점에 Point를 생성해 주는 방식

■ Point & Planes Repetition

Description

• 선택한 Curve 요소에 일정한 간격으로 점(Point)과 평면(Plane)을 생성하는 명령

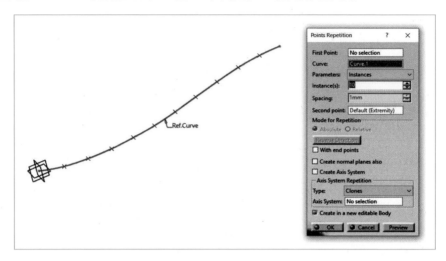

• Instance : 만들고자 하는 Point의 수를 입력
• With end points : Curve의 끝점을 포함해서 Point를 만들 것인지를 선택
• Create normal planes also : 현재 Point가 만들어지는 지점에 Curve에 수직한 평면을 함께 생성
• Create Axis system : 현재 Point가 만들어지는 지점에 Axis를 생성
• Create in a new editable body : Point들을 새로운 Geometrical Set에 삽입되어 생성하는 Option

■ Extremum

Description

• 선택한 형상 요소를 지정한 방향으로의 극 값, 즉, 최대(Maximum) 또는 최소(Minimum) 거리의 값을 찾아 해당 지점을 형상 요소(Point, Edge, Face 등)로 만들어 주는 명령

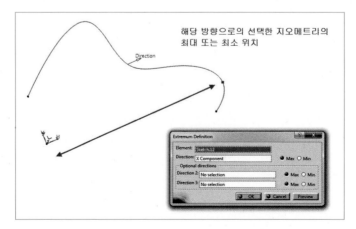

- Element: 극값을 정의할 대상을 선택
- Direction: 선택한 대상과 최대 또는 최소 거리를 측정할 기준 방향을 선택. 직접 기준 요소를 선택할 수 있으며 또는 Contextual Menu에서 지정할 수 있음
- Max/Min: 극값을 최대로 할지 최소로 할지를 선택
- Optional Directions: 앞서 지정한 방향 성분 외에 추가적인 방향 성분을 두 개 더 지정 가능

■ ExtremumPolar

Description

- 앞서 Extremum 을 생성하는 명령과 동일한 결과 형상을 만들어 내는 명령
- 극값의 정의로 입력하는 정보가 원점, 평면에서의 반경과 각도 성분

- 극값을 생성하는 Type에는 Min radius와 Max radius, Min angle와 Max angle이 있음

2. LinesAxisPolyLine Sub Toolbar

■ Line

Description

- 3차원 상에서 Line 요소를 그리는 명령으로 6가지 Type으로 정의 가능

▶ Point-Point

- 선택한 두 개의 점과 점 사이를 잇는 Line을 생성하는 방식
- 미리 두 개의 Point 또는 형상의 꼭지점을 활용하여 사용하거나 Stacking Command로도 정의 가능

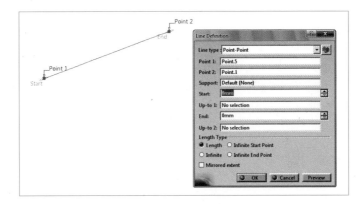

▶ Point-Direction

• 하나의 시작점(Point)과 선이 만들어질 방향(Direction)을 선택하고 그 길이 값을 입력하여 Line을 정의

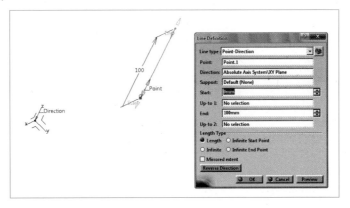

▶ Angle/Normal to Curve

• 선택한 Curve 또는 모서리에 대해서 Support를 기준으로 각도를 입력받아 Line을 그리는 방법
• Curve와 Support를 반드시 입력해 주어야 하며 입력 후 각도와 길이를 입력
• Geometry on support Option을 체크하면 선택한 Support위를 지나는 곡선의 정의가 가능

▶ Tangent to Curve

- Curve에 접하게 직선을 그리는 방법으로 두 개의 Curve를 순차적으로 Curve와 Element 2에 선택

▶ Normal to Surface

- Surface에 대해서 수직인 직선을 그리는 명령으로 선택한 Surface로 임의의 Point에서 수직한 직선을 생성

▶ Bisecting

- 이등분선을 그리는 명령으로 두 개의 Line에 대해서 이 사이를 지나는 Line을 생성

■ Axis

Description

- 3차원 공간에 Axis 요소를 생성하는 명령
- Axis를 만들기 위해 선택 가능한 요소

  - 원이나 원의 일부가 잘려나간 호 형상
  - 타원이나 타원의 일부가 잘려나간 형상
  - 회전으로 만든 Surface 형상

▶ Aligned with reference direction

선택한 요소와 평행한 방향으로 Axis를 만드는 방식

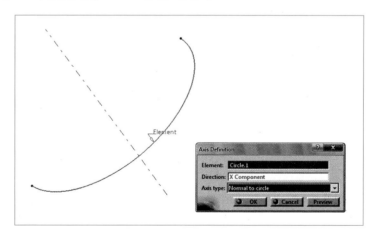

▶ Normal to reference direction

선택한 기준 방향에 대해서 수직하게 Axis를 생성

▶ Normal to circle

선택한 Element에 대해서 수직하게 Axis를 만드는 방식

■ Polyline

Description

· 여러 개의 절점을 지나는 다각 선을 생성
· 명령을 실행 후 Point 요소들을 순차적으로 하나씩 선택해 주면 그 순서대로 Line으로 이어짐

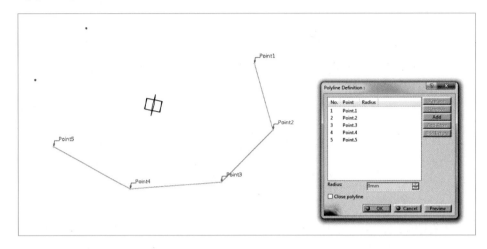

· 선이 이어지는 부분에 Corner를 줄 수 있음
· 'Close Polyline'을 체크하면 시작점과 끝점을 이어 닫힌 형태의 Polyline 정의 가능

■ Plane

Description

· Plane은 작업 평면의 기능이 있어 임의의 위치에 Plane을 만들어 그곳에서 Sketch 작업을 할 수 있으며 Plane을 기준으로 다른 형상을 대칭 시키거나 작업하는 기준 요소로 사용 가능
· 따라서 Plane을 필요에 맞게 상황에 맞게 잘 선택해서 만들 수 있는 능력이 필요
· Plane은 다양한 방식으로 정의 가능

▶ Offset from plane

· 가장 일반적인 Plane 생성 명령으로 기준으로 선택한 평면과 같은 평면을 거리만 띄워서 만드는 방법

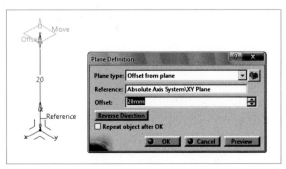

▶ Parallel through point

- 선택한 기준 평면을 임의의 Point의 위치로 평행하게 새 평면을 생성

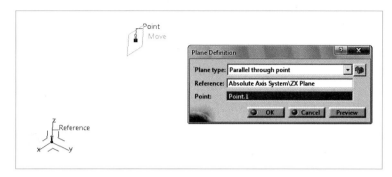

▶ Angle/normal to a plane

- 선택한 기준 평면에 대해서 입력한 각도만큼 기울어진 평면을 생성
- 기준이 될 회전축과 평면을 선택하고 마지막으로 원하는 각도를 입력하면 해당 각도 만큼 기울어진 평면이 생성

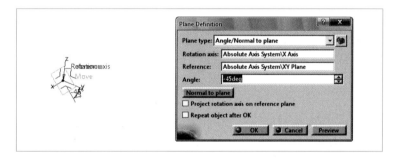

▶ Through three points

- 3개의 Point를 선택하여 평면을 정의

▶ Through two lines

- 2개의 Line 요소를 선택하여 평면을 정의

▶ Through point and line

- 평면을 지나는 직선 하나와 점 하나를 사용하여 평면을 만드는 방법

▶ Through planar Curve

- Curve가 하나의 평면상에서 그려진 경우라면 이 Curve를 이용하여 평면을 정의

▶ Normal to Curve

- 선택한 Curve에 대해서 수직인 평면을 만드는 명령으로 곡선이나 직선에 대해서 그 선의 수직 방향으로 평면을 생성

- Curve 요소를 선택하면 평면이 중앙에 만들어지고 마지막으로 선의 점(Vertex)을 선택해 주면 그 곳에 평면이 생성
- Sweep이나 Multi-section 형상을 만드는 데 많이 사용되는 평면 생성 방식

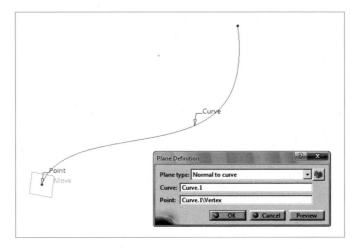

▶ Tangent to Surface

- Surface 면에 대해서 접하는 평면을 만드는 방법

▶ Equation

- 이 방법은 다음과 같은 수식의 상수 값을 이용하여 평면을 만드는 방법

▶ Mean through points

- 3개 이상의 점을 이용하여 평면을 만드는 방법

3. Projection-Combine Sub Toolbar

■ Projection

Description
• Projection 명령은 곡면에 Sketch나 Wireframe 요소를 투영시키는 명령
• 곡면 위에 놓인 Curve를 만들거나 곡면을 자르기 위해 그 위에 놓여진 Curve를 만들 때 사용

- Projection Type

  ▶ Normal

  - Surface 면에 대해서 수직하게 투영
  - Surface의 면을 따라 수직하게 Curve가 투영

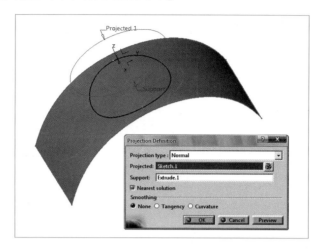

  ▶ Along a direction

  - 투영시킬 요소를 선택한 임의의 방향으로 Surface에 투영
  - 이 Type은 Definition 창에서 반드시 Direction을 지정해 주어야 하며, Direction으로 선택할 수 있는 요소는 Axis나 Line, 형상의 직선형 모서리(Edge) 등이 가능

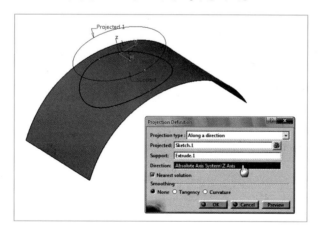

  ▶ Projected

  - 투영시키고자 하는 대상으로 Sketch나 Wireframe 또는 Point 요소를 선택 가능
  - 복수 선택이 가능하며 선택한 요소를 Surface로 투영

  ▶ Support

  - 투영될 Surface 면으로 일반적인 곡면은 모두 선택 가능

▶ Nearest solution

- 투영될 Surface에 Wireframe 요소가 여러 번에 걸쳐서 만들어질 때(Multi Result가 발생하는 경우) 가장 Wireframe 요소와 가장 가까운 부분에만 투영되는 형상을 만들게 하는 Option

▶ Smoothing

- 투영되는 요소가 Surface에 부드럽게 투영되도록 하는 Option

■ Combine

Description

- 두 개의 Wireframe요소에 대해서 이 두 개의 곡선의 각 방향에서의 형상을 모두 가지는 한 개의 요소를 생성
- 두 방향의 Wireframe이 가지는 단면 형상이 교차하여 나타나는 모양을 생성
- 입력하는 두 Wireframe 요소가 교차하지 않으면 결과물은 만들어지지 않음

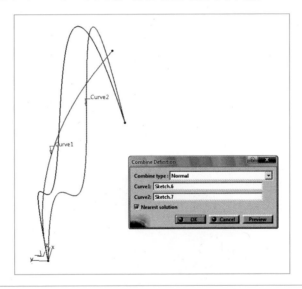

■ Reflect line

Description

- 선택한 Surface에 대해서 임의의 기준점으로 부터 선택한 방향으로 일정한 각도를 가지는 점들을 이어 Curve를 만드는 명령

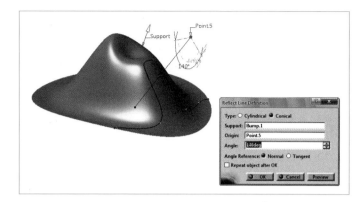

- Type : Cylindrical 또는 Conical로 Reflect line Type을 선택 가능
- Support : 기준이 되는 Surface를 선택
- Direction : Reflect Line을 만들기 위한 기준 방향으로 임의의 Line 요소나 축 요소를 사용. 이렇게 선택한 방향을 기준으로 각도를 입력하게 되며, Cylindrical로 Type을 선택한 경우에는 Direction 값을 지정해 주어야 함
- Origin : Reflect Line을 만들기 위한 기준점으로 이렇게 선택한 방향을 기준으로 각도를 입력. Conical로 Type을 선택할 경우 기준점을 지정
- Angle : Direction에 대해서 각도를 입력
- Angle Reference : Reflect Line에서 각도를 계산하는 방식을 정의. Normal과 Tangent가 있음

■ Intersection

Description

- 형상과 형상 사이에 교차하는 결과를 형상 요소로 만들어 주는 명령
- Wireframe과 Wireframe이 교차하면 그 교차하는 부분에 Point가 만들어지고 Surface와 Surface가 교차하면 Wireframe이 만들어지는 것

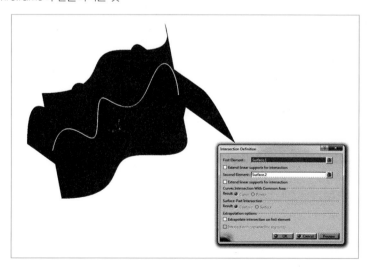

- 서로 교차하지 않는 대상들에 이 명령을 사용하면 아무런 의미가 없으므로 대상들이 교차하는지의 여부를 먼저 파악해야 함

■ Silhouette

Description

- 선택한 3차원 형상을 지정한 기준면과 방향에 대해 투영한 결과물을 Wireframe으로 만들어 주는 명령
- 여기서 작업자는 Support에 투영하고자 하는 대상을(3차원 곡면 또는 Solid) 선택하고 방향과 투영면을 선택

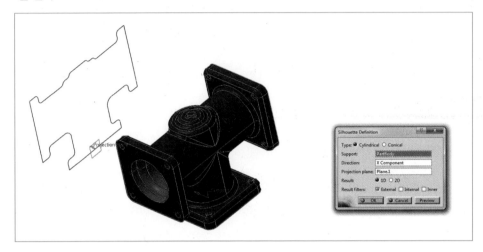

- 형상을 투영할 때 형상에 따라 External, Internal, Inner를 선택하여 그 결과 값을 조절할 수 있으며, 불필요한 형상이 포함될 경우 Multi-Result Management(MRM)를 해주어야 함

4. Curve Offsets Sub Toolbar

■ Parallel Curve

Description

- Surface 위의 놓인 Curve나 Surface의 모서리(Edge)를 Surface면 위를 따라 평행하게 이동시켜 Curve를 만들어 주는 명령
- Curve는 반드시 Surface 위에 있어야 사용 가능

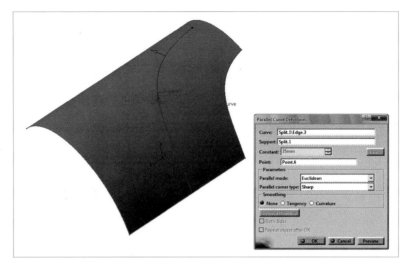

- Curve : 만들고자 하는 Curve의 기준이 되는 Surface 위의 Curve나 Sketch 또는 모서리(Edge)를 선택
- Support : Curve가 지나갈 Surface를 선택
- Constant : 기준이 되는 Curve와 거리 값을 입력
- Point : Parallel Curve가 만들어질 위치를 거리로 지정하지 않고 Point를 선택하여 지정. Parallel Curve 가 만들어질 위치를 Point로 지정하면 Constant 값은 쓸 수 없음
- Parameter : Parallel Curve를 만드는 Mode로 Euclidean과 Geodesic Mode가 있음
- Smoothing : Parallel Curve를 만들 때 부드럽게 만들어 주는 역할을 수행

■ Rolling Offset

Description

- 선택한 커브 요소에 대해서 일정한 Offset 간격을 가지는 Contour를 생성하는 명령
- 곡면 위에 놓인 커브 요소에 대해서도 Support를 지정하여 적용 가능
- 닫혀있는 폐곡선을 선택할 경우 Multi-Result가 발생하므로 유의하여 사용

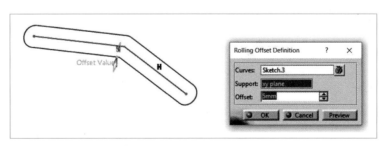

3D Curve Offset

Description

- 3차원 상에서 Wireframe이나 Sketch 요소를 Offset하는 명령
- 선택한 방향에 따라 Offset 할 수 있으며 Curve와 평행한 방향으로는 만들 수 없음

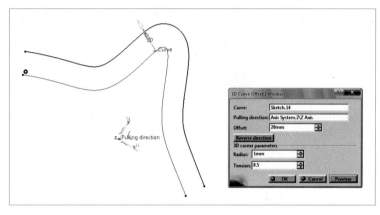

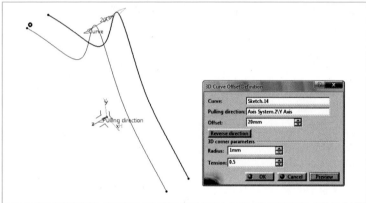

- Curve : Offset 하고자 하는 Curve나 Sketch를 선택
- Pulling direction : Offset 하고자 하는 방향을 선택. Contextual Menu를 사용하거나 실제 형상에서 원하는 방향을 가리키는 선 요소를 선택 가능
- Offset : Offset 하고자 하는 거리를 입력
- 3D corner parameters : Offset하는 과정에서 형상이 가진 곡률 반경 등의 이유로 결과에 Error가 생기지 않도록 'Radius'와 'Tension' 값을 정의

5. Circles-Conic Sub Toolbar

■ Circle

Description

• 3차원 상에서 원이나 호를 만드는 명령

▶ Center and radius

- 원을 구성하기 위해 원의 중심점(Center)과 기준 면(Support), 그리고 반경 값(radius)을 선택
- 여기서 Circle Limitations를 사용하여 결과물을 완전한 형태의 원(Circle)으로 만들 것인지 또는 호(Arc)를 만들 것인지를 선택 가능

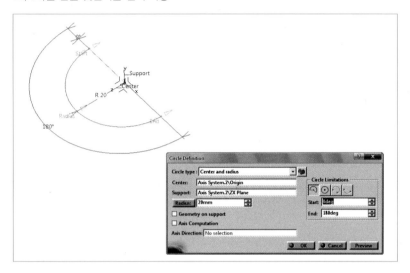

- 또한 여기서 Axis Computation을 체크하면 원의 중심에 Axis 생성 가능

▶ Center and point

- 원을 구성하기 위해 원의 중심점(Center)과 원을 지나는 Point(Point), 기준면(Support)을 선택

▶ Two point and radius

- 원을 지나는 두 개의 점과 반경(radius), 기준면(Support)을 입력하면 이 두 점을 지나는 원을 생성
- 원의 반경과 그 원을 지나는 두 개의 점을 정의할 경우 만들어질 수 있는 원은 두 가지 경우로 이 Type으로 원을 만들 때 Definition 창의 Next solution 버튼을 이용하여 원하는 원을 선택할 수 있음

▶ Three points

- 원을 지나는 3개의 Point를 선택하여 원을 생성
- 부가적으로 Geometry on support를 사용하여 곡면 위에 놓인 원으로 생성 가능

▶ Center and Axis

- 원의 중심축(Axis/line)과 Point(Point), 그리고 반경(radius)을 이용하여 원을 정의
- Project point on Axis/line이 체크되어 있으면 Axis의 선상으로 Point가 투영되어 Axis를 기준으로 하는 원이 생성
- Project point on Axis/line이 해체되어 있으면 Point를 기준으로 원이 생성

239

▶ Bitangent and radius

- 두 개의 형상 요소가 있을 때 이 두 가지 형상 요소에 모두 접하는 원을 만들 때 사용
- 반경(Radius) 값 입력 필요

▶ Bitangent and point

- 두 개의 접하는 요소와 그 원을 지나는 Point 하나를 사용하여 원을 생성. 반경 대신 Point를 사용하여 원의 크기를 결정

▶ Tritangent

- 3개의 요소에 대해서 접하는 원을 만들고자 할 때 사용

▶ Center and tangent

- 원의 중심(Center)과 반경(Radius) 그리고 접하는 형상 요소를 사용하여 원을 생성

■ Corner

Description

- 선과 선 요소 사이에 뾰족한 부분(Vertex)을 라운드 처리해 주는 명령

- Corner Type

▶ Corner on support

- 같은 평면상에서의 임의의 반경(Radius)으로 Corner를 할 때 사용
- Corner 주고자 하는 두 개의 요소를 각각 Element 1과 Element 2에 선택하고 Corner 반경 값을 입력

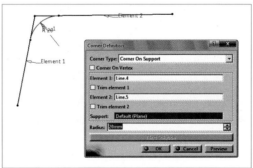

- Trim Element를 사용하면 접하는 위치에서 Element에 Trim을 수행
- Corner 결과가 다양한 방향으로 나올 경우 아래와 같이 Next Solution이 활성화되면서 원하는 위치의 Corner를 선택

▶ 3D Corner

- 3D Corner는 같은 평면상의 Element를 사용하지 않은 경우에 사용하며 다른 기능은 Corner on support와 동일

■ Connect Curve

Description

- Curve와 Curve 사이를 연결하는 명령

- Connect Type

  ▶ Normal

  - 두 개의 Curve 요소 각각을 연결하는 기본적인 방식으로 각 Curve의 연결하고자 하는 위치의 끝점(Vertex)을 선택
  - 여기서 각 Curve에는 방향을 나타내는 화살표가 보이게 되는데 원하는 형상에 맞게 이 화살표를 클릭하거나 Reverse Direction을 이용하여 방향을 조절
  - 또한, 각 Curve마다 연결해 줄 때 연속성(Continuity)을 조절할 수 있는데 Point, Tangency, Curvature로 설정 가능하며 Type에 따라 Tension 값 정의가 가능
  - 'Tension'이란 장력, 긴장을 의미하는 단어로 여기서는 각 Curve의 연속성에 따른 영향력 정도로 각 Curve의 Tension 값이 클수록 연속성에 따른 영향력을 크게 Connect Curve를 생성

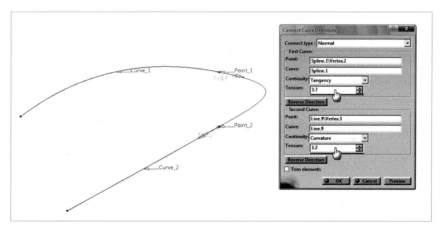

  ▶ Base Curve

  - 이 Option은 기준이 되는 Curve를 사용하여 두 개의 Curve를 연결하는 방법
  - 기준이 되는 Curve를 가지고 여러 개의 형상을 만드는 경우라서 따로 연속성이나 Tension 값을 정의하지는 않음
  - Base Curve의 형상에 맞추어 Connect Curve가 만들어지기 때문에 이를 잘 선택해야 하며 여러 개의 – Connect Curve들을 하나의 기준이 되는 Curve로 기준을 만들고자 할 때 유용

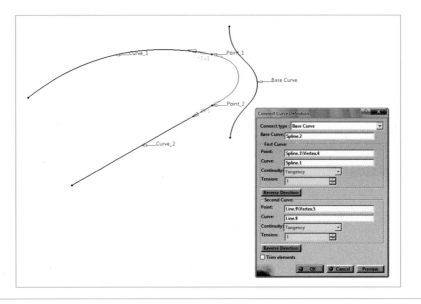

- Conic

Description

· 3차원 상에 conic 형상을 만드는 명령으로 다음과 같은 조건으로 형상을 정의

Two points, start and end tangents, and a parameter
Two points, start and end tangents, and a passing point
Two points, a tangent intersection point, and a parameter
Two points, a tangent intersection point, and a passing point
Four points and a tangent
Five points

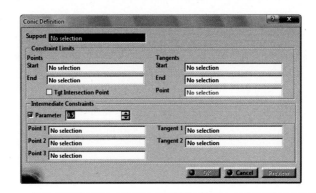

6. Curves Sub Toolbar

■ Spline

Description

- 3차원 상의 Point들을 이용하여 Curve를 만드는 명령
- Point는 실제의 3차원상의 Point 또는 형상의 Vertex 등을 사용할 가능(Sketcher에서의 Spline 기능과 유사)

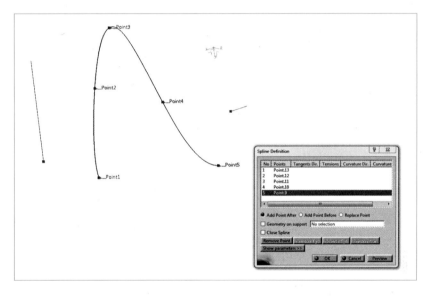

- 'Close Spline' Option을 체크하면 Spline의 시작점과 끝점을 부드럽게 이어 완전히 닫힌 Spline 생성 가능
- 각각의 Point에는 그 지점에서 그 점을 지나는 Curve와 접하는 방향(Tangent Dir.)을 정의 가능
- 또한 'Geometry on support' 기능을 사용하여 곡면 위를 지나는 Spline정의 가능

■ Helix

Description

- 용수철과 같이 회전하면서 축을 따라 올라오는 형상을 그리는데 사용하는 명령
- Helix 형상을 만드는데 필요한 요소는 회전의 반경, 즉 지름 둘레 상의 시작 점Starting Point)과 회전축이 되는 Axis임

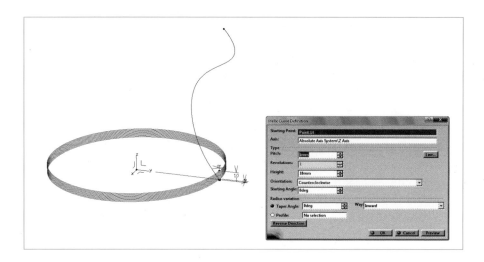

▶ Type

- 이제 다음으로 할 일은 Helix의 Pitch와 전체 높이를 입력해 주는 것으로 Pitch란 Helix가 한번 회전해서 같은 위치에 올 때까지 올라간 높이를 의미

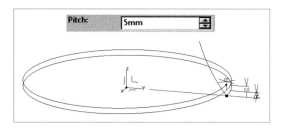

- Height에서는 전체 Helix 형상의 높이를 정의

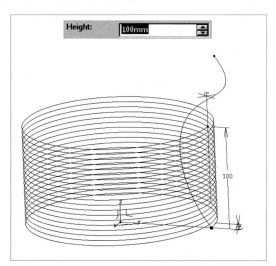

- Orientation에서는 Helix의 회전 방향을 잡아 줄 수 있으며 시계 방향(Clockwise) 또는 시계 반대 방향(Counterclockwise)으로 설정 가능

- Starting Angle은 Starting Point에서 입력한 각도만큼 떨어져 시작 위치를 잡을 수 있는 Option

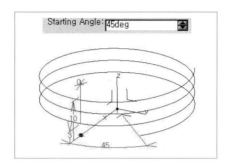

▶ Radius variation

- Taper angle을 사용하면 Helix를 수직이 아닌 경사각을 주어 정의 가능
- Inward로 way를 정하면 안쪽으로 기울어진 Helix가 만들어지고 Outward로 하면 바깥 방향으로 기울어진 Helix가 만들어짐

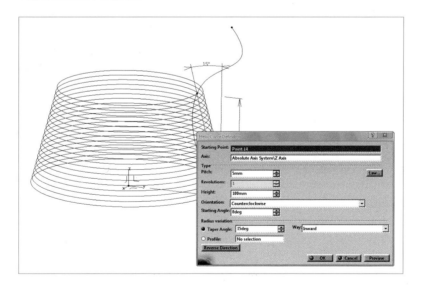

- Profile은 우리가 Helix가 만들어지는 옆 실루엣 모양을 그려주고 이 Profile을 따라 Helix가 만들어 지게 하는 방법
- 이 Profile의 끝 점은 반드시 Starting Point를 지나야 한다는 것을 명심해야 함

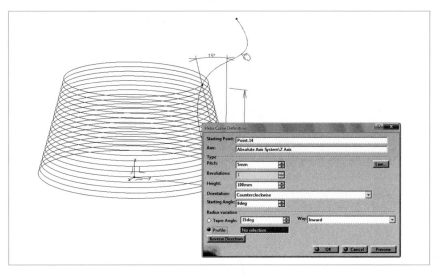

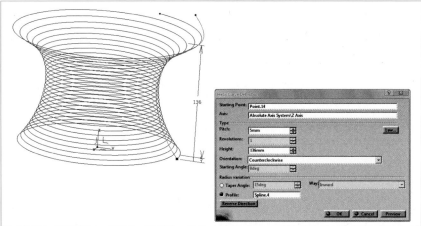

■ Spiral

Description

- 시계태엽에 사용하는 스프링처럼 기준면을 중심으로 반경 방향으로 회전하면서 반경이 커지는 커브 형상을 그리는 명령
- Spiral을 만들기 위해 가장 먼저 입력해 주어야 할 값은 기준면(Support)과 중심점(Center point) 그리고 기준 방향(Reference Direction)으로, 이 3가지 값이 입력되면 Default 값으로 미리 보기가 가능

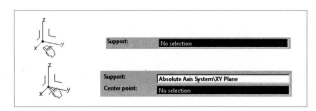

- Start radius는 Spiral의 시작 위치에서의 반경 값으로, 만약 '0'으로 한다면 원점에서 시작

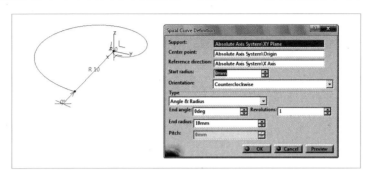

- Orientation은 Spiral의 회전 방향으로 시계 방향(Clockwise)과 시계 반대 방향(Counterclockwise)으로 설정 가능
- Type에는 Angle & radius와 Angle & Pitch, Radius & Pitch가 있으며, 각각의 Type에 따라 입력 값을 다르게 정의 가능

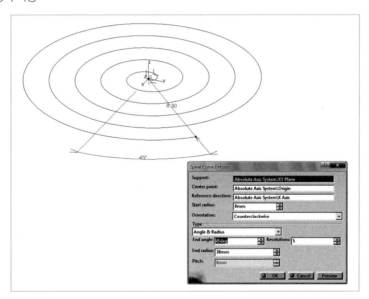

■ Spine

Description

- Spine이란 Guide Curve가 필요한 작업에서 여러 개의 Guide Curve 대신에 하나의 기준선을 사용하여 형상을 만들 때 사용할 수 있는 기준선을 그려주는 명령

- Multi-section Surface/Solid나 Sweep등과 같은 형상을 그려줄 때 사용(일부 형상 중에는 Spine이 없으면 형상이 정의되지 않는 것도 있으므로 주의 필요)
- Spine을 만드는 방법에는 두 가지가 있는데 각 단면 Profile의 평면들을 지나가는 Spine을 만드는 방법 (Section/Plane)과 Guide Curve들을 이용하는 방법(Guide)이 가능

▶ Section/Plane

- 다음과 같이 어떤 형상을 이어가는 Plane들이 있다고 했을 때 이러한 Plane들을 이용하여 Spine을 만들어 줄 수 있음
- Spine을 실행하고 Definition 창에서 Section/Plane 위치에 각 Plane들을 순서대로 선택(순서 유의)

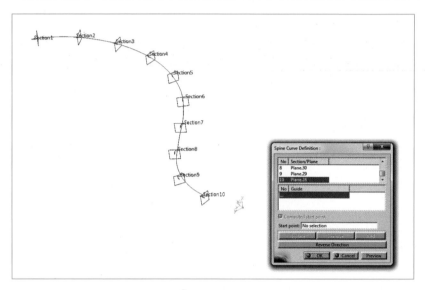

▶ Guide

- Guide를 이용하는 방식은 Spine Definition 창에서 다음과 같은 Guide Curve들을 선택하여 Spine을 만드는 방식

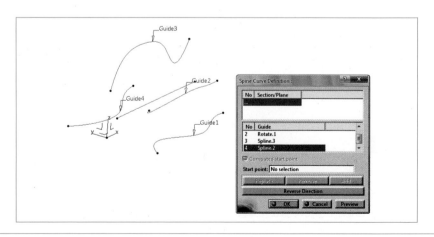

■ Contour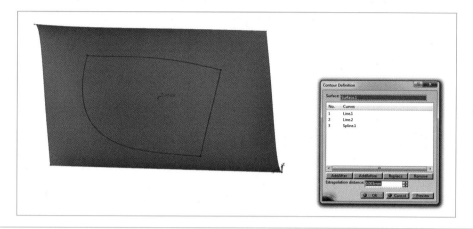

Description

- 곡면 위에 놓인 선 요소들을 이어 닫혀있는 곡선을 만들어 주는 기능

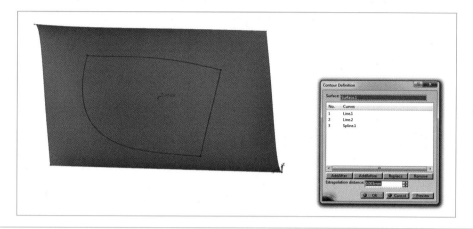

■ Isoparametric Curve

Description

- 선택한 곡면 위에 대해서 그 곡면 위를 지나는 Isoparametric Curve를 만들고자 할 경우에 사용
- Support : Curve가 지나갈 곡면을 선택
- Point : Curve가 위치할 지점을 선택합니다. 미리 Point가 생성되어 있으나 마우스로 임의의 지점을 선택
- Direction : Curve가 만들어질 방향을 선택할 수 있습니다. 따로 방향을 지정하지 않으면 직교하는 두 방향으로 마우스 선택이 가능
- 버튼을 클릭하면 Curve의 방향을 U ⟺ V로 변경 가능

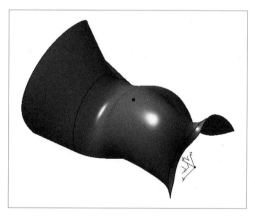

- Isoparametric Curve를 실행하고 곡면을 선택합니다. 그럼 다음과 같이 마우스가 이동하는 지점을 따라 붉은 색으로 Curve가 표시되는 것을 확인

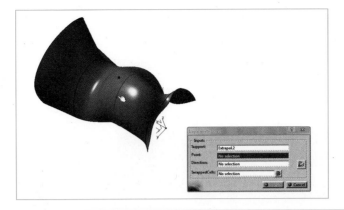

C. Surface

1. Extrude-Revolution Sub Toolbar

■ Extrude

Description

- Profile에 일정한 방향으로 길이 값을 입력하여 Profile 형상이 직선 방향으로 늘어나는 Surface를 생성하는 명령. (Part Design의 Pad와 유사)

  ▶ Profile

  - 닫혀있는 폐곡선이나 열려있는 곡선도 선택 가능

  ▶ Direction

  - Profile이 Sketch인 경우엔 Default로 Sketch에 수직한 방향이 설정되며, 그렇지 않은 경우에는 직접 방향 요소를 선택해 주어야 함

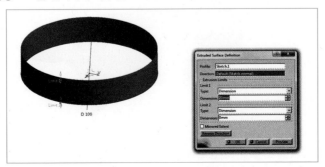

  - 참고로 Point 요소를 Extrude하면 직선 요소 생성도 가능

■ Revolve

Description

• Profile을 회전축을 중심으로 회전하여 Surface 형상을 만드는 명령(Pard Design의 Shaft와 유사)
• Profile과 Revolution Axis를 먼저 선택해 준 후, 각도를 입력하여 완전한 회전체(360도) 또는 일부 각도를 가지는 형상을 생성

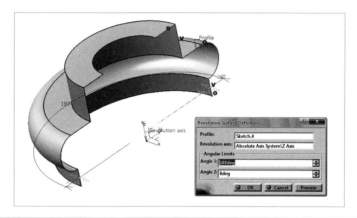

■ Sphere

Description

• 구체를 만드는 명령으로 구의 중심점(Center)을 먼저 선택해 주고 Sphere radius를 입력

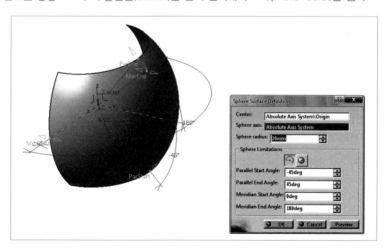

• Sphere Limitation에서는 구의 각을 조절하여 완전한 구 또는 일부만을 만들 수 있으며, 완전한 구를 만들고자 한다면 ○ 을 선택

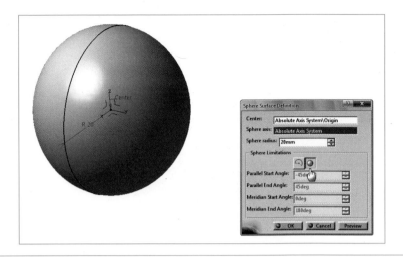

■ Cylinder

Description

• 손쉽게 원통 형상을 만드는 명령으로 중심점(Point)과 방향(Direction)을 선택한 후 반지름(Radius)을 입력하여 원통 형상을 생성

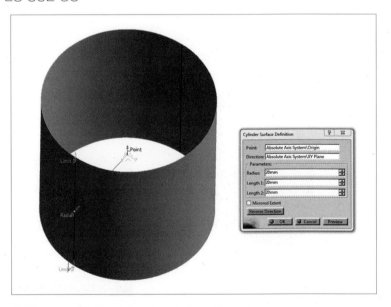

• 'Length 1'과 'Length 2'를 입력하여 원통의 길이를 조절

2. Offset Sub Toolbar

■ Offset

Description

- 선택한 Surface를 일정한 거리를 Offset하여 새로운 Surface를 만드는 명령
- Offset 하고자 하는 Surface를 선택하고 Offset 수치 값을 입력

- 화면에 나타나는 붉은색 화살표 방향대로 곡면이 만들어지며 이 화살표를 클릭하거나 Definition 창에서
  - Reverse Direction을 이용하여 Offset되는 방향 변경 가능
- 'Both sides'를 체크하면 Surface를 기준으로 양쪽 방향으로 Offset 생성

■ Variable Offset

Description

- 여러 개의 Sub Element로 이루어진 Surface에 대해서 일정한 값으로 동일하게 Offset 하는 것이 아닌
  각 Sub Element(Domain Surface) 마다 Offset 값이 변화하는 Offset을 수행하는 명령
- Variable Offset을 사용하려면 선택한 Surface 요소는 여러 개의 Sub Element로 나누어져 있어야만 가능
- 즉, 다음과 같은 하나의 Domain으로 이루어진 Surface는 Variable Offset을 사용 불가
- Global Surface : 전체 Surface 형상을 선택
- Sub-Partto Offset : 여기서는 위의 Global Surface를 구성하는 Sub Element를 차례대로 선택

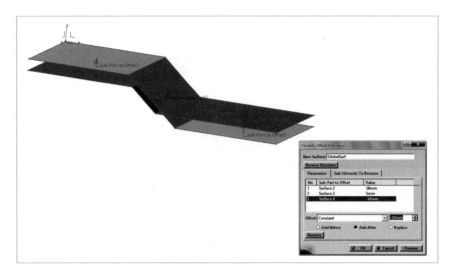

- Offset 값을 Constant에서 Variable로 변경하면 Variable인 Surface의 경우 양쪽 Surface의 Offset 값에 절충하여 형상이 변경

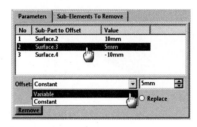

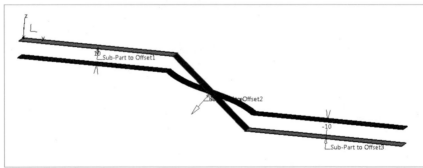

■ Rough Offset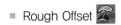

Description

- Rough Offset은 원래의 Surface를 대변형하여 Offset하는 명령(통상 Offset 범위 이상)
- 복합한 형상의 면들을 단순화시킬 수 있는 장점도 있음

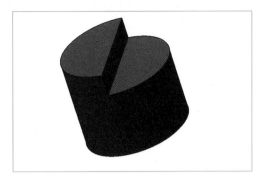

- Rough Offset을 실행시키고 Surface를 선택해 주고 Offset 하고자 하는 값을 입력

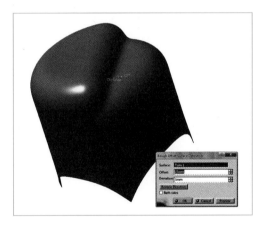

- Deviation은 1mm부터 정의 가능

■ Mid Surface

Description

- 형상이 가진 중립면(Neutral Face)을 생성해 주는 기능 수행
- 일반적으로 Solid 형상의 중립면을 사용하여 FEM이나 판재 모델링과 같이 일정한 두께를 적용하는 대상의 설계에 활용
- Creation Mode : Face Pair, Face To Offset, Automatic
- Face Pair로 할 경우 서로 짝이 되는 면을 맞춰 주어 중립면을 생성

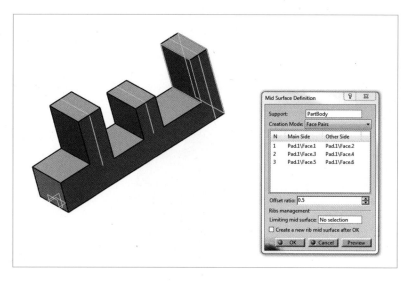

• 아직 가변 두께를 가지는 형상에 대해서 중립면 정의가 불가능

3. Sweeps Sub Toolbar

■ Sweep

Description

• Sweep은 단면과 가이드 커브 등에 의해서 다양한 조건으로 곡면 정의가 가능한 명령으로 Profile 정의 방식에 따라 4가지 방식을 가지며 각각에 Sub Type을 통한 추가 조합이 가능
• Sweep Definition 창 기본 구조

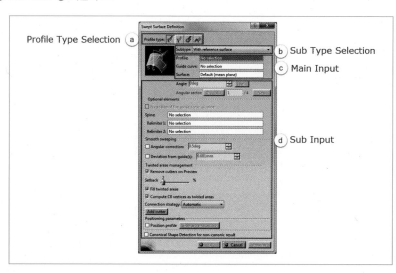

1) Profile Type: Explicit

- 한 개 또는 두 개의 Guide를 따라 Profile 형상이 지나가면서 Surface를 형상을 만들 때 사용
- Explicit이라는 단어에서 알 수 있듯이 Profile 형상을 임의로 정의할 수 있기 때문에 다양한 형상에 대해서 Sweep 생성이 가능하여 가장 많이 사용되는 Type임

① Sub Type : With reference Surface

- 하나의 Profile과 Guide Curve를 사용하여 Guide Curve를 따라 Profile 형상이 지나가면서 Surface를 생성
- 이 Type으로 형상을 만들기 위해서는 앞서 설명대로 Profile과 Guide Curve가 필요하며 이를 순차적으로 선택

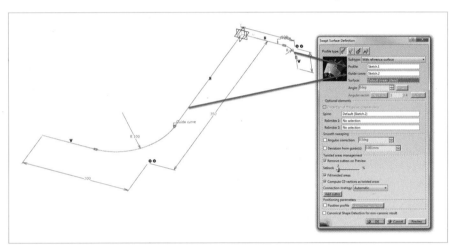

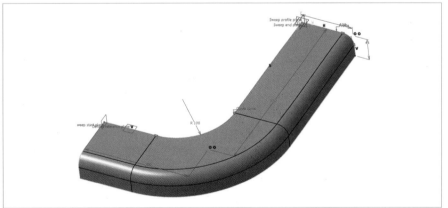

▶ Surface

- 입력란에 부수적인 입력 요소로 Profile이 Guide Curve를 따라 만들어질 때 기준이 되는 면을 선택할 수 있음(Guide Curve가 반드시 해당 곡면 위에 놓여 있어야 함)

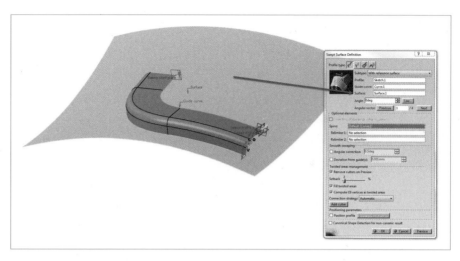

- 또한 Reference Surface가 선택된 경우에는 Angle 입력란이 활성화되어 기준면에 대해서 각도 지정이 가능
- Surface를 선택하지 않는 경우 Default로 mean plane이 지정됨

▶ Law

- Reference Surface가 선택된 경우 다음과 같이 Law 기능을 사용하면 Profile 형상이 가이드 커브를 지나가는 형상을 좀 더 세밀하게 조절해 줄 수 있음
- 기본값은 Constant이지만 Liner 또는 S type, Advanced로 변경이 가능
- Advanced에서는 G.S.D Law 나 Knowledge Law 를 사용하여 만들어준 Law를 Sweep에 적용해 줄 수 있음

② Sub Type : With two Guide Curves

- Profile과 두 개의 Guide Curve를 사용하여 형상을 만드는 방법

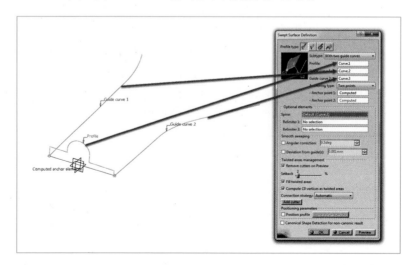

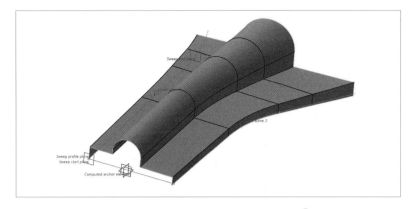

▶ Anchor Point

- 필요한 경우 각 Guide Curve의 Profile쪽 끝점(Vertex)를 선택
- Profile의 끝점과 Guide Curve의 끝점이 일치할 경우 별도 설정 필요 없음(Computed)

▶ Spine

- 두 Guide Curve의 길이나 끝점의 위치가 일치하지 않아 Sweep 곡면이 일부만 생성된 경우 Spine을 정의해 주어야 함
- Spine을 따로 지정해 주지 않으면 Guide Curve 1을 Spine으로 인식
- Spine 입력 칸에서 Contextual Menu ⇨ 'Create Spine'을 선택 ⇨ Guide Tab에서 두 개의 Guide Curve 선택

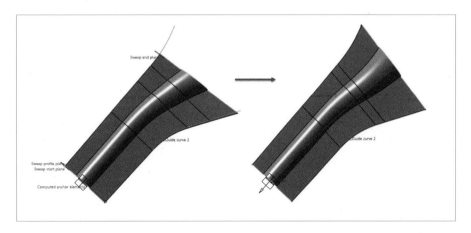

③ Sub Type : With pulling direction

- Profile이 Guide Curve를 따라 지나가면서 형상을 만드는 방법은 위의 Reference Surface와 유사하나 Pulling direction을 지정해 각도를 주어 Profile이 Guide Curve를 따라 지나가면서 기울어지는 형상을 생성

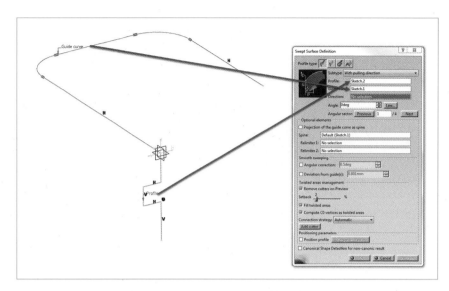

- 여기서 Direction은 Reference Element 또는 임의 직선 요소를 선택해 줄 수 있음

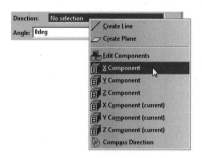

- 그리고 이 Direction에 대한 구배 각도를 입력해 주면 다음과 같이 Sweep 형상이 변경

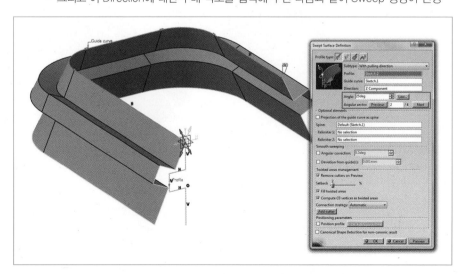

- Angular Sector에서 Previous나 Next로 위와 같은 조건으로 만들어 질 수 있는 Surface 형 상 중에 원하는 것을 선택

2) Type : Implicit Line

- Profile의 형태가 Line인 Sweep Surface를 만드는 방법
- Implicit형으로 따로 Line 형태의 Profile을 그려주지 않고 Guide나 Reference Surface, Direction 등에 의해 결정

① Sub Type : Two limits

- 두 개의 Guide Curve를 사용하여 형상을 만드는 방법

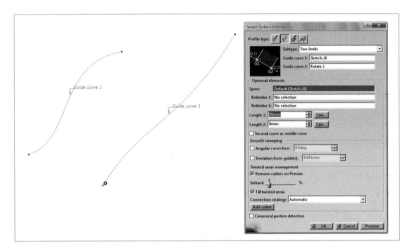

- 형상이 바르게 나오지 않는 경우 Spine 정의 필수

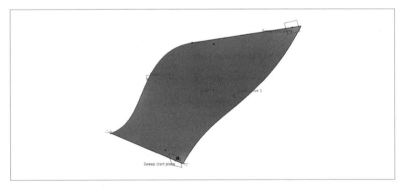

- 'Length.1'과 'Length.2'은 이 두 Guide Curve 바깥으로의 너비 Profile의 너비를 확장하는 길이

② Sub Type : Limit and middle

- 두 개의 Guide Curve 중, 첫 번째 Guide Curve는 경계선 역할을 하고 두 번째 Guide Curve 는 중간 위치의 Guide Curve로 인식하여 형상을 만드는 방식

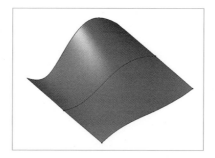

③ Sub Type : With reference Surface

- Guide Curve 하나와 기준이 되는 Reference Surface를 이용하여 형상을 만드는 방식으로 Reference Surface와 이루는 각도를 입력하여 경사각 정의 가능
- Length와 Angle 값을 지정하고 Angular sector에서 원하는 위치의 형상을 선택

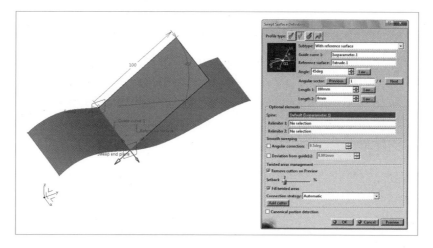

④ Sub Type : With Reference Curve

- Guide Curve 하나와 기준이 되는 Reference Curve를 사용하여 형상을 만드는 방식
- Angle과 Length.1, Length.2 값을 입력하여 형상의 위치와 길이를 조절하며, 원하는 위치의 Surface는 Angular sector에서 선택

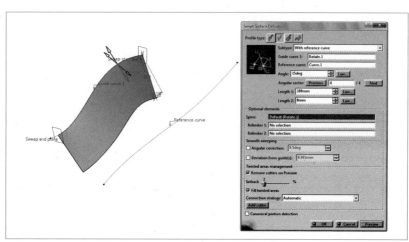

⑤ Sub Type : With Tangency Surface

- 한 개의 Guide Curve와 Tangency Surface를 사용하여 형상을 만드는 방식
- Sweep 형상이 만들어지면 Guide Curve를 기준으로 Surface에 접하게 만들어짐
- Guide Curve에서 Surface로 접하는 지점이 여러 개 존재한다면 이 중에서 Previous나 Next 를 사용하여 원하는 형상을 선택(주황색으로 표시되는 곡면이 생성되는 값)

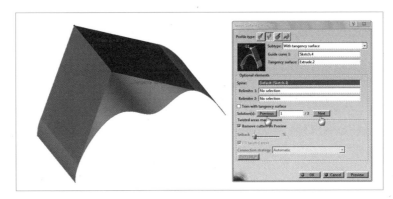

- Trim with Tangency Surface를 체크하면 Sweep으로 만들어진 Surface와 접하는 지점을 기 준으로 Tangency Surface를 절단하여 Sweep Surface와 이어줌

⑥ Sub Type : With draft direction

- Guide Curve를 선택한 Pulling direction을 기준으로 각도를 주어 형상을 생성
- 여기서 Guide Curve에 Sketch로 임의의 형상을 그린 Profile을 사용하여도 됨
- Guide Curve와 Draft Direction 정의가 필요

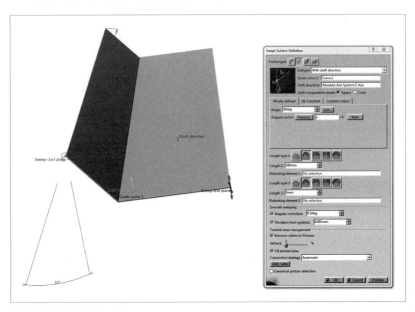

▶ Length Type

- 단순히 수치 값으로 지정하는 방식 외에 Up to Element와 같은 방법 제공

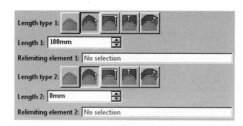

⑦ Sub Type ： With Two Tangency Surfaces

- 이 방법은 두 개의 접하는 Surface를 이용하여 그 접하는 지점을 잇는 형상을 만드는 방법
- 두 Surface를 Tangent 하게 연결하기 위해 경우에 따라 Spine을 필요로 함

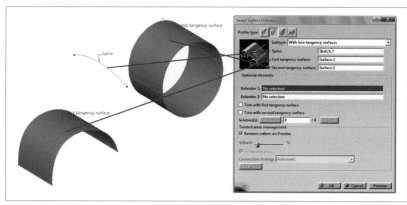

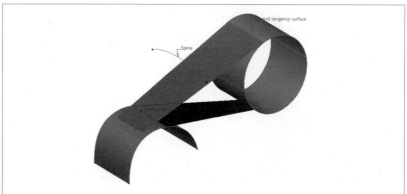

- Trim first/second Tangency Surface를 체크하면 접하는 부분을 기준으로 Tangency Surface를 잘라내어 Sweep으로 만든 Surface와 이어줄 수 있음

3) Type ： Implicit Circle

- Profile의 형태가 원형을 가지는 방식으로 따로 반경 값을 넣어 주거나 Guide나 Tangency한 Surface에 의해 정의

① Sub Type : Three Guides

- 3개의 Guide line에 의해 형상을 만드는 방법. 이 방법으로 만들어진 형상은 단면으로 잘랐을 때 형상이 3개의 Guide line을 지나는 호(Arc) 형상을 가짐
- 필요에 따라 Spine 정의가 필요

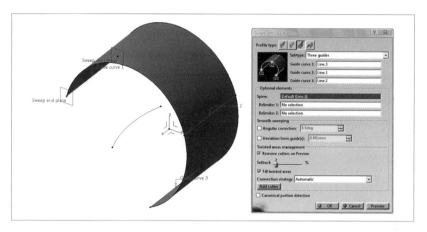

② Sub Type : Two Guides and radius

- 두 개의 Guide Curve와 반경 값(radius)을 입력하여 Sweep 형상을 정의
- 두 개의 Guide Curve를 선택한 후, 반경 값을 입력
- 여러 개의 결과가 만들어 질 수 있는 경우 Solution에서 Previous와 Next를 이용하여 선택

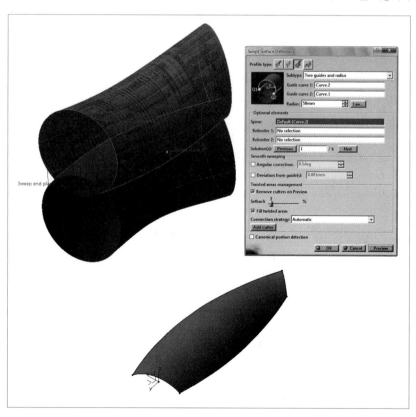

③ Sub Type : Center and two angles

- 단면 원의 중심 지나는 Center Curve와 반경에 해당하는 Reference Curve를 사용하여 형상을 구성하는 방법
- Angle을 정의해 원 또는 호로 정의 가능

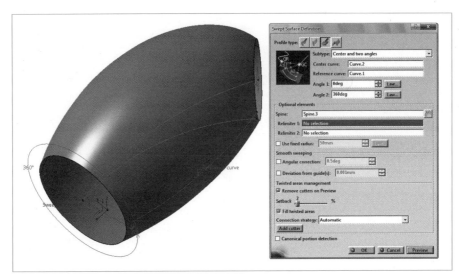

④ Sub Typ e : Center and radius

- 원의 중심을 지나는 Center Curve와 반경 값(Radius)을 이용하여 Sweep 형상을 만드는 방식
- Center Curve를 선택해 주고 반경 값을 입력해 줌

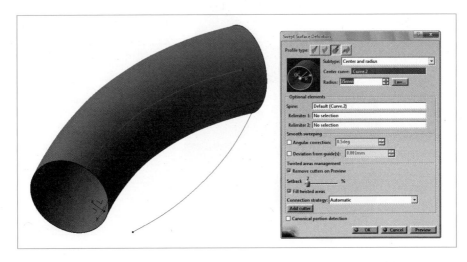

⑤ Sub Type : Two Guides and Tangency Surface

- 두 개의 Guide Curve와 하나의 Tangency Surface를 사용하여 형상을 만든 방법
- 두 개의 Guide Curve 중에 하나는 Tangency Surface의 위에 놓여 Sweep 형상이 접할 위치를 잡아주는 데 사용하는 Curve로 Limit Curve with tangency에 입력
- 다른 하나의 Guide Curve은 Limit Curve에 입력

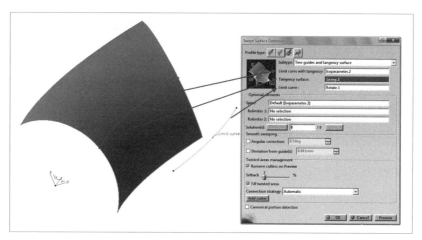

- 선택한 요소가 바르게 또는 계산할 수 있도록 선택이 되면 아래와 같이 미리 보기가 가능하여 원하는 Surface 형상을 선택할 수 있음

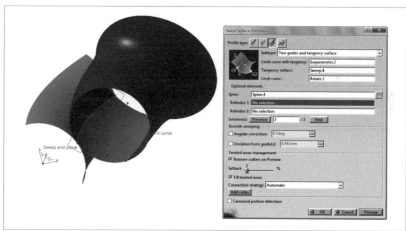

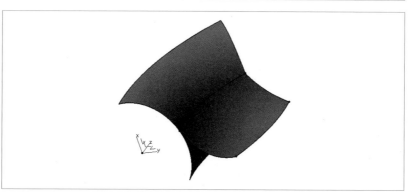

⑥ Sub Type: One Guide and Tangency Surface

- 한 개의 Guide Curve와 Tangency Surface, 그리고 반경(radius)을 사용하여 Sweep 형상을 만드는 방법

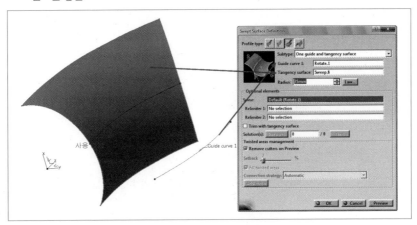

- 조건이 부합되면 다음과 같이 미리 보기가 될 것입니다. 여기서는 반지름을 150mm로 입력 만약에 형상을 만들 수 없는 경우에는 Error 메시지 창이 뜨는 것을 확인할 수 있음

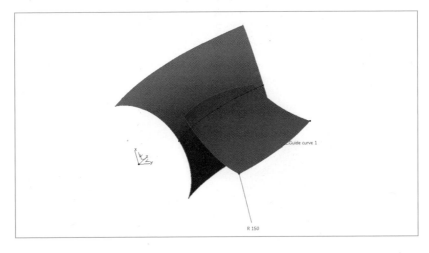

4) Type : Implicit Conic

- Profile의 형상이 원뿔 모양인 Sweep 형상을 만들 때 사용하는 Type
- 원뿔의 단면 형상을 가지는 타원이나, 포물선, 쌍곡선과 같은 형상을 Profile로 하는 형상을 정의하는 데도 사용할 수 있음

① Sub Type : Two Guides

- 두 개의 Guide Curve를 사용하여 Sweep 형상을 만드는 방법
- 이 두 개의 Guide Curve는 접하는 Surface가 있어서 Tangency에서 선택해 줄 수 있어야

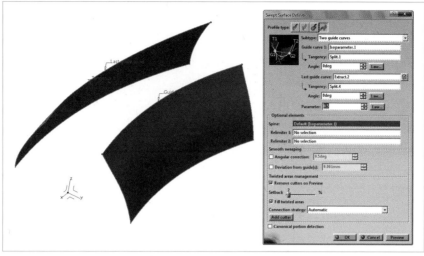

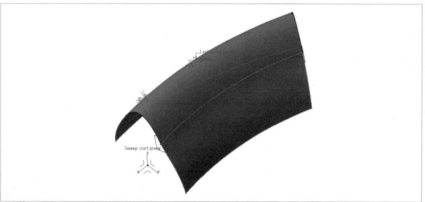

② Sub Type : Three Guides

- 3개의 Guide Curve를 사용하는 방법으로 두 개의 Guide Curve는 접하는 두 개의 Surface
  를 선택해 줄 수 있고, 나머지 한 개의 Guide Curve는 이 두 개의 Guide Curve 사이에 위치
  하게 됨

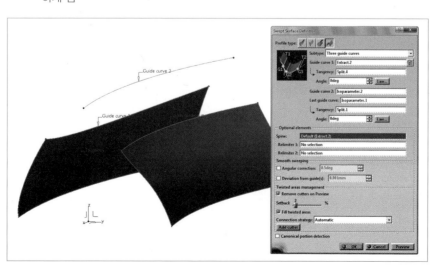

③ Sub Type : Four Guides

- 4개의 Guide Curve를 사용하여 Sweep 곡면을 정의
- 1개의 Guide Curve가 접하는 Surface를 선택할 수 있고 나머지 3개의 Curve가 각각 Guide Curve 2, Guide Curve 3, Last Guide Curve로 선택. Guide Curve 1은 반드시 Tangency Surface가 있어야 함

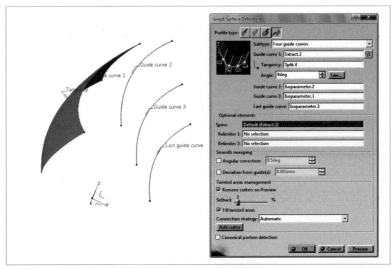

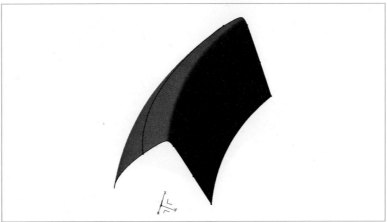

④ Sub Type : Five Guides

- 5개의 Guide Curve를 사용하는 방법은 순차적으로 5개의 Curve를 손서대로 선택하는 방법

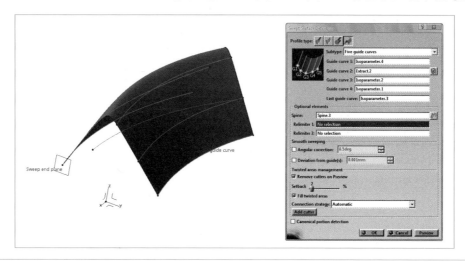

■ Adaptive Sweep

Description

- 단면 Profile 형상을 경계 구속된 Guide Curve를 따라 지나가도록 하는 곡면을 생성
- Sweep 에서 Two Guide Curve type을 연상시킬 수 있겠지만 단면 형상이 Guide Curve와 적절히 구속되어 있어야 하는 점이 다름
- 기본적으로 단면 형상을 Guide Curve 및 Spine에 따라 지나가는 곡면을 생성하지만 단면 Profile이 가지는 치수 구속과 문자 구속을 보존하면서 곡면을 생성

▶ Guide Curve

- 단면 Profile 형상이 따라갈 Curve를 선택하며, 이 Curve에 단면 Sketch가 구속되어 있어야 함

▶ Spine

- 단면과 Guide Curve가 지나가는 궤적을 보다 정밀하게 정의하고자 할 때 중심선 역할을 하는 Spine을 정의

▶ Sketch

- 단면 Profile을 선택하며, 여기서 단면 Profile은 무조건 Sketch여야 하며 Guide Curve 및 Spine에 구속되어 있어야 함

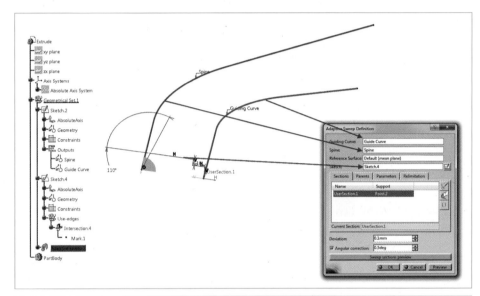

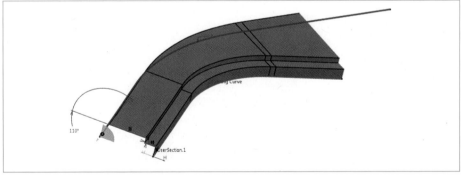

■ Fill

Description

- 3차원 형상의 경계 모서리(Boundary Edge)나 Curve들이 닫힌 형상을 만들 때 이 부분을 Surface로 채워주는 명령
- 곡면 설계에서 빈 틈이 발생하였을 때 이를 채워주기 위한 목적으로 주로 사용
- 각 형상의 모서리나 Curve들을 순차적으로 선택하여 정의(이웃하는 경계 요소에 대해서 순서대로 선택하지 않으면 오류 발생)

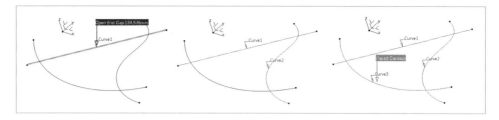

- 시작 경계와 끝 경계가 이어지거나 교차하면 'Closed Contour'라는 표시가 되며, 다음과 같이 곡면이 만들어지는 것을 확인

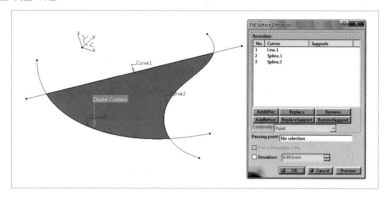

- 완전히 닫혀있지 않은 경계는 Fill 사용 불가능

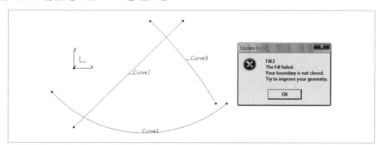

- 커브 요소와 형상의 경계를 사용하여 Fill 작업도 가능하며, 특히 곡면 요소의 경우 Tangent Support로 선택 가능

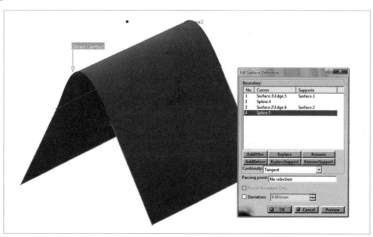

■ Multi-Sections Surface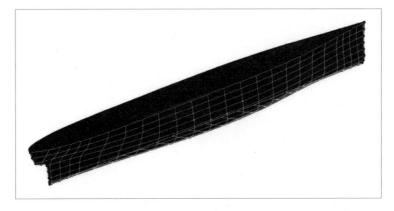

Description

- 여러 개의 단면 Profile을 이용하여 곡면을 만드는 명령으로 항공기 날개나 동체, 선박의 외형(Hull)과 같은 가변 단면 형상을 정의하는데 사용

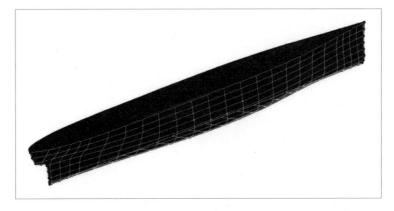

- Multi-Sections Surface Definition 창

▶ Section

- 단면 Profile을 선택해 주는 부분으로 단면 Profile을 순차적으로 입력
- Section에서 단면 형상은 반드시 닫힌 Profile을 사용할 필요는 없음
- 단면에 대한 방향성은 여전히 중요하기 때문에 각 단면의 방향을 잘 맞춰 주어야 함
- 닫힌 Profile에 대해서는 Closing Point가 나타날 것이며 열린 형상의 경우에는 화살표만이 나타남
- 만약에 이웃하는 단면과 화살표의 배열 방향이 다르다면 반드시 방향을 하나의 반향으로 맞추어 주어야 하며, 단면의 방향 조절은 해당 화살표를 클릭

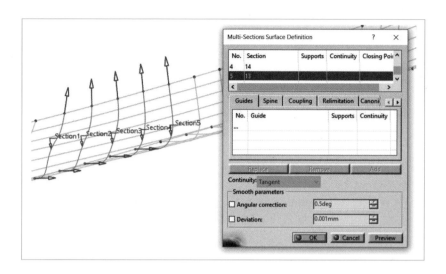

- 선택한 단면 요소는 이웃하는 곡면과 연속할 수 있도록 Support로 선택이 가능하며, 단면 커브 요소가 곡면 위에 놓인 경우에만 선택 가능

Support 有	Support 無
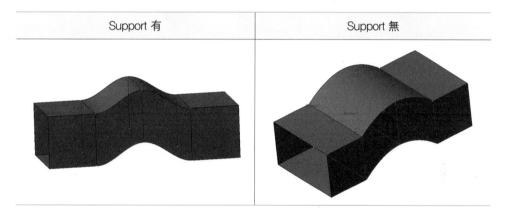	

▶ Guides Tab

- 각각의 단면 Profile의 형상을 잇는 선으로 임의로 Guide line을 그려주었을 때 이 Tab에서 선택

Guide 有	Guide 無
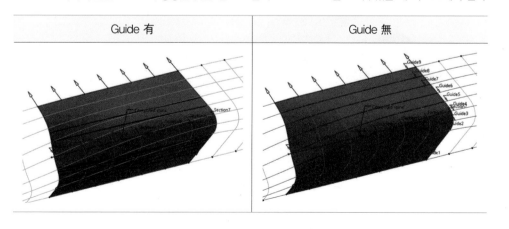	

▶ Spine Tab

- 전체 단면 형상을 가로지르는 Center Curve를 형상 정의에 사용할 때 정의

▶ Coupling Tab

- Coupling은 각각의 단면 Profile이 가지고 있는 꼭지점(Vertex)들을 각각의 위치에 맞게 이어주는 설정을 수행
- Coupling에도 몇 가지 종류가 있으나 다른 것들은 각각의 Vertex의 수가 같아야만 작업을 할 수 있습니다. 주로 Coupling에서는 'Ratio'를 사용

Coupling 有	Coupling 無
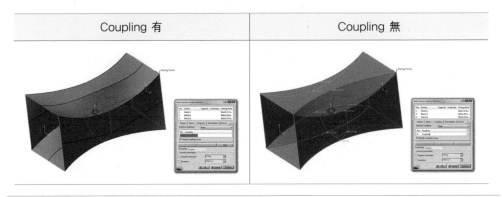	

■ Blend

Description

- Curve 사이와 Curve 사이를 이어주는 데 사용하며 이웃하는 곡면은 Support로 선택할 수 있어 곡면과 곡면 사이의 틈을 부드럽게 이어줄 수 있음
- 선택한 두 경계에 나타나는 화살표 방향이 어긋나지 않도록 방향을 맞춰 주어야 하며, 방향 설정은 마우스를 클릭하여 가능

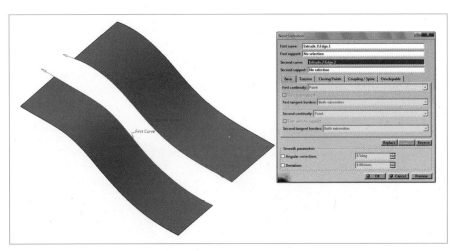

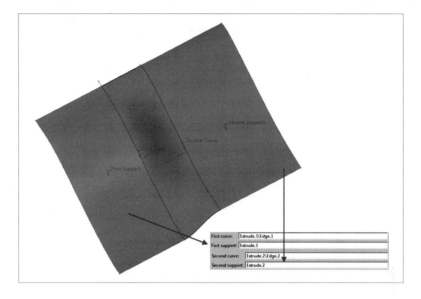

- 각각의 Curve 성분에 Support를 넣어주면 이 Surface와 접하게 Blend Surface가 생성

▶ Basic Tab

- 각 Curve의 연속성에 대한 정의와 Trim Support를 지원

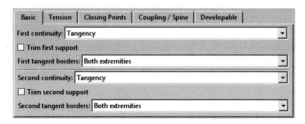

Point	Tangent	Curvature

▶ Tension Tab

- 각 Curve 지점의 Tension 값을 조절

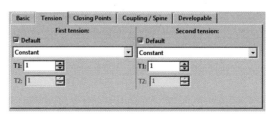

| Tension = 0.5 | Tension = 1 | Tension = 2 | Tension = 5 |

▶ Closing Point Tab

• 닫혀있는 Curve 요소를 선택할 경우 Closing Point의 위치를 지정

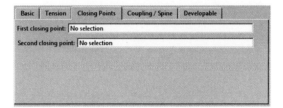

▶ Coupling/Spine Tab

• 여러 개의 마디로 나눠진 복잡한 Curve 형상의 경우 각 Vertex 지점으로의 연결 위치를 Coupling 으로 잡아 주거나 두 Curve 요소 사이에 Spine을 지정

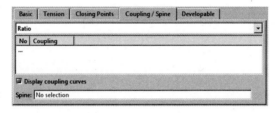

D. Operation

1. Join-Healing Sub Toolbar

■ Join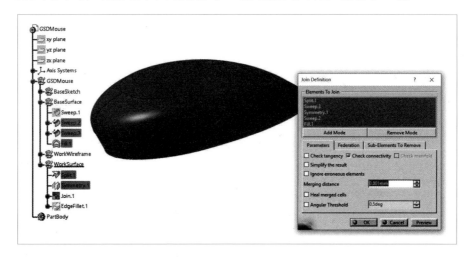

Description

- GSD Workbench에서 하나 또는 여럿의 Geometrical Set에서 만들어진 형상들은 서로 이웃하고 있더라도 낱개의 요소로 인식
- 즉, 이어준다/합쳐준다는 정의를 하지 않는 이상 각각의 작업으로 만들어진 결과 형상들은 독립적
- 따라서 GSD Workbench에는 Surface나 Curve 형상을 하나로 이어주는 명령이 반드시 필요한데 그러한 명령이 바로 Join임
- Join은 이웃하는 여러 개의 Surface들 또는 Curve들을 하나로 합쳐주는 역할을 수행
- Surface는 Surface 요소끼리 Curve는 Curve 요소끼리 선택을 해주어야 함
- IGES와 같이 외부 파일을 불러와 수정해 줄 때 조각난 면들을 합쳐주는 작업 등에도 사용

▶ **Check Tangency**

- 합쳐주고자 하는 형상들이 서로 Tangent한지를 체크해주는 Option
- Tangent 하지 않다면 Error 메시지를 출력
- Default 로는 해제

▶ **Check Connexity**

- Join하고자 하는 요소들끼리 이웃하는지를 체크하는 Option
- 이웃하지 않거나 요소들 사이의 떨어진 거리가 '0.1mm'보다 클 경우에 Error 메시지를 출력
- 일반적으로 이웃하는 형상 요소들을 하나의 형상으로 합치는 것이 목적이기 때문에 이 Option은 Default 로 체크
- Error가 발생한 경우에는 형상 자체를 수정하거나 Join이 아닌 Healing과 같은 방법을 사용해야 함
- 그러나 종종 실제로 이웃하는 형상을 합쳐주려는 목적이 아닌 단순히 하나의 작업으로 묶으려는 목적으로 Join을 사용하기도 함

▶ Simplify the result

- Join하면서 형상을 단순화시키는 Option

▶ Ignore Erroneous Elements

- Join을 하면서 Error로 인식되는 형상 요소를 무시하는 Option

▶ Merging Distance

- Join을 실행할 때 이웃하는 형상 요소 사이의 간격을 정의할 수 있는데 이러한 허용 범위가 바로 Merging Distance로 최대가 '0.1mm'의 값으로 정의 가능
- 그 이상의 값은 입력해 줄 수 없으며 이 보다 공차가 큰 경우에는 Healing 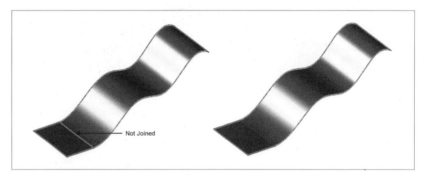 명령을 사용하길 권장
- Merging Distance는 항상 적용할 수 있는 최소 값을 사용해야 함
- Join으로 형상을 합친 후에 미리 보기를 선택하면 Free Edge에 대해서 녹색의 Boundary로 표시됨

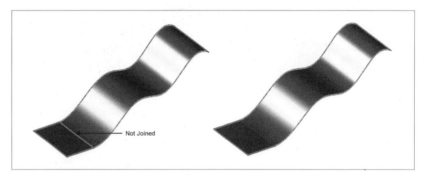

- Join을 하면서 나타나는 화살표시는 Surface 형상의 법선 벡터(Normal Vector)의 방향을 나타냄
- Curve 요소들 역시 Join 가능

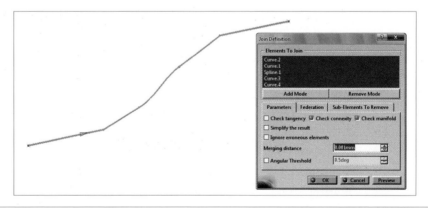

■ Healing

Description

- Join과 유사하게 Surface와 Surface를 하나로 합쳐주는 명령
- 일반적으로 Join이 해결하지 못할 정도로 큰 공차를 가진 Surface들을 하나로 합쳐주는데 사용
- Healing은 Curve 요소에는 사용할 수 없음

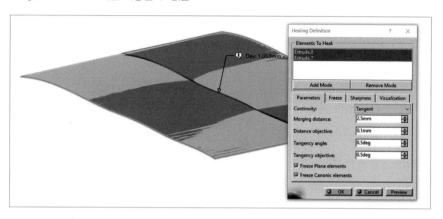

- 형상의 대 변형을 이용하여 형상의 벌어진 틈을 제거해 합쳐주므로 사용에 주의를 가져야 함
- 원본 형상을 크게 변형시킬 수 있기 때문에 가급적 Merging Distance 값은 최소로 해주어야 함
- Healing은 그래서 Analysis Toolbar에 있는 Connect Checker 라는 명령과 함께 사용하길 권장

   ▶ Distance Object

      • Healing할 때 허용할 수 있는 최대의 차이 값으로 최대 '0.1mm'까지 입력이 가능

   ▶ Freeze Tab

      • Parameter Tab을 지나 Freeze라는 Tab을 가면 선택한 Surface의 모서리(Edge) 중에서 Healing할 때 현재 위치에서 변형이 일어나지 않도록 선택을 할 수 있음
      • 선택된 Edge를 가진 곡면은 Healing 시에 변형이 최소화됨

■ Curve Smooth

Description

- 여러 개의 Sub Element로 즉, 여러 마디로 이루어진 Curve 형상에 대해서 각 연결지점을 부드럽게 처리해 주는 명령
- Curve를 기반으로 만들어지는 Surface 형상은 Curve가 불연속적이나 마디가 나누어져 있으면 이렇게 나누어진 부분이 그대로 영향을 받기 때문에 필요에 따라 Curve 요소의 수정이 필요함
- 여기서 선택하는 Curve는 반드시 이어져 있어야 하며 떨어진 경우 명령 실행이 되지 않음

- 또한, 연속하더라도 Join과 같은 명령으로 묶여져 있어야 하기 때문에 낱개의 Curve 요소들 사이에 작업 해주고자 한다면 Join을 먼저 수행해야 함
- 명령을 실행하고 Curve를 선택하면 Curve to Smooth라는 부분에 입력이 되며 동시적으로 불연속적인 부분을 표시

▶ 곡선에 대한 연속성(Continuity)

- Point discontinuous(C0 Continuity), Tangency discontinuous(C1 Continuity), Curvature discontinuous(C2 Continuity)
- 각 연속성의 속성을 이해하고 필요한 Smooth하게 하려는 Type을 Continuity에서 선택

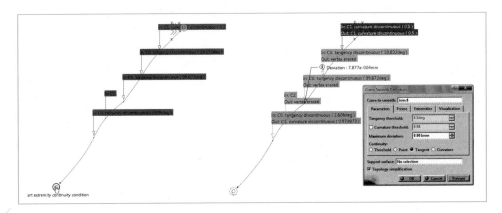

- Maximum deviation(최대 편차) 값을 사용하여 Curve가 연속적이게 Curve를 변형시킬 수 있으나 이 값 역시 너무 큰 값을 입력해 두면 Curve 형상에서 벗어나게 되므로 주의해야 함
- 이러한 작업으로 불연속적인 부분이 제거 되면 화면에서 붉은 색으로 나타나던 Vertex 부분이 녹색으로 바뀌면서 'Vertex erased'라고 표시

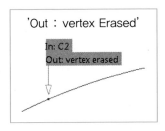

- Parameters Tab을 지나 Freeze Tab에서는 변형을 일으키지 말아야 한 Curve 요소를 선택할 수 있음
- Curve Smooth 명령 역시 원본 형상에 변형을 주는 명령이기 때문에 Maximum deviation(최대 편차)을 너무 크게 주지 않도록 주의해야 함

■ Surface Simplification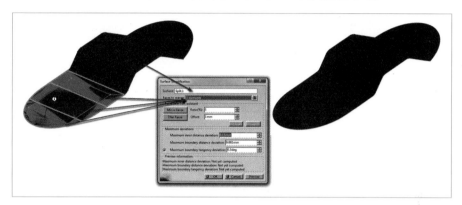

Description

- 곡면 Topology를 분석하여 단순화시키는 기능을 수행
- 여러 개의 패치들로 이루어진 곡면들을 하나의 부드러운 면으로 수정하는 것이 가능

▶ Surface

- 단순화시키고자 하는 기준 면을 선택하며, 여기서 단순화시킬 면 패치들은 하나로 Join되어 있어야 함

▶ Face to merge

- 곡면을 단순화하기 위해서 수정되어야 할 부분을 선택

▶ Faces selection assistant

- 미세한 곡면들을 선택하기 위해 Ratio, Offset 값을 정의

▶ Maximum deviations

- 곡면을 단순화시키는 작업 자체가 곡면의 변형을 요구하는지라 이 변형에 대한 값을 정의

■ Untrim

Description

- Surface를 GSD Workbench의 Split 나 FreeStyle Workbench의 Break Surface or Curve 로 절단한 후 다시 이 절단되어 사라진 부분을 복구하는 명령
- 물론 앞서 절단시키는데 사용한 명령을 취소하는 방법도 있을 수 있지만 명령을 취소할 수 없거나 형상이 Isolate된 경우라면 Untrim 명령을 사용하는 것이 제일 적합
- 명령을 실행시키고 다음과 같이 곡면을 선택하면 Process 창이 진행되어 결과가 나타남

- Untrim 전 형상이 겹처 출력되므로 불필요한 경우 숨기기 해줌
- Definition 창에서 Create Curves  를 체크하면 Untrim을 수행하면서 잘려나간 지점에 경계 요소가 Curve로 추출되어 만들어짐

■ Disassemble

Description

- 여러 개의 Sub Element로 이루어진 Surface나 Curve를 Domain을 기준으로 나누거나 또는 모든 Sub Element를 낱개의 요소로 분리시켜 지오메트리를 생성
- Surface의 경우 여러 개의 마디(또는 패치)로 나누어졌을 경우 이 각각을 개별 Surface 들로 분리시킴
- 마찬가지로 Curve의 경우도 연속적이지 않고 마디가 나누어진 부분들을 모두 쪼개어 낱개의 Curve 조각을 만들어 냄
- 이렇게 Disassemble된 Surface/Curve는 Isolate된 상태이기 때문에 Spec Tree 상에서 Parent/Children 관계가 모두 끊어짐
- 명령을 실행 후 Input Elements를 입력하면 Default로 Definition 창 왼쪽의 'All Cells'로 즉, 모든 Sub Element 단위로 Disassemble하도록 선택이 가능하며, 동시에 몇 개의 요소로 나누어지는지도 확인 가능

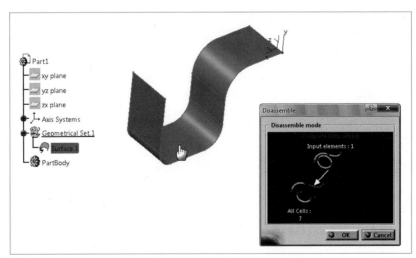

- Disassemble 후에는 원본 형상은 그대로 있고 이 형상을 구성하던 요소들이 분리되어 따로 생성되는 것을 확인 가능

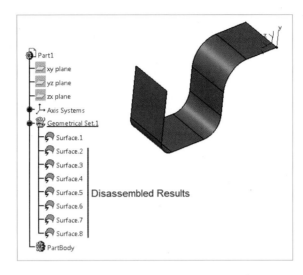

Disassembled Results

- 이렇게 분리된 형상들은 따로 숨기거나 삭제, 경계면 수정과 같은 독립적인 작업이 모두 가능
- 만약에 Domain 단위로 Disassemble하고자 한다면 Definition 창에서 오른쪽의 'Domain Only'를 선택. Domain 단위로 Disassemble을 하면 연속적인 부분은 나누어 지지 않고 떨어진 요소들끼리만 분리
- 한 가지 주의할 것은 Disassemble에 의한 결과는 완전히 Isolate된 결과이기 때문에 앞서 원본 형상의 업데이트나 수정에 따라 달라질 수 없음

2. Split-Trim Sub Toolbar

■ Split

Description

- Surface 또는 Curve 형상을 임의의 기준 요소를 경계로 하여 절단하는 명령
- GSD Workbench에서는 형상을 만드는 과정에서 형상을 만들고 불필요한 부분을 잘라내어 다른 형상과 이어주는 작업 방식을 사용하기 때문에 Join 과 함께 매우 중요한 기능을 담당
- Surface를 이와 교차하는 다른 Surface 면을 기준으로 절단하거나 또는 평면이나 Surface 위에 놓인 Curve를 사용하여 절단이 가능
- Curve의 경우에는 교차하는 다른 Curve를 기준으로 절단하거나 또는 평면, Curve 위의 Point를 사용하여 절단이 가능

▶ Example

Surface Split	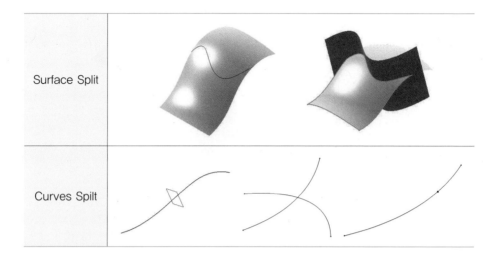
Curves Spilt	

▶ Split Definition 창

▶ Element to cut

- 절단하고자 하는 대상을 선택

▶ Cutting Elements

- 절단의 기준이 되는 요소를 선택

▶ Other Side

- 절단될 결과물이 절단 기준을 바탕으로 두 가지가 발생하기 때문에 원하는 결과물이 생성될 방향을 선택

▶ Keep both sides

- 절단 요소를 기준으로 양쪽 형상을 모두 원할 경우 이 Option을 체크

- 이 Option을 체크하면 Spec Tree에서는 다음과 같이 정렬

- Split에서 기준면이 자르려고 하는 형상을 완전히 나누지 못하면 Automatic extrapolation 기능에 의해 자동적으로 기준면을 늘려 Split를 시킬 수 있음

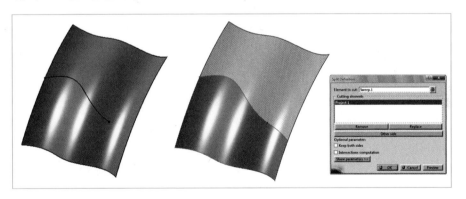

- Split 작업을 수행하는 과정에서 'Multi-Result'로 결과가 나타날 경우에는 이 중에 원하는 한 부분을 선택해 주거나 또는 모두 현재 그 상태로 활용 가능

■ Trim

Description

- 선택한 형상들을 서로를 기준으로 절단을 하면서 동시에 이 두 형상을 하나의 요소로 합쳐주는 작업을 수행
- Trim은 Split 명령 2번과 Join 명령 1번을 수행하는 것과 같은 결과를 생성하는 명령

- 선택한 형상들을 서로를 기준으로 절단을 하면서 동시에 이 두 형상을 하나의 요소로 합쳐주는 작업을 수행
- Trim은 Split 명령 2번과 Join 명령 1번을 수행하는 것과 같은 결과를 생성하는 명령

> 'Trim 1회 = Split 2회 + Join 1회'

▶ Standard Mode

- Default Mode이며 선택한 요소들을 인위적으로 Trim
- Surface나 Curve 모두 선택이 가능하며 일반적으로 형상을 절단하여 합치고자 할 때 사용
- Trim하려는 대상을 선택하면 'Trimmed Elements'에 리스트가 나타나는데 여기서 두 개 이상의 형상을 선택 가능
- 반드시 두 개라는 것이 아니기 때문에 복수 선택하여 각각의 이웃하는 형상들끼리 Trim하여 전체 Trim 형상을 생성

- 이렇게 선택된 요소들은 각각의 성분끼리 경계에 의하여 다음과 같이 두 가지의 부분으로 나누어지며 이 두 가지 방향 중에 원하는 위치에 맞게 'Other Side'를 사용하여 선택

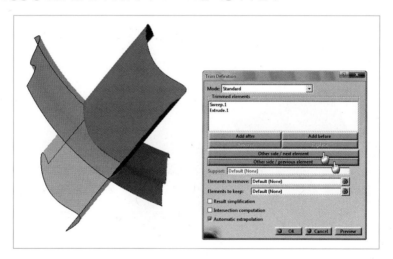

- 원하는 위치가 잡히면 Preview를 클릭하여 형상을 확인한 후 OK 클릭

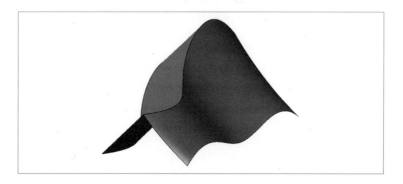

▶ Piece Mode

- Curve 요소에만 사용이 가능한 방법
- 교차하는 Curve들을 한 번에 손쉽게 Trim 할 수 있으며 역시 복수 선택이 가능

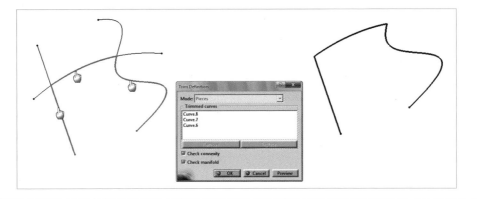

■ Sew Surface

Description

- 이 명령은 Part Design Workbench에도 유사한 기능이 있는 명령으로, 기본 곡면에 추가로 합치고자 하는 곡면이 있을 경우 손쉽게 하나로 합쳐주는 기능을 수행
- 단, 합치고자 하는 곡면이 기본 곡면 위에 놓여있는 경우에 가능
- Sew Surface 명령을 실행한 후에 다음과 같은 순서로 대상을 선택해 줌

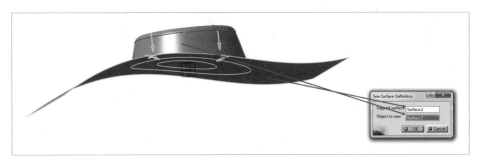

- 여기서 아래와 같이 Object to sew에 들어가는 곡면의 Normal Vector 방향을 변경해 줍니다. 이 방향에 따라 합쳐지는 결과의 방향이 달라짐

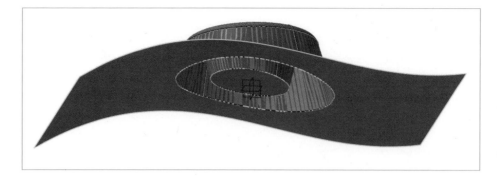

• 특별한 경우가 아니라면 위와 같은 형상은 Trim 명령으로도 충분히 가능

■ Remove Face

Description

• 이웃하는 형상들을 보간 하여 제거하고자 하는 면을 처리하는 역할을 수행

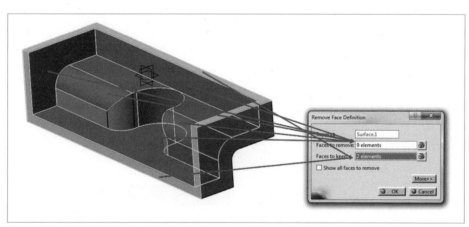

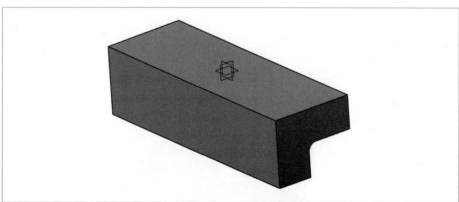

3. Extracts Sub Toolbar

■ Boundary

Description

- Surface나 Solid 형상의 모서리(Edge)를 Curve 요소로 추출하는 명령
- 일반적으로 Surface의 모서리나 Solid 형상의 것을 직접 선택하여 작업에 이용할 수 있으며, 주로 Surface
  의 모서리를 추출하는 데 사용하고 Solid 형상에서는 면 단위로 경계선 추출이 가능

▶ Complete boundary

- 형상이 가지고 있는 모든 모서리의 Edge가 Boundary로 추출

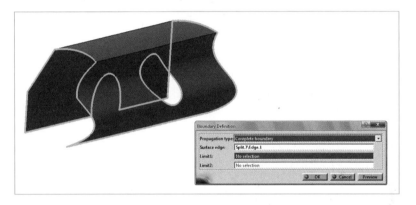

▶ Point Continuity

- 현재 선택한 모서리와 이어져 있는 모든 모서리가 Boundary로 추출
- 선택한 Edge를 따라서 연속된 모든 형상의 경계를 추출

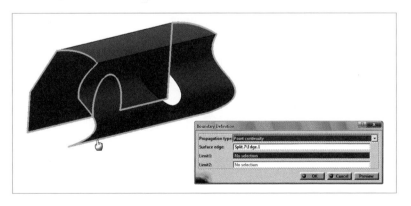

▶ Tangent Continuity

- 현재 선택한 모서리와 Tangent하게 접하고 있는 모서리까지 Boundary로 추출

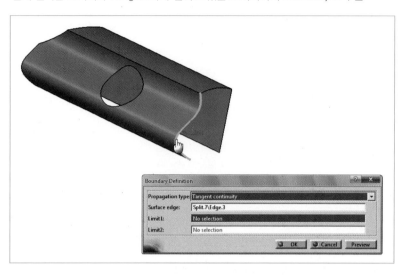

▶ No propagation

- 현재 선택한 모서리만이 Boundary로 추출됨

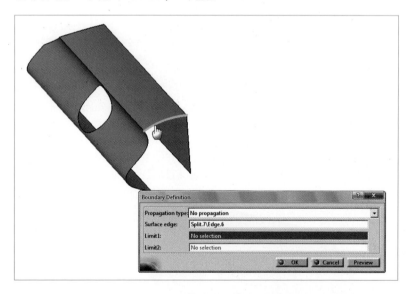

- 경계와 교차하는 두 Limit 요소를 사용하여 Boundary로 추출될 범위를 지정할 수 있음

■ Extract

<hr>

Description

- 3차원 형상에서 Sub Element를 추출하는 명령으로 Curves, Points, Surfaces, Solids 등에서 형상을 추출 가능
- 만약에 곡면이 가진 모서리(Edge)를 Extract한다고 하면 선택한 모서리를 Curve 요소로 추출할 수 있음
- Complementary Mode란 선택한 대상을 뺀 나머지 모두를 Extract하는 Option
- Extract 역시 Element를 복수 선택이 가능하고 Boundary와 같이 네 가지의 Propagation Type 사용 가능
- 복수 선택한 대상의 경우 각각의 Surface 형상은 따로 Spec Tree에 나타납니다. 여기서 복수 선택을 했다고 해서 대상이 하나로 이어지는 것은 아님

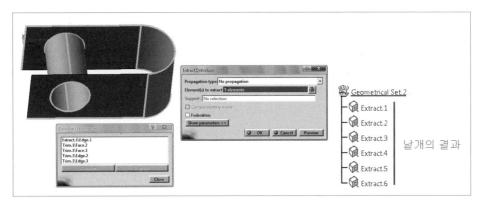

- Extract와 같은 명령은 다른 형상 모델링 명령의 Stacking Command로 자주 활용할 수 있음

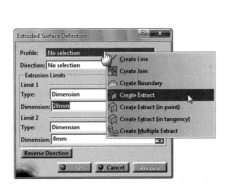

■ Multiple Extract

Description

· Extract와 유사한 명령으로 선택한 요소를 하나로 묶어 추출하는 기능을 수행
· 선택한 요소별로 연속성 Mode 정의 가능
· Extract는 복수 선택으로 대상을 선택하였더라도 각각이 서로 독립적인 향상으로 추출이 되지만 이 Multiple Extract는 한 명령에서 선택한 모든 형상은 하나의 형상으로 묶여 추출

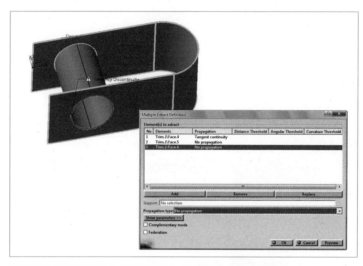

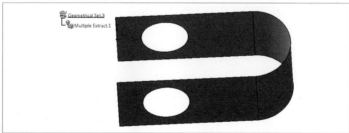

4. Fillets Sub Toolbar

■ Shape Fillet

Description

· 두 개 또는 세 개의 Surface 사이에 Fillet을 수행하는 명령으로 이 명령은 서로 합쳐지지 않은 Surface 간의 Fillet 작업(Join되어 있지 않은 곡면들 사이에 사용)

▶ Bitangent Fillet

- 두 개의 Surface 사이를 Fillet하고자 할 때 사용
- Default Type이며 두 개의 Surface를 각각 선택해 주면 Support1, Support2로 입력
- 선택된 각 Surface에 나타나는 화살표의 방향을 주의해야 하는데 이 두 방향을 기준으로 Fillet이 적용
- 따라서 원하는 방향에 맞게 화살표 방향을 조절해 주어야 하며, 간단히 클릭을 해주면 방향 변경 가능
- Trim Support란 Fillet을 두 Surface 사이에 만들어 주면서 원래의 Surface 형상을 이 Fillet 지점을 기준으로 잘라서 이어주는 작업을 의미. 즉, 이 Option을 체크해 주면 Shape Fillet 후 두 형상은 Fillet 이 들어가면서 하나로 합쳐지게 됨

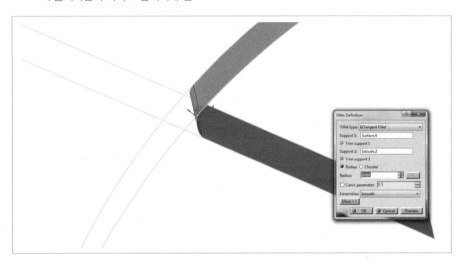

- Fillet을 주기 위해 곡률 값(radius)을 입력해 가능

▶ Hold Curve

- 곡률이 변하는 Fillet을 Curve를 사용하여 정의해 줄 수 있는데 이는 Fillet 이 Hold Curve에 입력 한 곡선을 따라 두 Surface 사이를 Tangent하게 Fillet을 생성

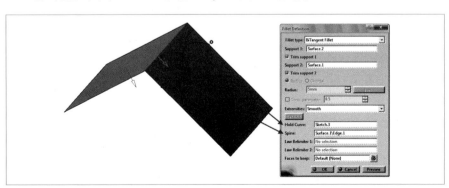

▶ TriTangent Fillet

- 3개의 Surface를 선택하여 마지막을 선택한 Surface 면으로 Fillet이 들어가도록 정의

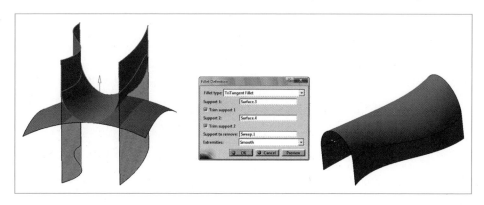

- 두 개 또는 세 개의 Surface 사이에 Fillet을 수행하는 명령으로 이 명령은 서로 합쳐지지 않은 Surface들 간의 Fillet 작업(Join되어 있지 않은 곡면들 사이에 사용)

■ Edge Fillet

Description

- 일반적인 Surface의 모서리(Edge)를 Fillet하는 명령으로 하나로 묶여있는 곡면 날카로운 형상의 모서리를 둥글게 라운드 처리하는데 사용
- Edge Fillet을 사용하기 위해서는 우선 하나의 곡면으로 만들어진 형상인지 확인하거나 Join으로 이웃하는 Surface들을 묶어준 후에 작업해야 함

▶ Edge Fillet Definition 창

▶ Radius/Chordal Length

- Fillet이기 때문에 지정하고자 하는 하나의 곡률 값을 입력
- 기본적으로 Fillet 값은 R 값으로 정의하며, 반경 값 대신 현의 길이 값(Chodal)을 사용하여 Fillet 을 적용 가능

▶ Object(s) to fillet

- Edge Fillet의 사용은 우선 Fillet을 주고자 하는 모서리/면을 선택
- 복수 선택이 가능

▶ Propagation

- Fillet을 모서리에 넣어줄 때 주변으로 전파를 Tangency 한 부분에까지 하는지 아니면 현재 선택 한 모서리까지로 최소화(Minimal)할 지를 설정

▶ Variation

- Edge Fillet Mode를 Variable 로 할 것인지 또는 Constant 로 할 것인지 설정
- 일반적으로 Fillet은 일정한 반경 값을 가지는 Constant Fillet이지만 모서리를 따라 가변 반경을 가지는 Fillet을 정의 가능

▶ Conic Parameter

- Fillet의 단면 값을 반경이 아닌 Parabola, Ellipse, Hyperbola 형태로 변형할 수 있는 Option

0 < Parameter < 0.5	Ellipse
0.5	Parabola
0.5 < Parameter < 1	Hyperbola

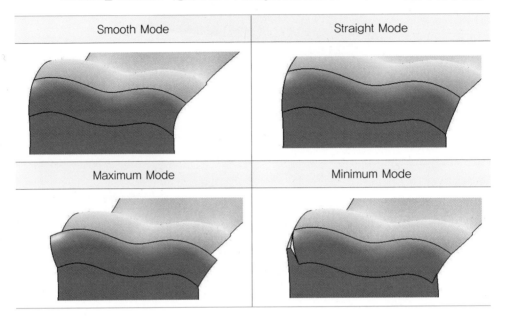 이 영역은 없으므로 무시

▶ Extremities

- Fillet의 한계 값을 정의하는 부분으로 선택한 모서리에 대해서 Fillet을 어떻게 줄지를 선택
- Default로는 Smooth로 사용하고 있으나 Straight, Maximum, Minimum으로 변경해 줄 수 있음

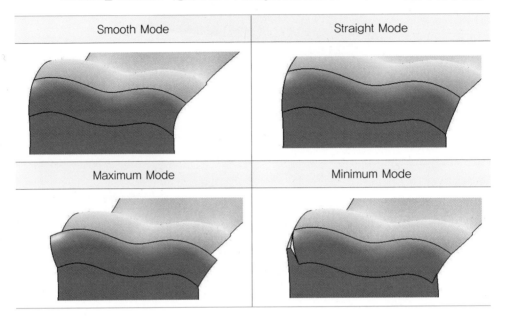

Smooth Mode	Straight Mode
Maximum Mode	Minimum Mode

▶ Selection Mode

- 이웃하는 모서리들과의 연속성을 설정하는 부분으로 Tangency, Minimal, Intersection Edges Mode로 설정 가능.
- Default로는 Tangency Mode를 사용

▶ Definition 창의 확장

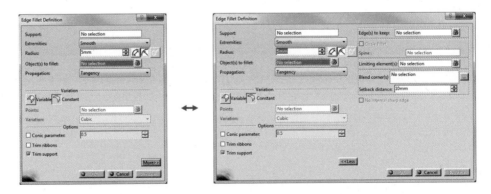

▶ Edge(s) to keep

- 형상의 Fillet 값을 주고자 하는 부분 외에 그 주변의 모서리에 의해 그 범위를 제한

▶ Limiting Element(s)

- Edge(s) Fillet의 경우 하나의 모서리를 선택하면 그 모서리 전체에 대해서 Fillet이 적용

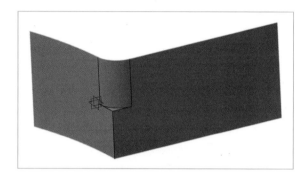

▶ Blend corner(s)

- Fillet 요소들이 모여 복잡한 형상을 나타내는 부분을 부드럽게 뭉개어 형상을 수정

▶ Variable mode

- 앞서 Edge Fillet 이 모서리에 대해서 일정한 곡률 값으로 Fillet을 준 것과 달리 곡률 값이 변하는 Fillet 하는 명령으로 임의의 지점에 곡률 값을 다양하게 정의해 줄 경우 Mode 변경

▶ Points

- Fillet의 곡률을 변화시킬 지점을 선택

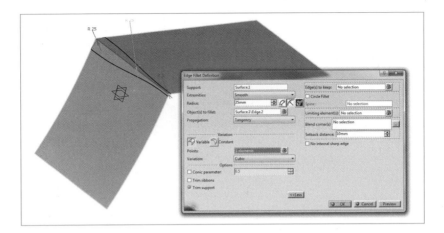

■ Styling Fillet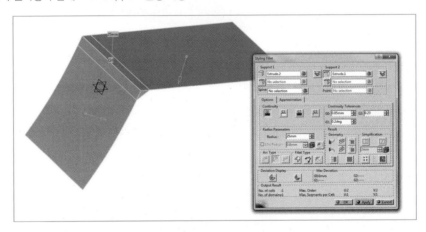

Description

• 이웃하는 곡면 사이에 Fillet을 수행하는 데 있어 좀 더 고급적인 작업을 수행할 수 있는 명령으로 Fillet 부위의 연속성과 함께 Trim Support 설정 가능

• 각 곡면 형상의 녹색 화살표 방향으로 Fillet이 적용되기 때문에 우리가 원하는 Fillet 방향으로 설정

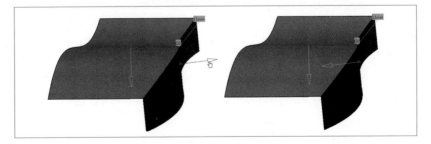

• 다음으로 두 곡면 사이에 Fillet을 통하여 Trim을 설정할 것 인지를 각 Support의 옆의 아이콘을 통하여 설정이 가능다.

▶ Geometry Continuity를 설정

G0 : Point 연속 (최단 거리 Fillet)	G1 : Tangent 연속, Arc Type 설정 가능	G2 : Curvature 연속
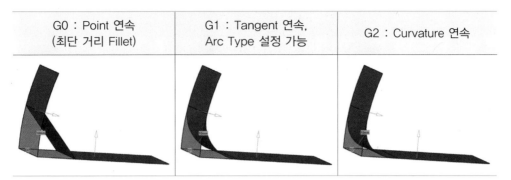		

- Fillet하고자 하는 Continuity를 정한 후에는 곡률 값의 설정이 가능하며(Min Radius도 설정 가능) Fillet Type도 변경 가능

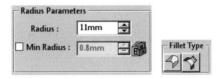

- Advance Tab에서는 Tolerance 값 설정도 가능

■ Face–Face Fillet

Description

- 두 개의 Surface면과 Tangent하게 Fillet을 하는 명령으로 모서리가 아닌 이웃하지 않는 형상의 면(Face)을 선택하여 그 면과 면 사이에 Fillet을 주는 명령

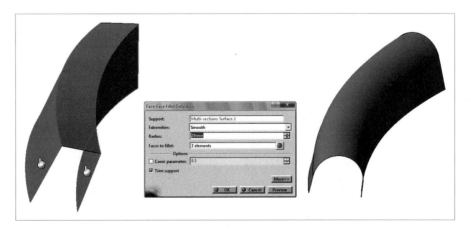

- Face–Face Fillet은 선택한 두 곡면 사이에 입력한 반경으로 접하는 Fillet 형상을 생성. 중간에 부속된 면들은 무시할 수 있음
- Definition 창을 확장하면 Limiting Element와 Hold Curve에 대한 설정 가능

301

■ Tritangent Fillet

Description

- Tri-tangent Fillet은 반경 값을 따로 지정하지 않고 3개의 면에 대해서 접하도록 Fillet을 주는 명령
- Fillet을 수행한 결과 형상은 세 면에 모두 대해서 접하게 만들어짐
- Tri-tangent Fillet을 주기 위해서 우선 양옆의 두 개의 면을 선택하고 마지막으로 Fillet 이 생길 면을 Face to remove 부분에 선택

5. Transformations Sub Toolbar

■ Translate

Description

- Surface나 Curve, Point, Sketch 등의 요소를 평행 이동시키는데 사용하는 명령
- Geometrical Set 안에서 선택한 요소만을 이동시킬 수 있으며 복수 선택 또한 가능
- Geometrical Set을 선택하면 그 안에 있는 모든 요소가 이동
- 평행 이동하고자 하는 대상(들)을 선택하고 이동할 방향을 선택하여 거리 값을 입력
- 방향 성분은 직선 요소인 Line이나 축, 평면 등이 가능

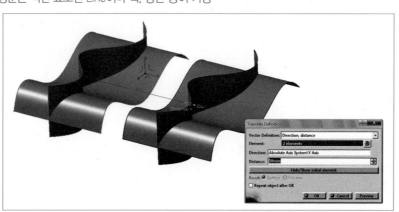

- 'Hide/Show initial Element'를 클릭하면 원본 형상을 화면에 나타나게도 할 수 있고 또는 숨기기 가능
- GSD Workbench에서의 작업한 Surface나 Curve 요소는 절단이나 잇기 등의 작업으로 처음 만든 형상을 수정해 다른 형상을 만들어도 원래 상태의 모습을 가지고 있으며, Spec Tree에서 단지 숨기기만 되는 것이기 때문에 언제든지 다시 사용할 수 있음

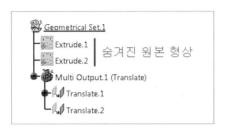

■ Rotate

Description

- Surface나 Curve, Point, Sketch 등의 요소를 임의의 기준을 이용하여 회전시키는 명령

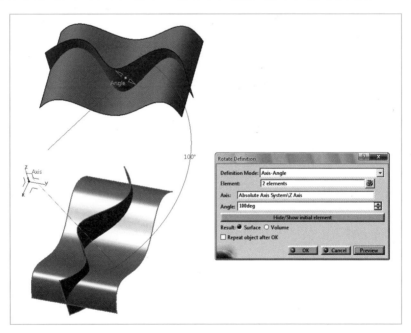

■ Symmetry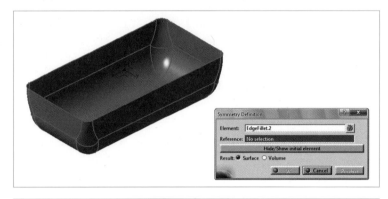

Description

- Surface나 Curve, Point, Sketch 등의 형상의 대칭 형상을 만드는 명령

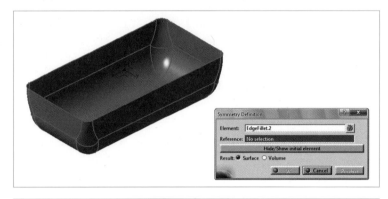

■ Scaling

Description

- Surface나 Curve, Point, Sketch 등의 형상을 임의의 방향을 기준으로 크기를 조절하는 명령
- 3차원 직교 방향 각각에 대해서 각 방향으로 Scale을 따로 해주어야 함

- 기준 방향과 비율 값 필요

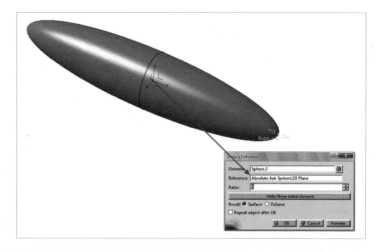

■ Affinity

Description

- 선택한 형상을 3축 방향으로 각각 그 크기를 조절할 수 있는 명령
- 여기서 대상을 선택하고 방향을 잡기 위해 원점(Origin)과 평면(XY Plane), 축(X Axis) 요소를 선택
- 다음으로 각 3축 방향의 Ratio를 조절하여 형상의 크기를 조절.
- 'Hide/Show initial Element'를 클릭안하면 원본 형상과 겹쳐 보임

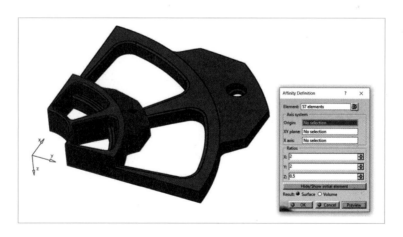

■ Axis to Axis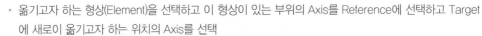

Description

- 이동하고자 하는 3차원 형상을 Axis system을 이용하여 빠르고 간편하게 축 대칭 이동시키는 명령
- 옮기고자 하는 형상(Element)을 선택하고 이 형상이 있는 부위의 Axis를 Reference에 선택하고 Target
  에 새로이 옮기고자 하는 위치의 Axis를 선택

■ Extrapolate

Description

- 이 명령은 Surface나 Curve 요소에 대해서 선택한 지점을 기준으로 그 길이를 연장해주는 명령
- Surface나 Curve를 이용하여 어떠한 작업을 하려고 할 때 그 길이가 모자란 경우 간단히 그 형상의 늘
  리고자 하는 위치의 Vertex나 Edge를 Boundary에 선택하고 대상을 Extrapolated에 선택 후 길이 값을
  입력
- Continuity Option은 Tangent, Curvature 두 가지가 있으며 늘어나는 값을 길이(Length)가 아닌 'Up to
  Element'를 사용하여 임의의 위치의 대상까지 연장할 수 있음
- Curve/Surface의 경우를 예를 들어보면 다음과 같이 연장될 부분의 Vertex를 Boundary로 선택해 주고
  Extrapolated에 Curve를 선택

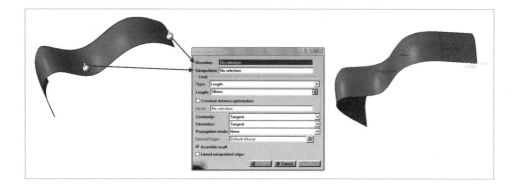

- Definition 창의 'Assemble result'을 해제하면 연장된 부분을 별도의 요소로 인식 가능
- 이렇게 Curve나 Surface 형상을 연장시킬 때 형상이 복잡한 경우 연장되는 형상을 만들어 내지 못하는 경우가 있으니 주의 필요

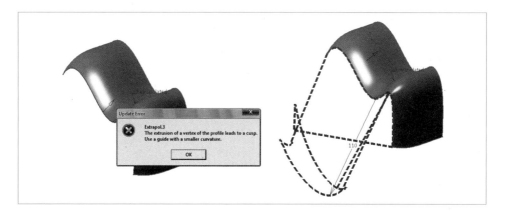

E. Replication

1. Repetitions Sub Toolbar

- Object Repetition

Description

- 현재 어떠한 대상을 만드는 작업을 한다고 할 때 이 생성 작업을 반복해서 하게 하는 명령으로 어떠한 작업을 한번 마치고 이 명령에 따라 그 작업을 몇 차례 반복해서 수행할 수 있게 할 수 있음

- 일부 작업 명령에 Repeat object after OK가 있는데 이것을 사용하는 것과 같은 효과로 Repeat object after OK Option이 있는 명령은 다음과 같음

> - Point 생성 명령에서 Point Type이 On Curve인 경우
> - Line 생성 명령에서 Line Type이 Angle/Normal to Curve인 경우
> - Plane 생성 명령에서 Plane Type이 Offset from Plane인 경우
> - Plane 생성 명령에서 Plane Type이 Angle/Normal to plane인 경우
> - Surface 또는 Curve 요소를 Offset시키는 경우
> - Surface 또는 Curve 요소를 Translate시키거나 Rotate시키는 경우
> - Surface 또는 Curve 요소를 Scale하는 경우

■ Planes Between

Description

- 이 명령은 두 개의 평면 사이에 등 간격으로 평면을 만드는 명령
- 평행한 두 평면이 있다고 했을 때 이 사이에 일정한 간격으로 평면을 만들고자 할 때 사용
- Plane.1, Plane.2에 각 평면을 선택해 주고 아래의 Instance(s)에 필요한 수를 입력

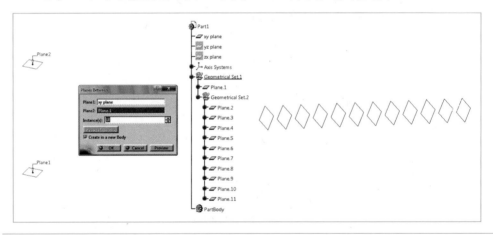

2. Patterns Sub Toolbar

■ Rectangular Patterns

Description

- Pattern이란 일정한 규칙성을 가진 채 반복되는 형상을 가리키는데 직각의 두 방향으로 임의의 선택한 Surface, Curve 형상을 복사하는 명령

- 기본 설명과 옵션은 Part Design과 동일

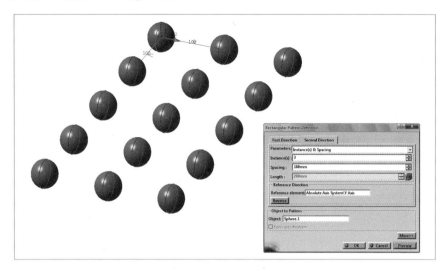

- Anchor의 경우 각 단면 형상의 기준점 위치를 맞추는 데 사용

■ Circular Pattern

Description

- Circular Pattern은 앞서 Rectangular Pattern과 마찬가지로 어떤 규칙을 가진 채 형상을 복사하게 되는데 이 명령은 회전축을 잡아 그 축을 중심으로 회전하여 원형으로 형상을 복사
- 선택한 기준 축을 중심으로 임의의 선택한 Surface, Curve 형상을 복사하며, 명령을 실행하고 Pattern 하고자 하는 대상을 선택해 주어야 명령이 활성화 됨

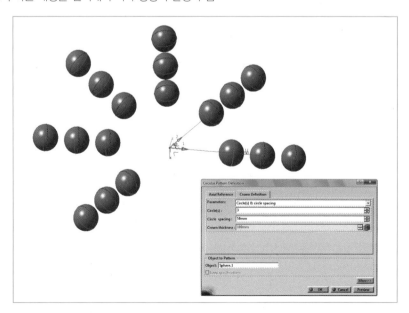

- 물론 이러한 Pattern은 Curve 요소에 대해서도 적용이 가능

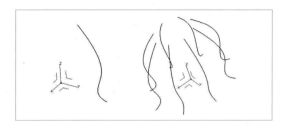

■ User Pattern

Description

- User Pattern은 일정하게 Pattern되는 규칙이 정해진 것이 아니라 자신이 Pattern으로 복사될 지점을 Sketch나 별도의 입력 요소를 사용하여 해당 위치에 선택한 형상을 Pattern

- User Pattern에는 Position이라는 부분이 있어 이곳에 작업자가 원하는 위치를 특정하는 것이 가능

- 복사할 대상의 위치를 사용자가 Sketch에서 Point로 Profile하여 임의의 선택한 Surface, Curve 형상을 복사하는 명령

- 다음과 같이 Pattern 하고자 하는 형상과 이 형상이 Pattern 될 위치를 나타내는 위치를 Sketch에서 만들어 주면 해당 위치에 대해서 Pattern이 가능

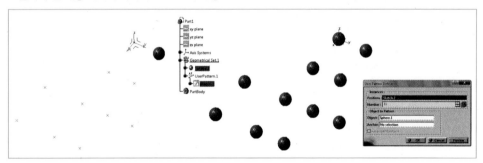

- Axis 요소를 입력 요소로 사용하여 Geometrical Set을 User Pattern의 Position 입력 요소로 정의 가능

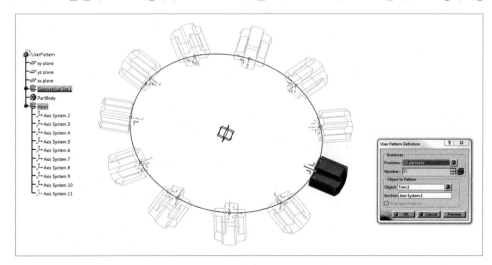

- 여기서 Anchor를 입력했을 때와 아닐 때를 비교하여 보기 바라며, 3차원 공간상에 특정 위치를 정의하여 형상을 Pattern할 때는 Anchor의 역할이 중요함

■ Duplicate Geometrical Set

Description

- Geometrical Set의 내부 요소 전체를 복사해서 새로운 기준에 복사하여 붙여넣는 명령
- 하나의 Geometrical Set에서 만들어진 형상과 전체의 작업을 이에 사용된 기준 요소(Plane, Axis, Point, Line, Face 등)를 이용하여 새로이 옮기고자 하는 위치에 같은 기준 요소를 준비하여 그대로 복사
- Duplicate Geometrical Set 명령을 실행시키고 복사하고자 하는 Geometrical Set을 선택

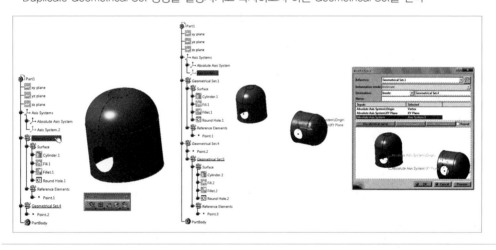

F. Advanced Surface

■ Bump

Description

- 혹과 같이 곡면을 변형시키는 명령으로 기존 Surface 형상에 돌출시킨 모양을 생성
- Bump 형상을 만들기 위해서는 변형시킬 Surface 형상(Surface to deform)과 변형이 일어날 범위를 제한하는 Curve(Limit Curve), 변형이 일어날 부위의 중심위치(Deformation center)를 선택

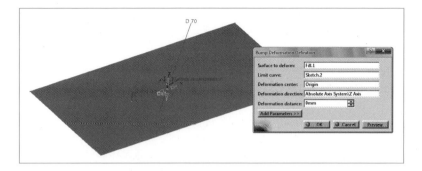

• 입력 요소가 모두 선택이 되면 형상을 돌출되는 값은 거리(Deformation Distance)로 입력

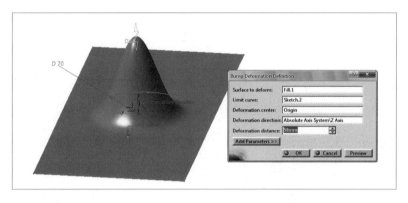

▶ Continuity Type

Curvature Continuity	Tangent Continuity	Point Continuity
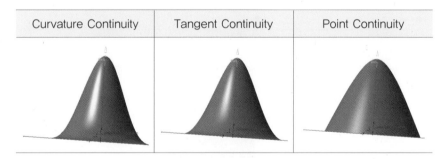		

• Center Curvature 값을 이용하면 돌출되는 Surface 형상의 머리 부분의 곡률을 조절 가능

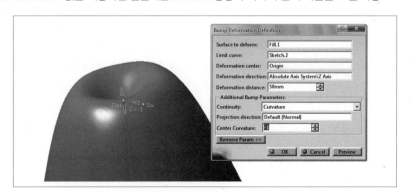

■ Wrap Curve

Description

- 대상 곡면 형상을 기준이 되는 Curve를 이용하여 변형하는 명령
- 즉, 현재의 Surface를 임의의 Curve의 형상을 기준으로 변형시키는 작업이 가능
- 필수 입력 요소로는 변형시키고자 하는 Surface 형상(Surface to deform), 그리고 현재 형상에서 변형시키고자 하는 방향으로의 기준 Curve(Reference), 변형시킬 형상의 모양을 지닌 Curve(Target)
- 변형시키고자 하는 Surface는 하나이나 Reference와 Target은 변형을 원하는 각 부위의 Curve마다 선택해 줄 수 있음
- 명령을 실행 후 현재 형상의 위치에서 변형시키기를 원치 않는 부분은 해당 모서리(Edge)나 Boundary를 Reference로 선택한 후 Fixed reference Curve를 체크하면 이 부분은 변형 후에도 현재의 형상을 유지

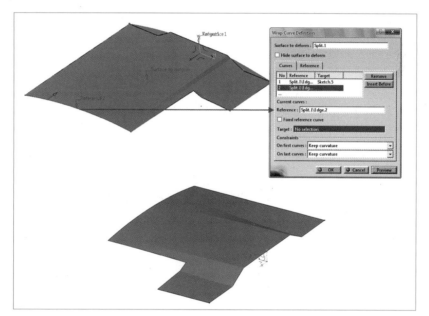

- 사용하는 Curve의 수는 제한이 없으므로 위 Surface를 지나는 여러 개의 Curve를 사용하여 Surface를 변형시킬 수 있음

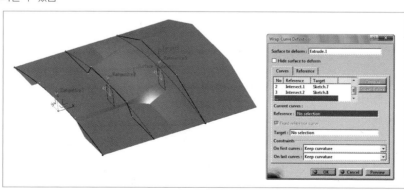

■ Wrap Surface

Description

- 대상이 되는 Surface 형상을 다른 Surface를 기준으로 형상을 이용하여 변형 시키는 명령
- Wrap Surface 명령을 사용하려면 우선 변형시키고자 하는 Surface 형상(Surface to deform)과 이에 기준이 되는 Surface 형상(Reference Surface) 그리고 변형의 기준이 될 Surface 형상(Target Surface)을 필요

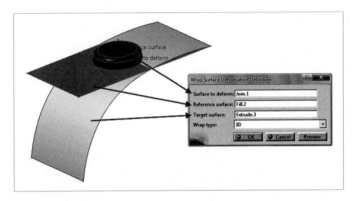

- 원본 형상이 기준이 되는 곡면들에 영향을 받아 형상이 변형된 것을 확인할 수 있음

▶ Wrap Type

| 3D Type | 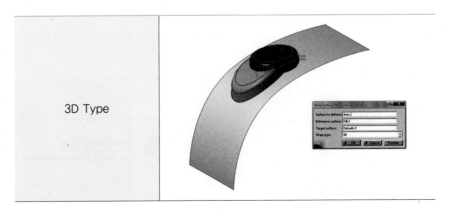 |

Normal Type	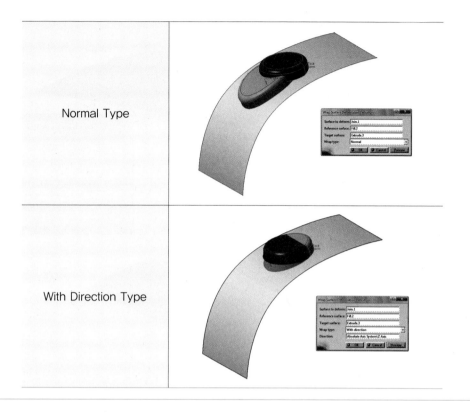
With Direction Type	

■ Shape Morphing

Description

- 변형시키고자 하는 Surface 형상(Surface to Deform)을 기준이 되는 Curve (Reference)에서 대상이 될 Curve (Target)로 형상을 변경

- 변형시키고자 하는 Surface를 선택해 주고 Curve 요소는 Reference에서 Target 순으로 선택
- Target 부분이 비어 있는 곳은 현재 Reference를 그대로 유지한다는 뜻이 됨

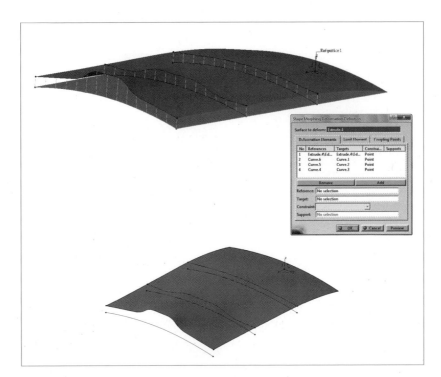

• Target이 되는 Curve 지점에 Surface가 있다면 이를 이용하여 다음과 같이 Tangent 하게 형상을 변형
  가능

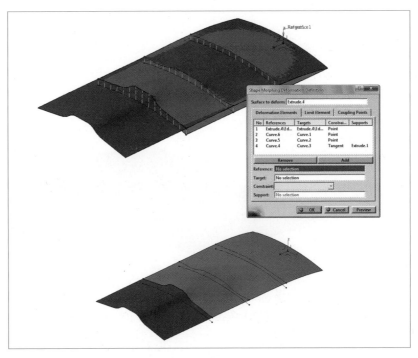

• Limit Element Tab으로 이동하면 Limit Curve를 선택할 수 있는데 이 Curve를 기준으로 만들질 Surface
  를 제한할 수 있음. Limit 할 때 Continuity를 Point, Tangent, Curvature로 선택 가능

Point Continuity	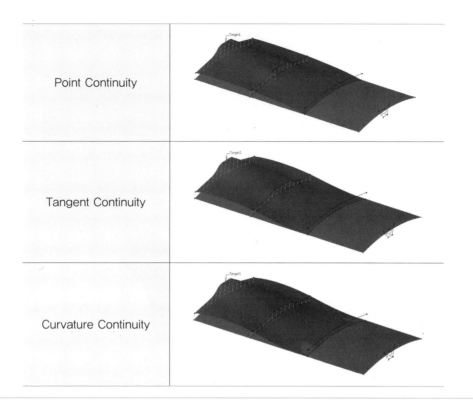
Tangent Continuity	
Curvature Continuity	

G. Developed Shapes

■ Unfold

Description

- 휘어지거나 구부러진 Surface 형상을 하나의 기준 평면에 펼치는 명령
- 단 3차원 방향으로 곡률진 곡면의 경우 형상에 따라 Unfold 되면서 원래 면적과 달라지는 경우가 발생할 수 있음

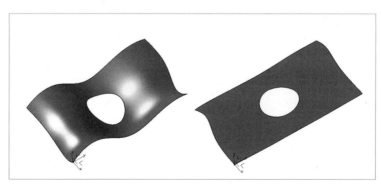

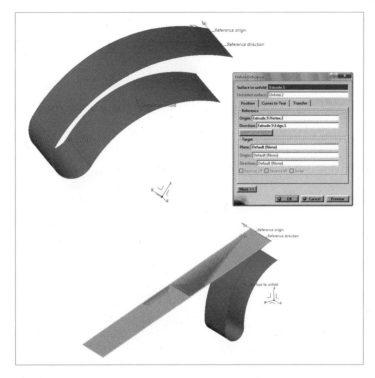

- 여기서 Unfold 된 형상이 원본 형상의 끝에 만들어지는데 Position Tab에서 Target에서 Plane을 선택해 주면 선택한 평면으로 Unfold되는 형상이 이동

- 바로 Unfold되지는 못하는 경우 형상이 펼쳐질 수 있도록 찢어줄 부분을 선택해 주어야 함

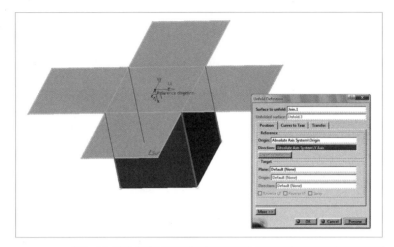

• 3차원 방향으로 모두 휘어진 곡면에 대해서는 완벽한 Unfold가 불가능하다는 점을 기억하기 바라며 반 드시 작업 후 경계 모서리 길이나 면적 측정 등을 통하여 오차 범위 내에 Unfold인지를 확인해야 함

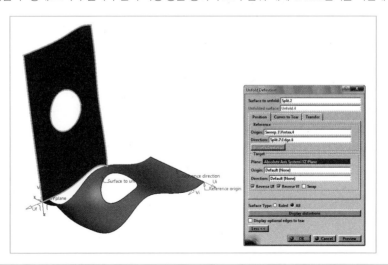

319

■ Transfer

Description

- Point, Curve, Sketch와 같은 Wireframe 요소를 기준이 되는 곡면의 Unfold 형상에 맞추어 기존 위치에서 Unfold 후의 위치로 전가하는 명령
- 즉, Unfold 이전의 형상을 기준으로 만든 Wireframe 형상을 Unfold 후 형상에 맞게 변형시켜주고자 할 때 사용
- Transfer 명령을 실행하고 다음과 같은 순서대로 대상을 선택

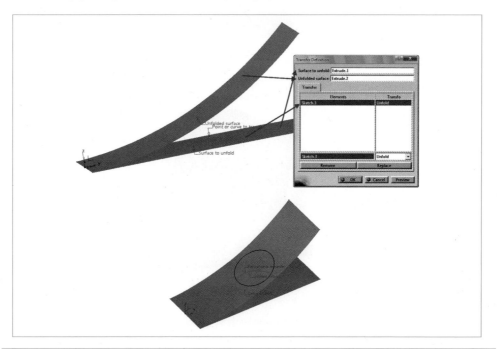

■ Develop

Description

- Curve, Sketch, Point와 같은 Wireframe 요소를 회전체의 곡면 형상의 위로 전개하고자 할 경우에 사용할 수 있는 명령
- Domain이 교차하지 않는 Open된 형상이나 완전히 Closed된 Wireframe 요소만을 수행할 수 있으나 회전체가 아닌 곡면은 사용할 수 없음

  ▶ Method

  - Develop–Develop
  - Develop–Project
  - Develop–Develop inverted

• Develop 명령을 실행하여 순서에 맞게 대상을 선택

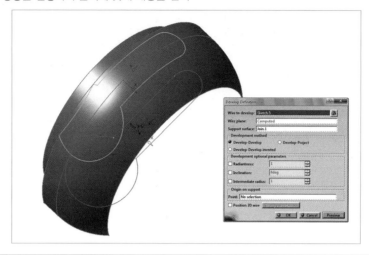

H. BIW Template

■ Junction

Description

• 두 개 이상의 Surface 형상을 이어주는 명령
• 각 Surface 형상의 단면과 단면을 이어주는 작업을 수행하며 따로 Guide를 그려주거나 방향성을 맞추어 줄 필요 없이 스스로 각 단면의 마디와 방향, Guide 등을 감지하여 형상을 정의

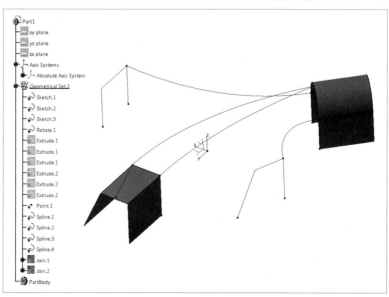

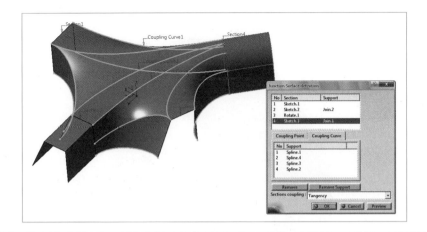

■ Diabolo

Description

- 이 명령은 하나의 Surface 형상에 또 다른 Surface 형상을 합쳐 넣는 기능을 수행
- 기존 곡면 형상의 중간에 임의의 공간을 설계하기 위한 경우에 사용
- 기준에 되는 Surface 형상을 Base Surface, 이러한 Base Surface에 합쳐질 Surface 형상을 'Seat Surface'로 정의

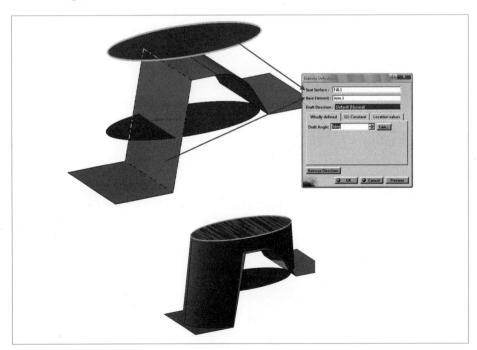

• Seat Surface와 base Surface 사이에 Draft 적용 가능함

▶ Seat Surface와 Base Surface가 교차할 경우

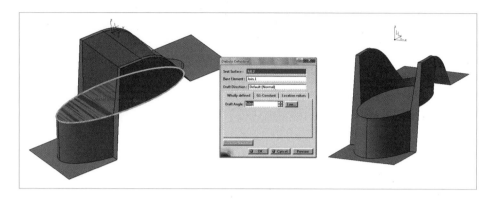

▶ Seat Surface와 Base Surface가 평행하지 않을 경우

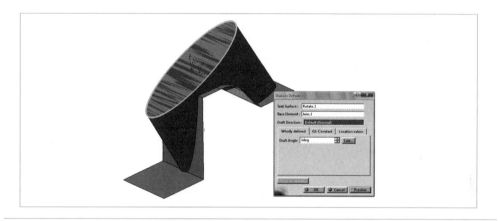

1. Holes Sub Toolbar

■ Hole

Description

• Hole(Round) 또는 Rectangle, Square, Elongated Hole(Slot) 형상을 Surface 위에 직접 만들어 주는 명령
• 명령을 실행하고 다음과 같이 Center Point와 Support Surface를 선택

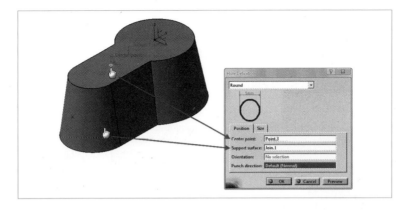

• Definition 창에 미리 보기 되는 값을 더블 클릭하여 수치 값을 입력

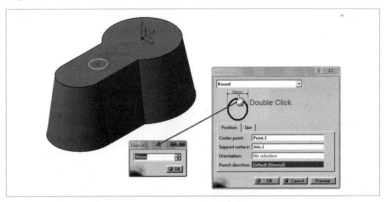

• 그러면 다음과 같이 Surface 위에 Hole이 만들어지는 것을 볼 수 있음

• 평평한 면에만 가능한 것은 아니며 아래와 같이 굴곡이 있는 면에 대해서도 Hole을 생성하는 것이 가능

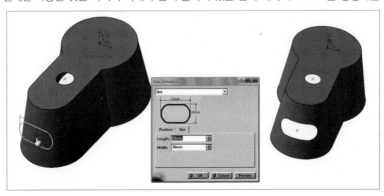

▶ Hole Type

 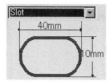 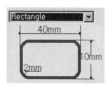 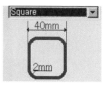

■ Hole Curve ▣

Description

- Surface 형상 위에 Hole(Round) 또는 Rectangle, Square, Elongated Hole(Slot) 형상을 투영하여 그려 주는 명령
- 단순히 곡면 형상위에 Hole 형상을 투영시켜 그려주는 기능을 수행

■ Mating Flange 🖼

Description

- Mating Flange는 현재의 Surface 형상에 Flange 형상을 만들어 주는 명령

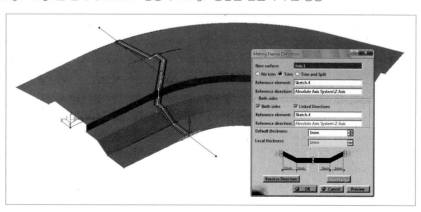

• Flange의 수치 입력은 Thickness 값과 Width, Margin, Wrap을 수치를 더블 클릭하여 입력 정의

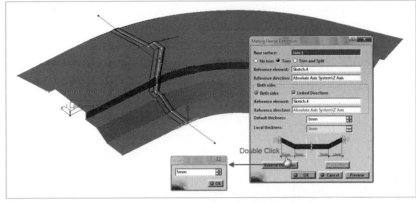

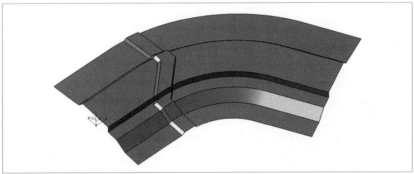

■ Bead

Description

• Surface 형상에 보강 부위를 만들어 주는 명령

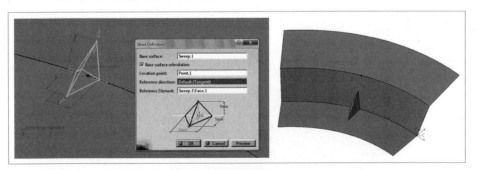

■ Blend Corner

Description

- 이 명령은 이미 생성된 라운드 형상 사이에 Blend Corner를 생성하는 기능
- 명령을 실행 후 Blend하고자 하는 모서리를 순차적으로 선택

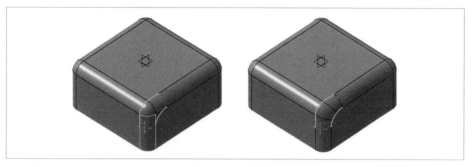

- 작업자는 마우스 조작을 통하여 Blend Corner 영역을 조절 가능

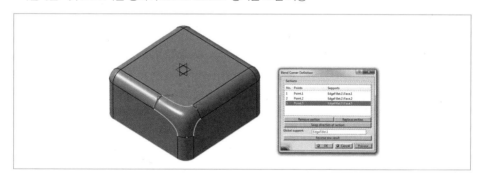

- 수치에 의한 Blend Corner 값을 정의하기 위해서는 아래와 같이 우마우스를 클릭하여 Edit으로 값 정의가 가능

I. Law Toolbar

- Law

Description

- 이 명령은 Sweep이나 Parallel Curve, Shape Fillet등과 같은 명령에서 특정한 형상 규칙을 정의한 후에 이를 필요한 작업에 불러와 사용할 수 있게 하는 기능
- 특정 규칙에 따라 정의되어야 하는 형상들을 일괄적으로 관리하기 위하여 Law를 생성하고 활용할 수 있음
- Reference와 Definition에 선택되는 형상에 의해 Law가 정의됨

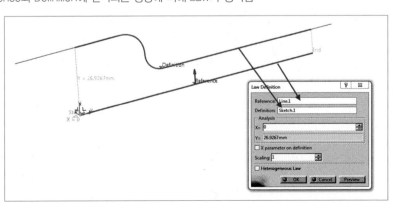

▶ X parameter on definition

- X parameter on definition 이라는 Option을 체크하면 X 방향 시작 및 끝 기준 값을 Reference 의 값으로 부터가 아닌 Definition에 입력한 Curve의 길이를 기준으로 설정

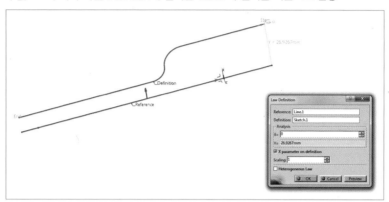

▶ Heterogeneous Law

- 단위에 대한 설정

- 필요한 경우 Scale로 그 파형의 크기 값을 스케일 변경해 줄 수 있으며 아래 그림은 간단히 Shape Fillet █ 에서 적용한 예시

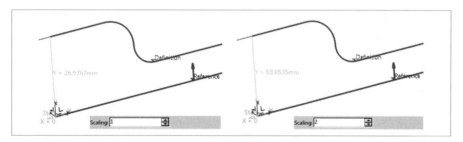

- 이렇게 만들어진 Law는 이를 지원하는 형상 정의 명령에 활용할 수 있음

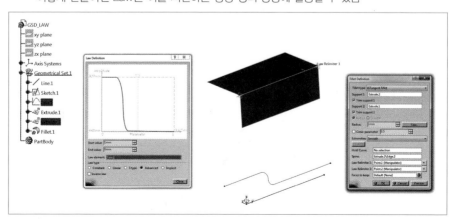

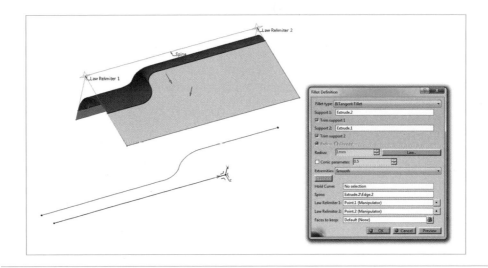

J. Analysis

■ Connect Checker

Description

- 서로 이웃하는 Surface 사이 또는 Wireframe 사이의 간극(떨어진 정도)를 분석해 주는 명령
- 이러한 간극 분석 기능은 Join과 같은 작업을 통해 형상 요소들 사이의 연산이 들어갈 때 선행되어야 함
- IGES와 같은 외부 파일을 Import할 때도 분리된(Isolate) 형상 요소들 사이를 검수할 때 사용
- 선택은 CTRL Key를 누른 상태로 대상들을 복수 선택

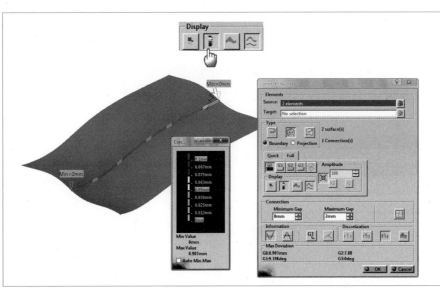

▶ Type

Curve–Curve Connection 	곡선과 곡선 요소 사이의 간극을 분석
Surface–Surface Connection	곡면과 곡면 사이의 간극을 분석
Surface–Curve Connection	곡면과 곡선 사이의 간극을 분석

▶ Continuity

- 연속성 분석을 위하여 Continuity Mode를 설정하고 대상의 간극을 분석
- 일반적으로 G0 Continuity가 이어지지 않은 형상들 사이에 제일 먼저 파악되어야 하지만 연속을 고려한 G1, G2도 고려해야 하는 경우가 대부분

▶ Connection

- 석할 대상들 사이의 Gap을 지정
- Maximum Gap은 특히 선택한 대상들 사이의 최대 Gap 보다 큰 값을 지정해 주어야 함

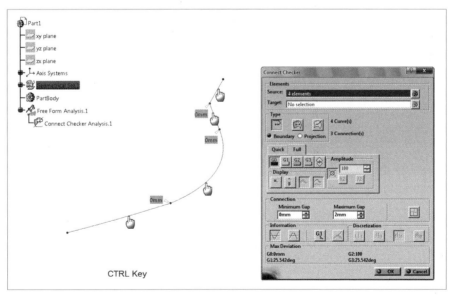

CTRL Key

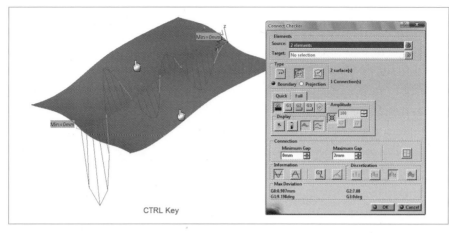

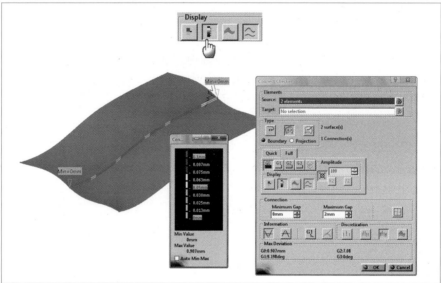

- 'Auto Min Max'를 체크하여 두 Surface 사이의 최대와 최소 Gap을 자동으로 찾아 표시

■ Light Distance Analysis

Description

- 선택한 요소 사이의 거리 간격을 분석해 주는 기능으로 선과 면 요소에 대한 분석 가능
- 명령을 실행 후 기준이 되는 형상(Source)과 목표가 되는 형상 요소(Target)를 선택
- 다음으로 Projection 방향 요소를 지정 후 Apply를 실행. 여기서 Limit Range 값과 사용자 지정 최대 값 (User Mac Distance) 정의가 가능
- 도트 표시로 해당 위치의 거리 간격을 표시

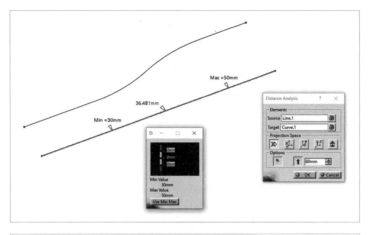

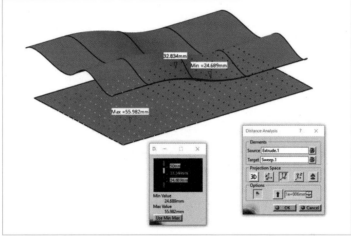

■ Feature Draft Analysis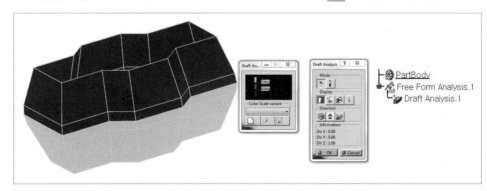

Description

- 형상을 구성하는 면요소에 대해서 기울어진 값을 찾아내는 명령. 즉, 형상의 Draft 값을 측정할 수 있음
- 이 명령을 사용하기 위해서는 View Mode를 'Shade with material 로 변경해 주어야 함

■ Surface Curvature Analysis

<hr>

Description

- 곡면 요소의 곡률을 분석하는 도구
- View Mode를 'Shade with material 🔳 로 변경해 주어야 사용 가능
- 명령을 실행 후 곡면 요소를 선택해 주면 다음과 같은 Definition 창과 Surface 형상에 표시가 나타남

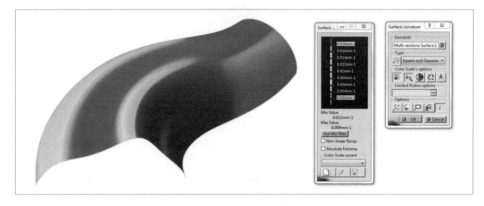

- 여기서 Use Min Max를 클릭해 주면 다음과 같이 Surface의 곡률을 최대에서 최소로 나누어 Contour로 표시

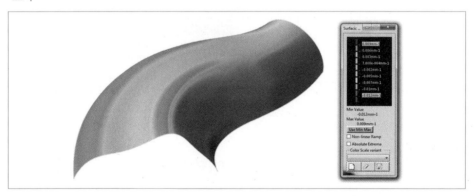

- 이러한 곡률 분석은 제품 형상의 외관의 연속성을 체크하거나 광학적인 분석을 위해 사용되는 중요한 기능

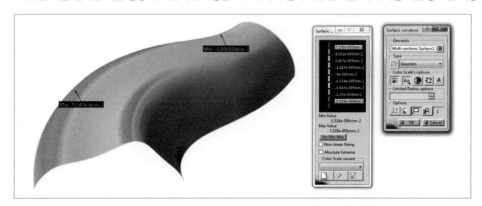

- Porcupine Analysis

Description

- Curve나 Surface의 Edge 요소에 대해서 곡률을 분석하는 명령
- 명령을 실행하고 Curve 요소를 선택해 주면 다음과 같이 Curve 요소가 어떠한 곡률을 가지고 있는지 표시

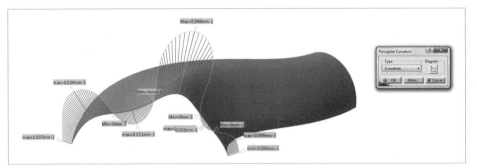

- 선택한 Curve 요소에 대해서 Curvature 또는 Radius 두 가지 Type으로 분석 가능
- 다음과 같이 여러 개의 Curve 요소를 동시에 CTRL Key로 선택하여 한 번에 관찰 가능

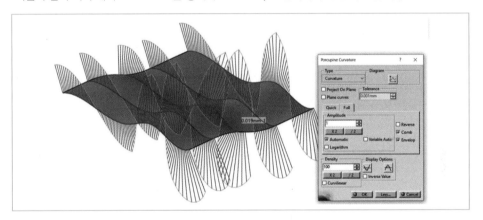

- Diagram을 이용하여 각 Curve 요소에 대한 분석 값을 그래프화 할 수 있음

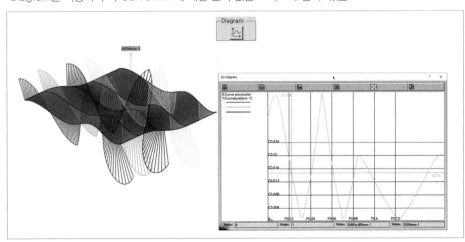

335

K. Tools

■ Update All

Description

- 이 명령은 모델링 작업에 있어 형상 변경 후 수정 사항이 업데이트되지 않았을 때 사용
- 자동 업데이트 Option을 설정해 놓았다면 비활성화되며 업데이트가 항상 자동으로 수행되지만 경우에 따라 작업자의 개별 업데이트 실행이 필요한 경우에 사용

■ Manual Update Mode

Description

- 모델링 작업에서 수정 상황이 발생하였을 때 자동으로 업데이트 하지 않고 작업자의 지시에 따라 업데이트 하도록 하고자 할 경우에 설정
- 이 명령이 켜있으면 위의 Update All 명령을 사용하여야 Part가 업데이트 됨

■ Create 3D Axis System

Description

- Part에 Axis System을 생성
- Axis System이란 CATIA에서의 Reference Element의 일종으로 원점과 3축 방향, 그리고 XY, YZ, ZX 평면 요소를 가진 요소입니다. 하나의 Axis에 7개의 Reference Element로 구성

- 기본적으로 원점에 생성되는 Absolute Axis와 달리 추가적으로 새로운 위치에 Axis를 생성할 수 있음
- 명령을 실행하면 다음과 같은 Definition 창이 나타남

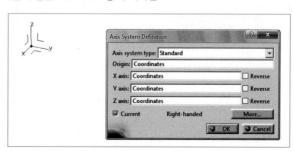

- 반드시 설정되어야 할 입력 요소로 원점(Origin) 성분이며 그 다음으로 부가적으로 X, Y, Z 각 축 방향 성분을 지정할 수 있으며 Reverse를 사용하여 축의 + 방향 변경도 가능
- 이렇게 생성한 Axis를 스케치 작업이나 형상 모델링 작업에서 선택하여 바로 사용하는 것도 가능하며 자신이 사용하고자 하는 Axis에 Set as Current로 지정해 줄 수 도 있음

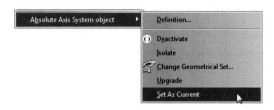

1. Grid Sub-toolbar

■ Work On Support

Description

- 이 명령은 3차원 GSD 상에서 공간을 제약적으로 사용하기 위해 Support를 지정하는 기능으로 여기서 Support를 지정하면 해당 평면 위치로 한 차원으로의 자유도가 제거되어 마치 평면에서 Sketch를 하듯이 GSD 메뉴를 사용 가능
- 명령을 실행하고 Support에 평면 요소를 선택하면 아래와 같이 창이 확장됩니다. 여기서 Work on Support의 원점이 될 지점을 선택해 주고 Grid Spacing 등의 설정을 추가로 해줄 수 있음

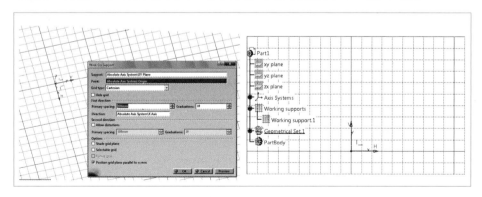

- 이러한 Work on Support는 작업의 필요에 따라 임의의 평면 위치에 설정이 가능하며 한번 작업을 마친 후에도 필요에 따라 재사용이 가능
- Spec Tree에서 Work on Support는 활성화되면 붉은색으로 활성화를 표시

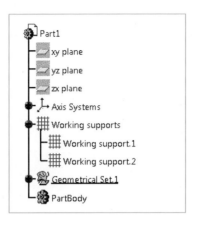

- 여러 개의 Work on Support를 사용할 경우에는 활성화하고자 하는 경우에는 원하는 Work on Support 를 선택하고 Work Supports Activity  명령을 사용하여 전환이 가능
- Work on Support의 사용 종료 역시 Work Supports Activity 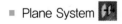 명령을 사용

■ Snap To Point

Description

- 앞서 Work on Support 상에서 작업하는 경우에 Grid가 생성되어 마치 2차원 Sketcher와 같은 환경에 서 3차원 모델링 도구를 사용
- 격자 사이 교차점으로만 포인터가 이동

■ Work Supports Activity

Description

- 앞서 Work on Support를 사용하다 종료를 하려거나 또는 Support로 이동하고자 할 경우에 사용

■ Plane System

Description

- Plane System은 선체나 항공기의 경우에 등간격으로 Plane을 정의하고 작업해야 하는 경우에 유용하게 사용할 수 있는 명령으로 수작업으로 일일이 평면 요소들을 정의하지 않고 Primary Set 및 Secondary Subset까지 정의가 가능

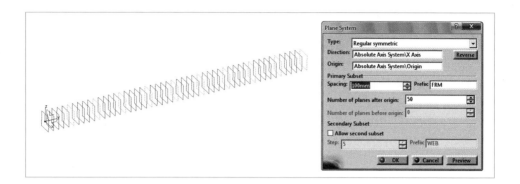

■ Create Datum

Description

- CATIA Modeling 시 Historical Mode를 해제하는 명령
- Historical Mode란 일반적으로 어떠한 모델링 작업을 수행하는데 있어 Parents/Children 관계를 유지한 상태에서 작업을 수행하는 Mode를 의미
- 일반적으로 우리가 수행하는 모델링은 작업에 종속 관계에 따른 Link가 있기 때문에 작업 과정에서 수정이나 데이터 변경/삭제에 따른 업데이트가 수행
- 그러나 Datum Mode를 사용하면 만들어진 결과 형상을 Parent와 상관없이 Isolate된 형상이 생성

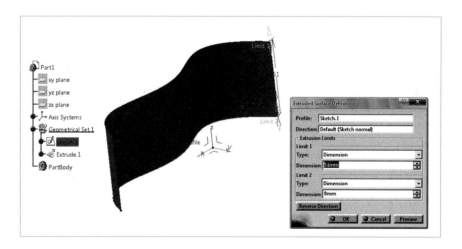

- 그 결과는 다음과 같으며 Isolate 된 상태이기 때문에 여기서 Sketch 형상을 삭제해도 곡면 형상에는 아무런 문제가 없음

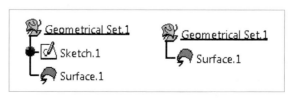

Surface와 Wireframe 형상 요소를 이용해 작업을 하다 보면 작업한 결과 형상이 연속적으로 이어지지 않고 따로 나뉘어진 여러 개의 요소가 되는 경우가 발생하며, 이런 경우 CATIA에서는 바로 결과를 출력하지 않고 Multi-Result Management 창을 띄워 이 결과를 어떻게 할 것인지 선택하게 합니다.

그 이유는 이러한 결과가 의도한 것일 수도 있고 그렇지 않은 것일 수도 있으나 하나의 작업으로 인해 나온 결과 형상은 연속적이어야 하기 때문입니다.

이러한 경우 한 작업에 의해 여러 개의 결과물이 나와 Multi-Result라고 하며 다음과 같은 창이 나타납니다.(Surface 형상 위에 Curve 요소를 Project 하는 과정에서 연속적이지 않은 결과 발생)

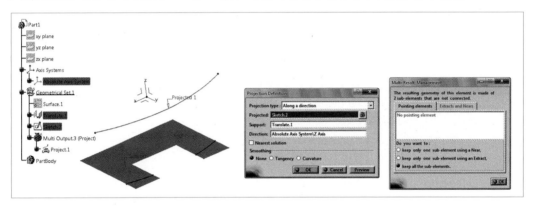

A. Multi-Result Management Mode

- ■ Keep one Sub-Element using the Near command

  - 복수의 결과로 나타난 형상 중에 임의의 기준 요소와 가장 가까운 부분을 살리고 나머지는 제거하는 방식

  - 이 방식을 사용하면 Near라는 명령의 Definition 창이 나타나 남겨놓고자 하는 부분의 근처에 있는 요소를 선택할 수 있는 창이 나타남

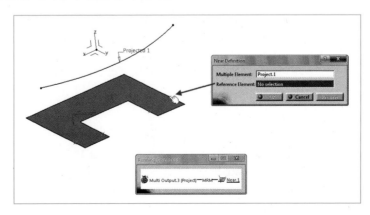

- 여기에 Surface의 꼭지점이나 모서리 등을 선택해 주면 그것과 가장 가까운 부분이 남게 되고 다른 부분은 제거
- Spec Tree 상에 Near로 결과물이 생성됨

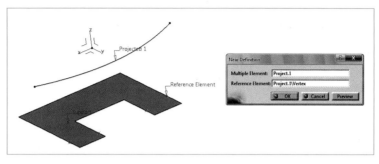

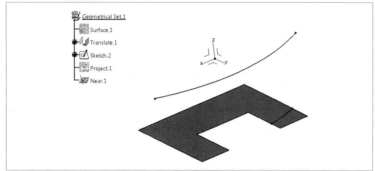

■ Keep One Sub-Element using the Extract command

- 복수의 결과로 나타나는 형상 중에 원하는 부분만을 Extract 명령을 사용하여 남기는 방법
- 이 방식을 선택하면 다음과 같이 Extract Definition 창이 나타나며, 여기서 원하는 형상의 부분을 선택

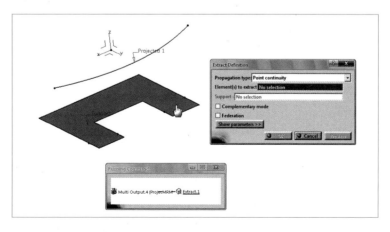

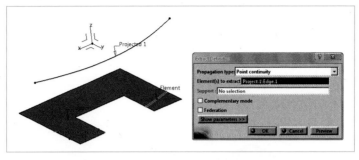

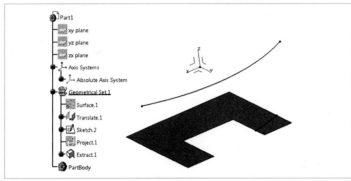

- ■ Keep all the sub-Elements

  - • 이 방식은 복수의 결과로 나온 형상을 변경하지 않고 있는 그대로 놔두는 방식

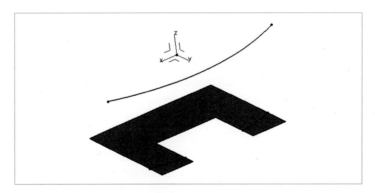

  - • 그러나 이 방식으로 유지된 복수 요소는 다른 작업을 하는 데 있어 항상 이 Multi-Result Management를 상태를 유지
  - • 따라서 이 방식으로 사용은 이 점을 감안하고 나중에 따로 이 목수의 결과물들을 수정할 경우에 사용하길 권장

CHAPTER 06

Assembly Design

Workbench

A. Product 도큐먼트란?

Assembly Design Workbench에서의 작업은 Product 도큐먼트를 사용합니다.(*.CAPtoduct) Product 도큐먼트는 설계 대상의 형상 데이터를 생성하거나 가지지 않고 단순히 이들 Component들 사이의 구속 관계 및 응용 작업에 대한 정보만을 가지게 됩니다. 따라서 Assembly 작업을 마치고 *.CATProduct만 백업하거나 파일을 이동시켜서는 안됩니다. 형상 요소에 대한 모든 정보는 Part 도 큐먼트에 저장되어 있기 때문입니다.

Product의 핵심은 단품 요소들의 관리입니다.

B Workbench 들어가기

따라서 단축키를 사용하여 간편하게 Workbench를 실행시킬 수 있으며 또는 시작 메뉴에서 경로를 따라 직접 명령을 선택해 줄 수 있습니다.

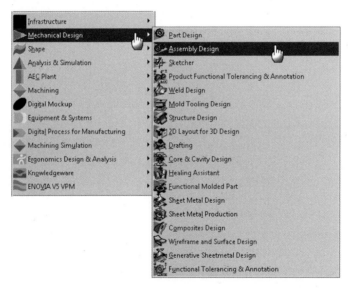

Assembly Design Workbench에 들어가면 다음과 같은 화면 구성을 볼 수 있을 것입니다.

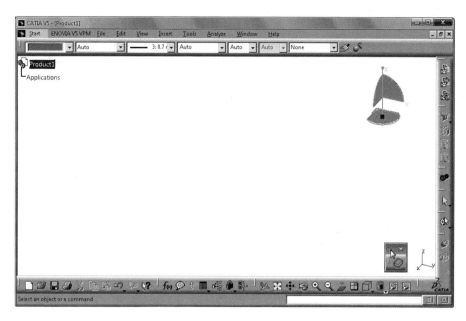

Spec Tree의 구조가 위와 같이 Product와 Applications으로 시작하는 것을 확인할 수 있습니다. 그러나 화면에서 보이는 바와 같이 원점 상에 Axis나 Plane이 존재하지 않음을 확인할 수 있습니다. 단일 3차원 형상에 대한 어떤 정보도 Product 스스로는 갖지 않기 때문입니다. Part 요소들이 추가되어야지만 가능합니다. Product의 Spec Tree의 성분은 앞으로 작업을 하면서 Component나 Constraints, Application이 추가되게 됩니다.

C Assembly Design Methodology

■ Bottom-Up 방식

Description
• 가장 일반적인 모델링 방식으로 전체 Product 형상을 구성하는 요소들(Components)들을 미리 만들어 놓고 이러한 각각의 Component들을 전체 Product에 불러와 이 성분 간의 구속을 부여
• 필요한 단품 형상을 Part Design Workbench나 GSD Workbench에서 Part 도큐먼트에서 생성 후 저장
• 빈 Product를 생성하여 속성을 정의한 후, Product에 구성 요소가 될 Component들을 불러옴. 여기서 Component들은 Part 도큐먼트일 수도 있으며 소단위로 구성된 Sub Assembly일 수도 있음
• 필요한 경우에 따라 전체 Assembly 형상을 만들기에 앞서 소단위 Assembly 작업을 수행하며, 이렇게 전체 Assembly 형상에 하위 요소로 들어가는 Assembly를 Sub Assembly라 부름
• 이 각각의 Component들 사이에 구속을 부여하여 각 구성품의 위치나 관계를 정의
• 구속해 주는 과정에서 Component간의 충돌이나 간섭은 없는지 체크하여 필요한 경우 Component를 수정
• Assembly 상에서 필요한 정보를 추출하거나 응용 작업을 수행

■ Top-Down 방식

Description
• 이 방법은 전체적인 형상의 윤곽이 잡혀있는 상태에서 세부 작업을 실행하는 방법
• Top-Down 방식은 전체 Assembly 형상에 대한 Tree 구조와 내부 구성 요소에 대해서 정의가 완료된 상태에서 작업을 시작. Skeleton Part/Product를 정의한 후 작업해 주는 경우도 있음
• 빈 Product를 정의한 후에 Properties 정보를 입력
• 필요한 경우 Skeleton을 빈 Product에 먼저 구성
• 현재 Product의 하위에 필요한 빈 Part 또는 빈 Product를 추가하여 Structure를 구성
• 위에서 추가해 준 빈 Part에 형상을 구성하는 각 구성 요소를 각각 모델링 정의
• Assembly 상에서 필요한 정보를 추출하거나 응용 작업을 수행

SECTION **02** **Assembly Design Toolbar**

A. Product Structure Tools

■ New Component

Description
• 기존의 Product 구조에 Component를 추가하는 기능
• 이러한 Component들을 추가함으로써 Root Assembly의 Sub Assembly를 구성하는데 사용
• Component는 또 다른 Component를(Product, Component, Part) 추가하는 것이 가능하여 Product 구조를 구성할 수 있음
• Component는 따로 독립된 파일로 저장되지 않으며 상위 Product에 종속되어 저장
• New Component 명령을 실행시키고 추가하고자 하는 상위 Product를 선택. 명령을 실행시킨 후에 상위 Product를 선택해주거나, Product기 선택된 상태에서 실행해야 Component가 추가됨

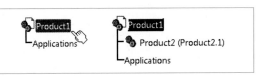

• 또는 Component ⇨ Contextual Menu ⇨ Components ⇨ New Component 선택
• Product 선택 후 풀다운 메뉴의 Insert ⇨ New Component로 선택 가능

■ New Product

Description

- 기존의 Product 구조에 빈 Product를 추가하는 명령
- Product 안에 빈 Product들을 추가하여 이곳에 Sub Assembly 구성 가능
- Component를(Product, Component, Part) 추가하여 Product Structure를 구성하는 것이 목적
- New Product  명령을 실행시키고 추가하고자 하는 상위 Product를 선택하여 명령을 실행시킨 후에 상위 Product를 선택해주거나, Product가 선택된 상태에서 실행해야 Component가 추가됨

- 위의 Component를 추가하는 방법과 마찬가지로 Contextual Menu를 사용하거나 풀다운 메뉴에서 빈 Product를 추가해 줄 수 있음
- Component와 Product는 서로 비슷한 점이 많지만, 결정적으로 Component는 독립적인 파일로 저장이 불가능함. Product만 CATProduct 형식으로 저장 가능
- Product ⇨ Contextual Menu ⇨ Object ⇨ Open in New Window로 별도로 Product를 열어 설계 작업이 가능

■ New Part

Description

- 빈 Part 도큐먼트를 지정한 Product/Component에 추가해 주는 명령
- New Part 명령을 실행시키고 추가하고자 하는 상위 Product를 선택

- 이미 Product/Component안에 Part가 존재한다면 다음과 같은 New Part : Origin Point 창이 나타나며 새로 추가하는 Part의 원점을 정의할 수 있는 옵션을 제공

Yes	No
'Yes'를 선택하면 현재 화면상의 임의의 지점의 기준을 선택해 주어 그 점을 원점으로 새로운 빈 Part가 만들어짐	'No'를 선택하면 기존의 Part의 원점과 일치된 상태로 빈 Part가 추가됨

- 이렇게 추가된 빈 Part에 모델링 작업을 할 수 있는데 그러려면 Spec Tree에서 Part를 더블클릭하여 Part Level로 이동하여 모델링 작업이 가능
- 새로 만든 Part에 대해서는 반드시 저장을 해주어야 함

■ Existing Component ![icon]

Description

- 이미 만들어 놓은 Part나 Product와 같은 도큐먼트를 현재 선택한 Product/Component에 추가해 주는 명령
- STEP, CGR 등과 같은 파일 형식도 삽입 가능하며, 특히 직접 열기가 불가능한 데이터 중에서도 Existing Component로 Product에 삽입하여 불러오는 것이 가능
- Existing Component 명령을 실행하고 추가하고자 하는 상위 Product를 지정해 준 후, Component들을 선택하는 창에서 원하는 대상들을 선택(복수 선택 가능)
- Bottom Up 방식으로 만들어 놓은 데이터를 현재 지정한 Product/Component에 불러오는 것이 핵심

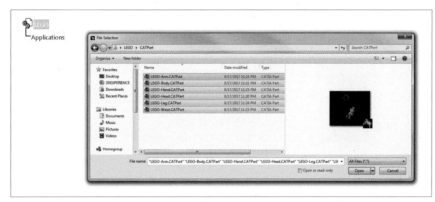

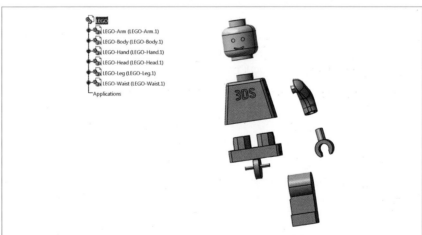

- Existing Component 역시 Contextual Menu에서 Existing Component 사용 가능
- 삽입한 대상들에 대해서 적절한 위치 구속 및 응용 작업이 필요하며 동일 대상을 여러 개 불러온 경우 자동으로 Numbering이 들어감
- 이미 열려있는 컴포넌트들의 경우 드래그하여 원하는 Product/Component에 삽입도 가능하며 Spec Tree 상에서 복사하여 붙여넣기도 사용 가능

▶ Part Number Conflicts

- 간혹 이미 만들어진 Component를 불러오다 보면 Part Number Conflicts 창이 출력되는데 이는 동일한 Part Number를 가진 서로 다른 컴포넌트를 불러오는 것을 대비하는 것으로, 충돌되는 대상의 Part Number를 수정해 준 후에 불러와야 함
- 해당 데이터를 찾아 수정 후 다시 불러올 수도 있으나 Part Number Conflicts 창에서 수정도 가능 (Rename, Automatic rename)

■ Existing Component With Positioning

Description

- 기존에 존재하던 Component를 현재 선택한 상위 Product에 위치를 잡아서 추가해 주는 명령
- 위의 Existing Component 명령과 큰 차이는 Component를 원하는 위치를 지정하여 불러오거나 또는 구속(Assembly Constraints)까지 생성하며 위치를 잡고 Component들을 불러온다는 것
- Existing Component with Positioning을 실행시키고 추가하고자 하는 상위 Product를 선택해 주면 파일 선택 창이 나타남
- 컴포넌트를 지정한 후 명령을 실행하여 원하는 파일을 선택하면 Component가 불러와 지면서 Smart Move 창이 동시에 나타남
- Smart Move 창에서 형상을 이동시키는데 사용하는 기능으로 여기서 현재 Product에 있는 형상과 새로 불러올 형상 사이에 접하는 부분이나 일치하는 부분을 잡아 줄 수 있음
- 만약에 이렇게 Smart Move로 이동한 것에 대해서 구속까지 부여하고자 한다면 'Automatic Constraint creation'을 체크

■ Replace Component

Description

- 이 명령은 현재 Product에 들어있는 Component를 다른 Component로 바꾸어 주는 명령
- 설계 작업에 기존 데이터를 수정하는 경우도 있지만 완전히 다른 데이터로 교체가 필요한 경우에 사용할 수 있는 기능

- 단순히 기존 컴포넌트를 삭제(Delete)하고 새로 불러오는 방법은 지양해야 함

- Component를 바꾸어 줌과 동시에 원본 Component가 가진 다른 기존 Component들과 맺은 구속들이 영향받으므로, 교체할 대상의 형상에 따라 구속 관계는 끊어질 수 있으며 이런 경우 Constraints 창에서 Reconnect 작업이 필요

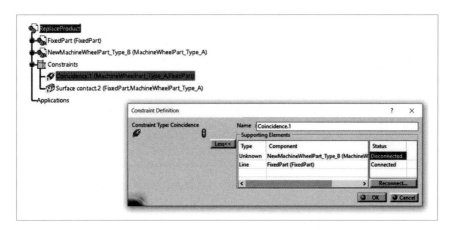

- Replace Component를 보다 원활하게 사용하기 위해서는 Publication을 공부하기를 추천

■ Graph Tree Reordering

Description

- 이 명령은 Product에 불러와진 Component들의 순서를 재정렬 시켜주는 명령
- Component를 불러 올 때 마구잡이로 Component를 불러왔다거나 순서상에 재정렬이 필요한 경우 사용
- 명령을 실행시키고 재정렬하고자 하는 Product를 선택하면 Graph tree reordering 창에 나타나는데 여기서 순서를 바꾸고자 하는 Component를 선택하여 화살표를 이용하여 순서를 변경

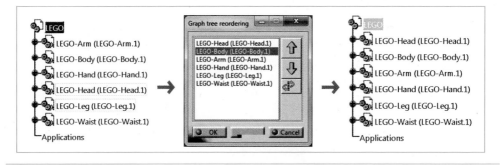

■ Generate Numbering

Description

- 이 명령은 Assembly의 각 Component에 번호를 부여하는 명령
- 이렇게 Component들에 번호를 부여하는 것은 Assembly 상에서 각 Component들을 표현하는데 있어 간략하게 표현이 가능하며, BOM을 생성할 경우에 단품 품번으로 활용할 수 있음

- 또한 Drafting에서도 BOM을 테이블로 가져오는데 연동
- 명령을 실행시키고 Numbering을 원하는 Product를 선택. 선택하지 않으면 명령이 실행되지 않음
- Generate Numbering 창이 나타나면 숫자로 Numbering을 할 것인지 또는 알파벳으로 할 것인지를 선택
- 각 Component의 Part 도큐먼트의 속성(Properties)에 들어가 보면 Instance에 Numbering이 들어간 것을 확인할 수 있음
- 이러한 Numbering은 Product에 순서한 순서대로 정의되며 Product에는 적용되지 않으며 우리가 임의로 수정할 수 없음

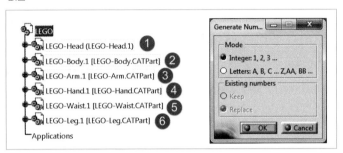

- Numbering은 현재의 Root Product에 있는 Part 도큐먼트들에 대해 먼저 Numbering이 들어가고 그 하위에 있는 Sub Assembly 안에 들어있는 Part 도큐먼트들은 그다음 순서대로 Number가 정의
- 만약에 기존의 Product에 Numbering이 들어가 있는 상태에서 새로운 Component가 수정되었거나 순서가 변경되었다면 다음과 같이 Dialog Box에 Existing Number에 대해서 Keep 또는 Replace를 통해 현재 Number들은 유지하고 나머지 Component들에만 Numbering을 하거나 새로이 전체 Component들을 처음부터 Numbering되게 할 수 있음

■ Selective Load

Description

- 이 명령은 전체 Product에 대해서 부분적으로 Sub Assembly 형상을 불러오게 하는 명령
- 일반적으로 Assembly 된 Product를 불러오면 전체 Component들이 모두 불러와 지기 때문에 구조가 복잡하거나 대량의 데이터를 다루는 경우 성능적인 입장에서 이러한 기능을 필요
- 기본적으로 해제된 기능으로, 옵션을 설정하지 않으면 기능을 사용할 수 없음
- Tools ⇨ Options ⇨ General Tab에서 Reference Documents의 Load referenced documents를 해제
- 이 옵션을 해제하면 Sub Assembly의 하위에 존재하는 Component들은 바로 Load되지 않고 Sub Assembly의 Product까지만 출력됨(아이콘 모양 중 ⚙ 에 주목)

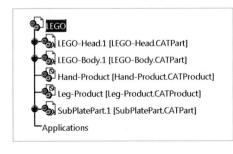

- 여기서 Selective Load 명령을 실행시키고 Load 하고자 하는 Component를 선택해 주면 Product Load Management 창이 나타나며, 여기서 Load하고자 하는 수준을 Open depth에서 선택
- 즉, 선택한 Product의 다음 단계의 Component까지만 열 것인지(1) 아니면 그 다음의 Product안의 Component들까지 열 것인지(2) 또는 전체 Component를 열 것인지를 선택할 수 있음
- 선택한 Product가 또 다른 Product를 안에 포함하고 있는 경우에 수준을 정해서 Load할 수 있음
- Open depth를 선택한 후 Load 버튼을 클릭
- 그럼 다음과 같이 Definition 창의 Delayed actions에 불러오지 않았던 성분이 표시되며, OK를 클릭하면 해당 Product의 Component들이 불러와 짐

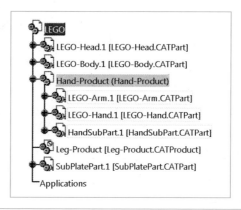

■ Manage Representations

Description

- 이 명령은 선택한 Part의 형상 정보를 여러 개의 도큐먼트로부터 불러와 형상 표현을 여러 가지로 할 수 있게 해주는 명령
- 즉, 하나의 Part의 형상을 만들어 놓고 이 Part에 이미 만들어진 다른 형상 파일을 적용할 수 있으며 이렇게 여러 개의 Part 형상을 저장해 놓고 원하는 형상을 활성화해 나타나게 할 수 있음
- 명령을 실행시키고 원하는 Part를 선택하면 Manage Representations 창이 나타나며, 여기서 Default 로 현재 Part 도큐먼트에 들어있는 형상에 대한 정보가 Shape 1로 표시
- Name은 Rename으로 변경할 수 있으며 Source에서는 현재 형상 파일의 위치가 표시
- Type에서는 도큐먼트의 종류를 안내
- Default에서는 초기 값으로 나타나는지 나중에 추가한 형상인지를 'Yes' 또는 'No'로 설정
- 여기서 Associate를 이용하여 또 다른 Shape 형상들을 불러올 수 있는데 도큐먼트를 열어 불러오는 것 과 같으며, 여기서 불러올 수 있는 Shape 형상은 몇 가지로 한정됨
- Associate로 불러올 수 있는 파일 형식 : CATShape, 3dmap, 3dxml, Model, Step, ASM, PRT 등

1. Multi-Insanitation Sub Toolbar

■ Fast Multi-Instantiation

Description

- 본 기능을 학습하기에 앞서 Defining a Multi ┌Instantiation ┐ 명령을 먼저 공부하기를 권장
- 이 명령은 하나의 Component를 복수로 불러올 때 사용하는 명령으로, Defining a Multi-Instantiation ┌ ┐ 를 통하여 복수로 불러올 형상의 수와 방향을 정한 설정대로 이 명령에서는 설정 없이 바로 동일한 Component를 복수로 불러올 수 있음
- 여기서 복수로 불러올 수 있는 Component는 Part 도큐먼트나 Sub Assembly를 가진 Product 도큐먼트 모두 가능
- 참고로 복수로 불러오고자 하는 Component는 이미 현재의 Product에 불러와 있어야 함. 다음으로 해당 Component를 선택하고 Fast Multi ┌Instantiation을 실행. 여기서 불러오고자 하는 대상을 선택해 주면 앞서 Defining a Multi ┌Instantiation ┐ 에서 설정한 값대로 Component가 불러와 짐

- 여기서는 LinkAssembly라는 Product를 선택해 주었기 때문에 Product안에 있던 모든 Component가 불러와 진 것으로, 만약에 Sub Product의 특정한 Part 만을 불러오고자 한다면 그 대상만을 선택해 주면됨
- 복수로 불러온 대상에 대한 Part Number의 Numbering은 자동으로 적용됨

■ Defining a Multi-Instantiation

Description

- 이 명령은 현재의 Product에 불러온 Component 중에 복수로 여러 개의 Component를 불러오고자 할 때 그 수량과 방향을 정하여 한 번에 불러오는 명령
- Product 상에서 동일한 형상의 Component가 여러 곳에서 사용이 된다면 이를 모두 따로 만들어 줄 필요가 없이 원하는 수량만큼 불러와 주기만 하면 됨
- Component를 일일이 Existing Component로 불러오는 방법도 있으나 동일 Component를 다량으로 불러오고자 할 경우에는 이 명령을 사용하는 것이 바람직함
- 복수로 불러오고자 하는 형상을 선택한 후 Defining a Multi-Instantiation 명령을 실행

- Component to Instantiate에는 현재 복사하고자 하는 Component 대상이 선택되어야 함
- Parameters에서 Component들을 불러오는 값을 설정
- New Instance에는 복사하고자 하는 수량을 입력. 이 수는 원본 Component를 제외한 값
- Spacing에는 불러와 지는 Component들 간의 간격을 정의
- Reference Direction에서는 Component들이 불러와 지는 방향을 잡아 줄 수 있음. 기본적인 X, Y, Z 방향과 또는 임의의 방향을 Selected Element에서 선택할 수 있음

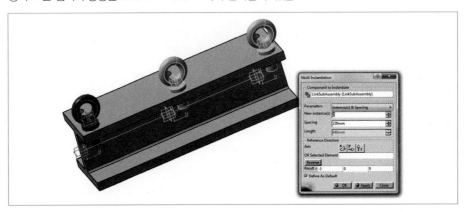

- 입력한 수만큼 Component가 생성되어 지정한 위치에 복사되는 것을 확인 가능

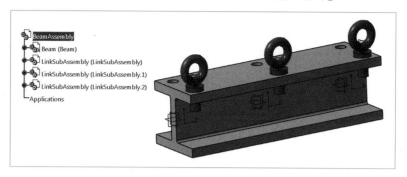

- 이렇게 정의한 값은 앞서 공부한 Fasr Multi rInstantiation의 기본 값으로 사용됨(Define As Default로 체크 후 사용 한 경우)

B. Move

■ Manipulate

Description

- 이 명령은 선택한 컴포넌트를 직선 방향 또는 평면, 회전축 기준으로 단순 이동시키는데 사용하는 명령
- Assembly 상에 컴포넌트들을 불러온 상태에서 대상들을 배열하기 위하여 우선 구속에 앞서 위치를 조절해 줄 수 있음
- Manipulate를 실행시키면 Manipulation Parameters 창이 나타나며, 선택한 Component를 X축 방향으로 이동시키고자 한다면 Drag along X axis 를 선택한 뒤에 Component를 선택하여 드래그하면 선택한 Component가 X축 방향으로 이동 가능. 여기서 다시 다른 방향 요소를 Manipulation Parameters에서 선택한 후에 Component를 드래그하면 다시 해당 방향으로 움직이는 게 가능

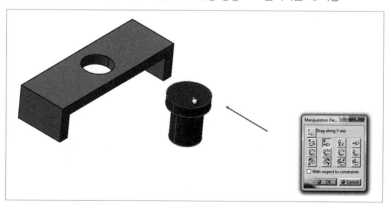

- Drag along any axis 요소는 컴포넌트를 임의의 방향을 선택해서 이동. 축 방향 요소를 먼저 선택 후 대상을 드래그

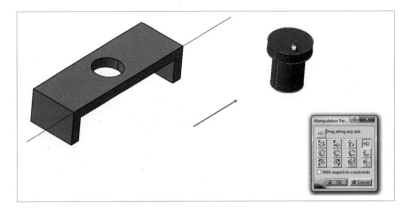

- With respect to Constraints를 옵션을 체크하면 다른 Component들과의 충돌이나 구속에 의한 움직임을 제한하여 구속된 Component는 구속에 영향 받는 방향으로는 움직이지 않음

- 또한, 나중에 배울 Manipulate on Clash 🎁 명령을 체크하면 Component를 이동시킬 때 다른 Component들과 만나 충돌하기 전까지만 움직이게 하는 게 가능

- 마지막으로 Manipulate를 사용하면서 기억할 것은 OK를 눌러야 현재 이동한 위치로 옮겨지고 만약에 Cancel을 누르면 Manipulate를 하기 전의 위치로 초기화 됨

1. Snap Sub Toolbar

■ Snap 🎮

Description

- Component들과 Component들 간에 관계 통하여 이동을 시키는 명령으로 Component들 간의 면과 면을 선택하여 이 면을 일치시키게 움직이거나 또는 Component들의 모서리나 축 요소를 선택하여 이들 간에 일치하도록 이동 가능

Step 1	Step 2

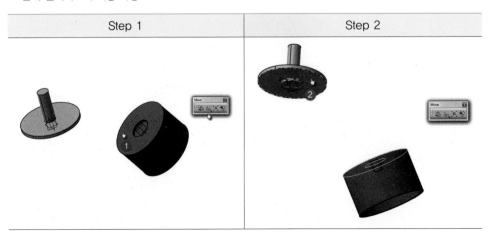

Step 3

- 한 번에 원하는 위치 상태를 잡아줄 수 있는 것은 아니므로 단계적으로 원하는 위치를 정의할 수 있는 연습이 필요

Step 1	Step 2
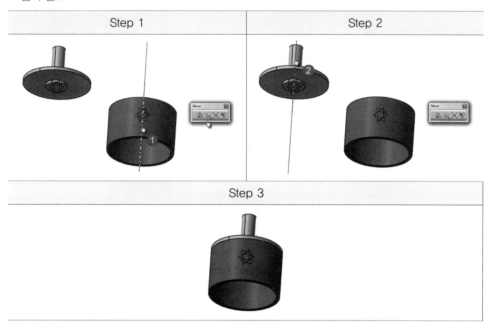	

Step 3

- 여기서 기억할 것은 항상 처음 선택한 Component가 이동한다는 것으로, 즉 두 대상간의 이동시에 처음 선택한 Component가 이동하여 일치됨
- 다음과 같이 두 대상을 선택하여 이동시킨다고 하였을 때 녹색으로 나타나는 화살표를 선택하면 Component의 방향을 바꾸어 줄 수 있음

Step 1	Step 2

Step 3	Step 4
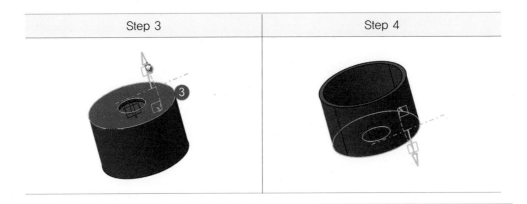	

- Smart Move

Description

- 이 명령은 Snap 명령과 Constraints생성 기능이 복합된 명령으로 Component들을 이동시키면서 이 이동 조건과 일치하는 구속 명령을 동시에 부여할 수 있음
- Smart Move 명령을 실행시키면 다음과 같은 Dialog box가 나타나며, Automatic Constraints Creation 을 체크하면 Snap 이동과 함께 구속을 함께 부여 가능
- 명령의 사용하는 방식은 Snap  과 동일

Step 1	Step 2
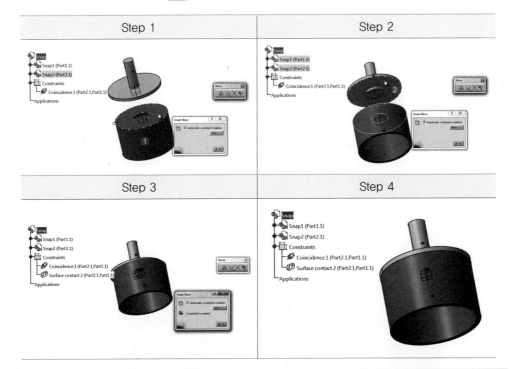	
Step 3	Step 4

■ Explode

Description

- 이 명령은 현재 Product에 속한 Component들을 3차원 공간으로 퍼트리는 기능을 수행
- 주로 처음엔 Component들을 불러왔을 때 불러온 위치가 한곳에 뭉쳐있어 구속을 주기 힘들 때 일단 공간상에 퍼트린 뒤에 구속을 주어 다시 하나의 위치를 가지게 하는 경우나 전체 형상에 구속을 부여한 후 일부 위치를 재설정하거나 구속 상태를 확인하기 위해서 사용
- 말 그대로 Product의 Component를 공간상에 퍼트려 버림

- 명령을 실행 후 Definition 창에서 Depth에는 현재 Product에 포함된 Product에서 어느 정도 단계까지 Explode할 것인지 정의 가능하며, All Levels를 선택하면 말 그대로 Root Product의 모든 Component 들을 모두 퍼트리게 함
- Type에서는 Explode 되는 형태를 결정지을 수 있음. Explode Type으로는 3D, 2D, Constrained 가 있으며, Fixed Product에서는 현재의 Explode에서 현재 위치에 고정시킬 Component를 선택할 수 있음. Fixed Component에 선택된 요소는 Explode에서 움직이지 않음

- Scroll Explode를 이용하여 Explode되는 정도를 조절할 수 있는데 완전히 퍼트리려는 게 목적이 아니라면 Scroll을 적당히 조절하여 원하는 Explode 상태를 만들 수 있음
- Explode를 한 후에 OK를 누르게 되면 다음과 같은 창이 뜨게 되는데 Explode 한 것을 확인. Yes을 선택해야 다음과 같이 Explode 된 상태로 유지
- 만약에 이미 이 Component 간에 구속이 잡혀있다면 구속된 부분에 대해서는 Update (CTRL + U)를 실행하면 다시 원상태로 복구

■ Manipulate on Clash

Description

- 이 명령은 Manipulate 명령을 실행 시에 사용할 수 있는 추가 옵션으로 Component들을 이동시킬 때 다른 Component와 충돌이 발생할 경우 그 이동을 멈추도록 작동.
- 명령을 활성화하고 Manipulate에서 with respect to Constraints를 체크하고 Manipulate를 실행하면 이제 Component를 이동 시 다른 Component와 만나게 되면 이동이 멈추면서 충돌하는 대상을 하이라이트

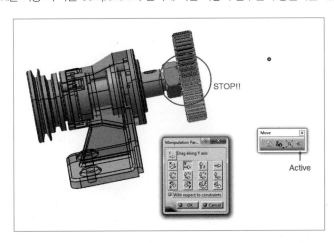

- 그 외에도 다른 명령어가 Component들 간의 간섭이나 충돌을 감지할 수 있는 구조의 경우 이를 감지하여 단품간의 충돌이나 겹치는 현상을 방지할 수 있음

C. Constraints

Assembly 상에서의 구속은 Component와 Component 사이에 구속으로 Component 간에 일치나 평행 거리, 각도 등을 부여할 수 있으며 이렇게 부여된 구속은 Component들을 이동시켜 구속을 성립합니다. Assembly 상에서 구속은 3차원 형상을 변형하는 것이 아닌 대상들 사이의 위치 관계를 정의하는 것입니다. Assembly를 구성하는 각각의 Part나 Product들은 그 도큐먼트들만의 원점을 기준으로 만들어지며, 따라서 전체 형상을 구성하는 Product에서는 다시금 그것들의 정해진 위치를 찾아 주어야 해서 이러한 Assembly 상에서 Constraint가 필요합니다.

Product에 Component를 불러올 때 원점에 대한 구속 및 Component 간의 구속이 필요합니다.

Constraint는 다음과 같은 몇 가지 규칙을 가지고 있습니다.

- 구속은 현재 활성화된 Product의 Component들 사이에서만 가능
- Sub Assembly에 속한 Component들은 그 상위 Product에서는 하나의 묶음으로 움직임
- Sub Assembly의 Component끼리 구속하려면 Sub Assembly의 Product를 더블 클릭하여 활성화 시켜야함

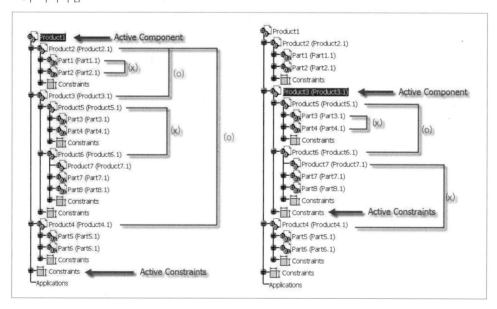

위와 같이 활성화된 Component의 위치에 따라 구속할 수 있는 대상과 상태가 달라지므로 주의가 필요합니다.

우리가 구속하고자 하는 대상이 3차원 상에 있다고 했을 때 이 대상의 위치 상태를 완전히 설명하는 데
필요한 최소한의 정보의 수를 자유도(DOF : Degrees Of Freedom)를 고려하여 정의해야 합니다.

> 3 Dimensions = 3 Translation + 3 Rotations = 6 DOF

■ Coincidence Constraint

Description

- 선택한 두 Component의 요소 사이에 일치 구속을 주는 명령
- 축(Axis) 요소의 일치나 점(Point, Vertex), 선(Line, Edge), 면(Plane, Face) 요소를 일치시키는 것이 가능
- 축이나 선 요소에 대한 Coincidence 구속은 대상 사이를 하나의 선으로만 구속하므로 회전에 대한 자유
  도를 가지며 선 방향으로 길이 이동에 대한 자유를 가짐
- 명령을 실행시키고 일치 구속하고자 하는 대상을 차례대로 선택
- Assembly 상의 구속은 수동 업데이트가 기본 설정이라 구속 후 Update(CTRL + U)를 실행(모든 구속 명
  령에 해당)
- 두 요소에 이미 다른 구속이 정의된 경우가 아니면 먼저 선택한 대상이 위치 이동하여 구속됨(모든 구속
  명령에 해당)

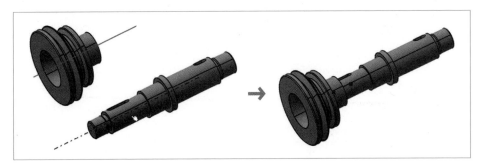

■ Contact Constraint

Description

- 두 대상 간의 접촉 구속을 주는 명령
- 접촉 구속이기 때문에 거리 값을 입력할 수는 없음
- 접촉 상태를 유지한 평 위에서 병진 운동은 가능
- 대상에 따른 구속 관계는 아래와 같음

	Planar	Cylindrical	Spherical	Conical	Circular
Planar	면 접촉	선 또는 고리 모양 접촉	점접촉	–	–

	Planar	Cylindrical	Spherical	Conical	Circular
Cylindrical	선 또는 고리 모양 접촉	면 접촉 선 또는 고리 모양 접촉	–	–	–
Spherical	점접촉	–	면 접촉	선 또는 고리 모양 접촉	선 또는 고리 모양 접촉
Conical	–	–	면 접촉	면 접촉 선 또는 고리 모양 접촉	선 또는 고리 모양 접촉
Circular	–	–	선 또는 고리 모양 접촉	선 또는 고리 모양 접촉	–

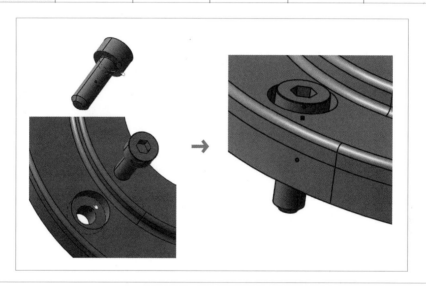

■ Offset Constraint

Description

• 두 대상 사이에 평행한 거리 구속을 주는 명령
• 선택한 대상 간에 일정한 거리 값을 부여하여 대상을 구속
• Offset Constraints를 사용할 수 있는 경우를 정리하면 다음과 같음

	Plane	Line	Point
Plane	가능	가능	가능
Line	가능	가능	가능
Point	가능	가능	가능

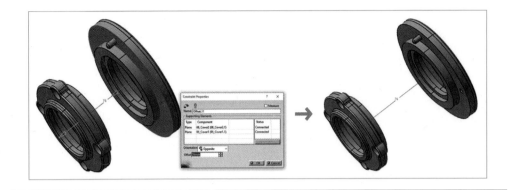

■ Angle Constraint

Description

- 선택한 두 대상 사이에 각도 구속을 주는 명령
- 회전체나 경사진 물체와 같이 대상 사이에 회전의 중심이 되는 축 구속이 선행되어야 함
- Definition창에서 Perpendicularity나 Parallelism을 선택하면 직교, 평행 구속을 바로 부여할 수 있음

     ○ Perpendicularity
     ○ Parallelism
     ● Angle
     ○ Planar angle

- Sector란 각도를 나누는 기준으로 다음과 같이 정의

	입력한 각도 그 자체만
	입력한 각도 + 180°
	180° − 입력한 각도
	360° − 입력한 각도

■ Fix

Description

- 선택한 Component에 대해서 현재 위치에 고정하는 명령
- 기준이 될 요소나 원점이 될 대상을 원하는 위치상에 Fix 시키고 다른 Component들을 이 Fix 된 Component에 맞추어 구속을 주면 유용하게 사용할 수 있음
- Product는 위치를 나타내는 Plane이나 Axis 요소가 없지만 절대 원점이 존재하며 새로운 Part나 기존 Part를 삽입할 때 자리하는 위치가 이에 해당하므로 기준 요소를 고정하여 설계 시 이점을 고려
- 명령을 실행시키고 대상을 선택
- Fix 명령으로 구속한 대상은 Product 상에서 다른 구속을 주지 않더라도 현 위치에 고정되며 위치가 이동되어도 Update에서 처음 지정 위치로 돌아옴

■ Quick Constraint

Description

- 이 명령은 Sketcher의 Auto Constraints처럼 간단히 형상들 사이에 접촉에 관련된 구속을 주는 명령으로 아래의 구속에 대해서 두 대상을 선택하면 선택한 대상과 선택 요소에 따라서 구속이 적용

Quick Constraints의 종류
Surface Contact
Coincidence
Offset
Angle
Parallelism
Perpendicularity

- 만약 들어간 구속이 자신이 원하는 구속이 아니라면 Change Constraint 🔄 명령을 사용하여 변경 가능

■ Flexible Sub Assembly 📇

Description

- 현재 활성화된 Product에서 그 하위의 Sub Assembly의 Component들은 모두 하나로 묶여서 각각의 단품 또는 Component들을 따로 움직이게 할 수 없음.
- 즉, 하나의 Sub Assembly는 그 상위 Product에서는 하나의 강체처럼 취급됨. 따라서 각각에 대해서 따로 구속을 주거나 움직일 수 없고 모두 하나의 Sub Product 안에서 동시에 움직임

- 이 명령은 이런 Sub Assembly의 구성 요소들을 그 상위 Product에서도 각각을 따로 구속하고 움직일 수 있도록 정의
- 마치 상위 Product에 위치한 것 같이 Sub Product의 Component들을 구속하거나 따로 이동할 수 있게 하는 것

- 명령을 실행시키고 원하는 Sub Assembly의 Product를 선택하면 Product의 Tree 형상이 다음과 같이 변경

- 이렇게 변한 상태에서 이 Sub Assembly의 Component들은 Sub Assembly 상태에서 준 구속들은 아무 영향을 주지 못하고 마치 현재의 Product에 포함된 것처럼 각각의 Component들을 구속 주거나 이동시킬 수 있음
- 만약에 다시 이 명령을 Flexible한 상태의 Sub Assembly에 실행시키면 다음과 같은 메시지와 함께 원래의 강체 Sub Assembly로 돌아옴

- 그리고 Update(CTRL + U)를 시키면 원래의 Sub Assembly 상에서 구속들이 살아나고 현재의 Product가 가지는 구속들은 비활성화 됨

■ Change Constraint

Description

- Component들 간에 맺어진 구속을 다른 구속으로 바꾸어주는 명령
- 현재 구속을 삭제하지 않고 변경 가능한 구속으로 변경할 수 있는 기능
- 명령을 실행 후 구속을 선택하면 해당 구속을 다른 구속으로 변경 가능한 Type을 Possible Constraints 창에 표시

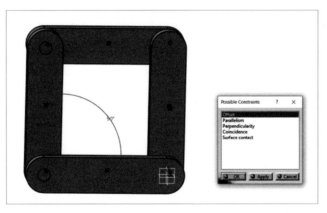

■ Reuse Pattern

Description

- 이 명령은 Part 도큐먼트에서 형상을 정의하는데 사용하였던 Pattern 명령(Rectangular Pattern, Circular Pattern, User Pattern)을 다시 사용하여 Assembly에서 정의한 컴포넌트의 삽입과 구속 작업을 Pattern 위치에 복제하는 기능을 수행

- 즉, Pattern을 만드는데 사용한 원본 형상 위치에 어떠한 Assembly 구속으로 Component를 구속하였다고 했을 때 나머지 Pattern 위치에는 일일이 Component들을 불러와 구속하지 않고 형상을 만드는데 사용한 Pattern 명령을 사용해 그 위치에 Component들과 구속을 모두 적용하는 것
- Pattern으로 Component들을 Product 상에 불러와 구속까지 동시에 대신 한다고 생각하면 됨
- 이 명령을 사용하기 위해서는 기준이 되는 Part 도큐먼트에 Pattern으로 작업한 형상이 정의되어 있어야 함
- 그리고 Pattern 형상의 원본 위치에 Assembly로 다른 컴포넌트 형상을 구속해야 나머지 Pattern 위치에 Assembly로 구속할 수 있습니다. Constraints를 생성하지 않으면 Reuse Pattern을 사용할 수 없음
- Reuse Pattern 명령을 실행시키고 Pattern으로 복사 조립할 Component를 선택, 다음으로 Spec Tree에서 Pattern 형상을 선택
- Reuse Pattern을 사용하면 반복적으로 실행해야 하는 단순 작업의 비중을 줄일 수 있음

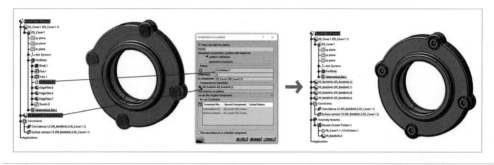

D. Constraints Creation

- **Default Mode**

Description

- Default Mode로 설정된 상태에서 Constraints는 Component들끼리 1 대 1로 구속
- 즉, 다른 기준 Component가 없이 구속하고자 하는 두 대상 간에 구속을 주고자 할 때 사용
- Default Option이기 때문에 일반적인 구속에서 이용
- 각각의 Component에 임의로 구속을 부여 가능

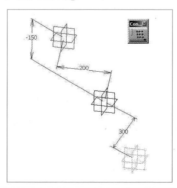

■ Chain Mode

Description

- Chain Mode로 구속을 주는 경우에는 처음에 선택한 두 Component들 중에 한 Component는 반드시 다음 구속에 포함이 되어야 함
- 즉, 하나의 Component씩 구속할 때마다 중간에 공유하게 됨

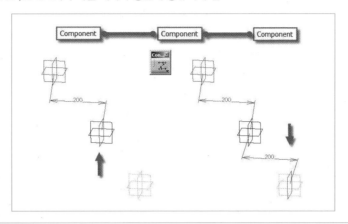

■ Stack Mode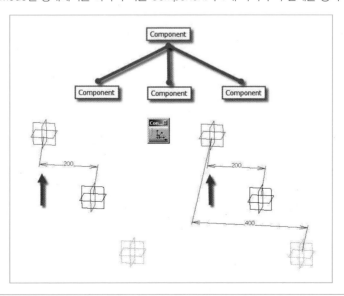

Description

- Stack Mode는 처음에 구속하려는 두 Component중에 한 Component를 기준 삼아 다른 요소들과 구속에도 한 Component는 무조건 처음의 기준 Component를 사용하여 구속하는 방법
- 결국 Stack Mode인 상태에서는 하나의 기준 Component와 1대 다의 구속 관계를 정의

E. Update

■ Update

<table>
<tr><td align="center">Description</td></tr>
</table>

Description
• 이 명령은 앞서 언급한 대로 현재의 대상에 대해서 수정된 부분이나 새로이 추가된 구속 따위에 대해서 Update를 해주어야 할 경우에 사용 • 아이콘을 누르거나 CTRL + U를 해주어도 됨

  ▶ Updated

  • Update할 대상이 없거나 Update가 완료된 상태

  ▶ Not Updated

  • Update할 대상이 있는 경우를 나타내므로 Update를 실행해야 함

  ▶ Update state in unknown

  • Visualization Mode에서 나타나는 표시로 정확히 Update가 필요한지 확신하지 않는 경우를 가리킴. 이것은 Visualization Mode가 형상에 대한 정보를 완전히 Load하지 않기 때문이며, 마찬가지로 Update를 실행해 주어야 함

F. Assembly Features

1. Assembly Features Sub Toolbar

■ Split

Description
• 이 명령은 Assembly 상에서 각각의 Component들을 임의의 기준 Component의 면 요소를 사용하여 절단하는 기능을 수행 • Part Design이나 GSD에서 사용하였던 Split와 그 기능은 유사하나 절단하는 기준과 절단하려는 대상들이 서로 다른 Component들이라는 것임

- 따라서 Split 실행 후 형상을 각각의 Component 별로 분리하여 사용할 수 있으며, 한 번에 여러 개의 Part 도큐먼트를 동시에 Split하는 것이 가능
- 명령을 실행시키고 Split 기준이 될 Component의 면을 선택해 주면 Assembly Feature Definition창이 나타나며, 여기서 Split로 자르고자 하는 대상을 Parts possibly affected에서 선택하여 나래 방향 화살표를 이용하여 Affected Parts에 이동시켜 줌. Affected Parts에 있는 Component들만이 Split에서 절단될 것입니다. Split Definition 창에서 Splitting Element의 방향을 확인/선택

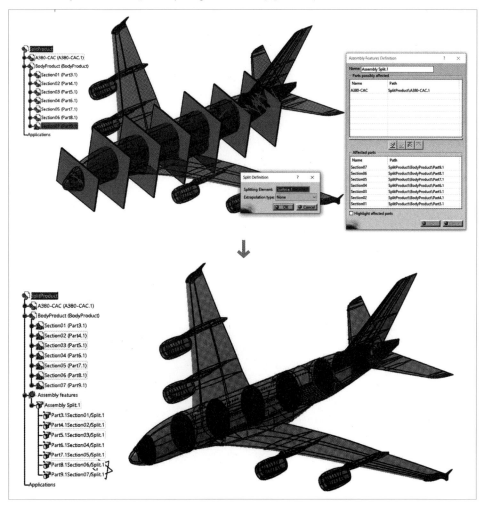

- Hole ◉

Description

- Assembly 상에서 동시에 여러 Component에 Hole 형상을 만들어 주는 명령
- 여러 개의 Component에 동시에 Hole 작업을 할 수 있어 효율적이며 Top–Down 방식으로 모델링 할 때 사용
- Hole의 중심으로 삼고자 하는 위치에 포인트를 생성해 줍니다. Sketch에서 만든 포인트도 가능하고 3차원 상에서 만든 포인트도 가능

371

- Hole 명령을 실행시키고 Hole 중심점을 선택하고 면(face)을 선택하면 Assembly Feature Definition 창과 Hole Definition 창이 나타나며, 여기서 Assembly Component 중에 Hole을 생성하고자 하는 대상을 선택하여 아래의 Affected Parts로 이동
- Hole Definition 창에서 Hole 치수 정보를 입력하고 OK를 선택
- 여러 개의 Component에 일일이 Hole을 생성할 경우 이와 같은 방법을 사용하여 보다 쉽고 편리하게 구속하여 사용할 수 있음

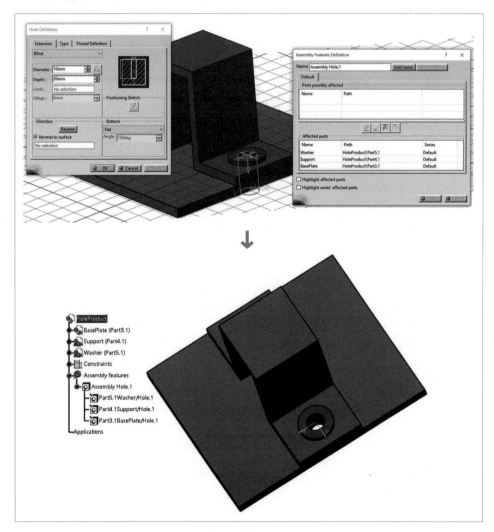

■ Pocket

Description

- Assembly 상에서 여러 개의 Component에 Pocket 형상을 한 번에 만들어 주는 명령으로 Hole과 유사한 방식으로 사용할 수 있음

- 명령을 실행시키기에 앞서 하나의 Component에 Pocket 하고자 하는 Profile이 존재해야 함
- Pocket 명령을 실행시키고 profile을 선택한 후에 Assembly Feature Definition 창에서 원하는 Component들을 골라 Affected Parts로 이동
- Pocket Definition 창에서 선택한 Components까지 Pocket 할 수 있도록 Limit 값을 정의

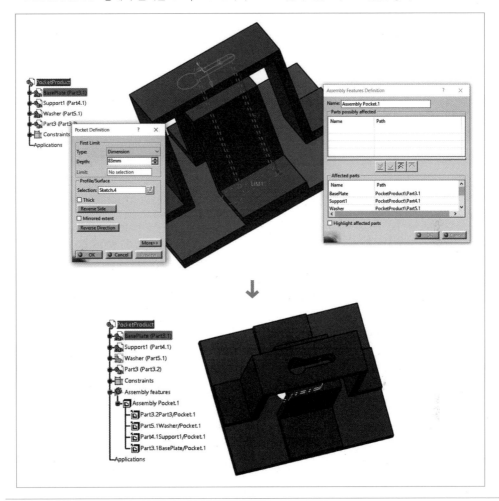

■ Add

Description

- Assembly 상에서 Component와 Component끼리 불리언 연산 중에 합(Add) 연산을 수행하는 명령
- 즉, Component들끼리, 다시 말해 다른 도큐먼트들을 하나로 합치는 일이 가능
- 명령을 실행시키고 기준이 될 Component를 선택한 후에 Component와 합치고자 하는 대상을 선택해서 아래의 Affected Parts로 이동시키면 다음과 같이 불리안의 Add Definition창이 나타나며, OK를 누르면 두 형상이 하나로 합쳐져 위에서 선택한 기준 Component로 Add가 생기는 것을 확인 가능

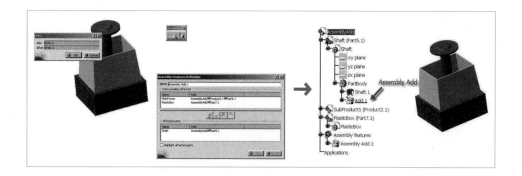

■ Remove

Description

- Add와 마찬가지로 Assembly 상에서 Component들끼리 불리한 연산을 수행하는 명령으로 여기서는 차 (Remove) 집합을 수행
- 명령을 실행시키고 제거하고자 하는 요소를 선택한 다음, 이 기준 Component와 Remove를 할 Component를 Assembly Feature Definition 창에서 선택

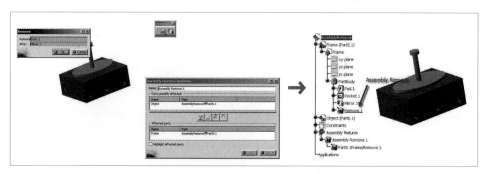

■ Symmetry

Description

- Assembly 상에서 Component의 형상을 대칭 복사하거나 평행 이동, 회전을 시키는데 사용하는 명령으로 Type에 따라 Component 자체를 이동시키거나 새로운 Component를 만들어 냄
- 대칭 형상을 가진 부품을 따로 만들어 내지 않고 Assembly 상에서 Symmetry를 이용해 생성하여 활용 가능
- 명령을 실행시키고 제일 먼저 해주어야 할 일은 Symmetry의 기준면을 선택하는 것으로 이 기준면은 Symmetry 하고자 하는 Component에 포함된 것이 아니어야 함
- 기준면을 선택한 후에 해주어야 할 일은 Symmetry 하고자 하는 대상 Component를 선택해 주어야 하며, 여기서 선택한 Component는 Part 또는 Sub Assembly를 갖는 Product 모두 가능

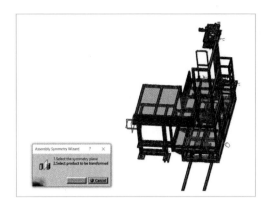

• Symmetry Plane과 Symmetry에 사용하고자 하는 대상을 선택하면 선택한 Component에 대해서 어떠한 작업을 수행할 것인지 선택할 수 있음

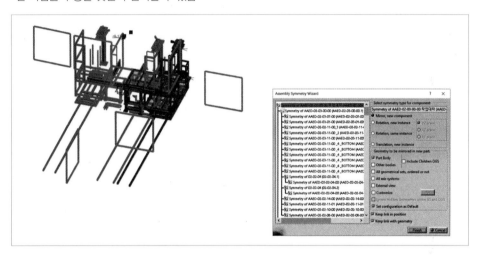

• Symmetry Type

▶ Mirror, new Component

• Symmetry Plane을 기준으로 선택한 Component를 대칭 복사

• 즉, 이 Type으로 Symmetry를 실행하면 Spec Tree에 대칭된 형상이 새 Component로 생성

▶ Rotation, new instance

• 선택한 Component를 기준면을 대칭으로 하여 3개의 평면 방향 즉 YZ, XZ, XY 방향 중에 하나로 Component를 회전시켜 형상을 새로 생성

▶ Rotation, same instance

• 동일한 Component를 앞서 선택한 기준면을 대칭으로 YZ, XZ, XY 평면을 기준으로 회전

• 선택한 Component가 이동하는 것이기 때문에 별도의 Component가 새로 생성되는 것은 아님

▶ Translation, new instance

• Component를 기준 방향에 대해서 평행 이동하여 새로운 Component를 만들어 내는 방법

- 선택한 Component가 이동하는 것이기 때문에 별도의 Component가 새로 생성되는 것은 아님
- 이렇게 Symmetry를 통해 만들어진 형상은 대칭의 구속 성질을 가지고 있으므로 원본 형상의 정의를 따르게 됨. 그리고 대칭 복사 형상에는 일반적으로 형상 수정이나 구속을 주지 않음
- Symmetry 특성을 없애기 위하여 Spec Tree에서 Assembly Feature의 Symmetry를 삭제할 수 있으며 이는 Assembly 상의 대칭 정보만 사라지는 것으로 이미 대칭되어 생성된 요소는 현 상태를 유지

■ Associativity

Description

- 이 명령은 Assembly를 구성하고 있는 각 Part들의 3차원 요소들을 동기화하여 하나의 Part를 구성
- 즉, Assembly가 구성된 각 단품들 사이의 관계를 고려하여 하나의 Part에 이 모든 형상 정보를 복사하여 새로운 Part를 만들어 내는 것
- 선택하여 입력한 대상들이 모두 하나의 새로운 Associated Part에 저장되며 Spec Tree 전체가 아닌 단순 결과로만 불러와 지지만, 원본과 Link가 걸린 상태로 Part로 합쳐지기 때문에 필요에 따라 Assembly 상에 원본 단품 들이 수정되면 이것이 같이 Update되는 것을 확인할 수 있음

■ Add To Associated Part

Description

- 이 명령은 앞서 Associated Part로 생성한 Part에 추가적으로 다른 요소를 추가하고자 할 경우에 사용

G. Annotations

■ Weld Feature

Description

- 이 명령은 용접이 들어가는 부분에 대해서 주석을 정의하는 경우에 사용
- 명령을 실행시키고 용접이 들어가게 될 모서리를 선택한 후, Weld Creation 창에 정보 입력

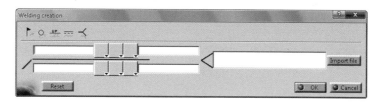

- Weld에 사용할 수 있는 기호들

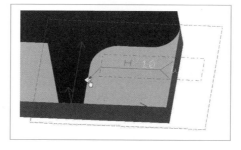

- 화살표 표시에 마우스를 클릭하여 Contextual Menu를 선택하여 가장 하단의 Symbol Shape를 선택하면 모양 수정 가능

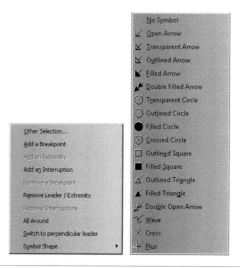

■ Text with leader

Description

- 선택한 부분에 대해서 View를 생성하여 그곳에 Text 상자로 3차원 주석을 생성하는 명령

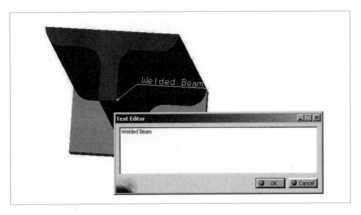

- Weld Feature에서처럼 화살표 모양을 바꾸거나 Text의 위치를 조절 가능

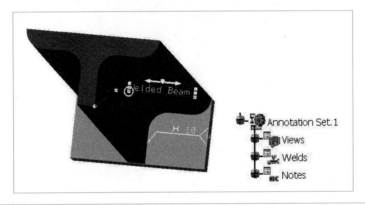

■ Flag Note with Leader

Description

- Flag Note와 함께 다른 대상과 Link를 만들어 주는 명령
- 즉, URL을 입력할 수 있어 원하는 웹사이트 또는 파일에 Link를 걸 수도 있으며, More에서 Hidden Text 에 메시지를 담아 놓을 수도 있음

H. Space Analysis

■ Clash

Description

· 이 명령은 Assembly를 구성하는 Component들 사이의 전체 Part끼리 또는 원하는 요소와의 간섭 여부를 분석하는 기능을 수행

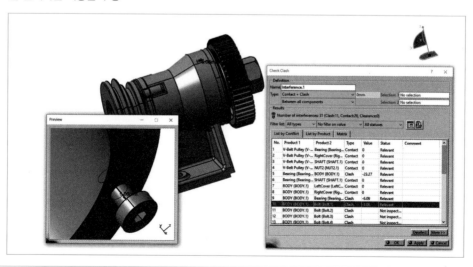

■ Sectioning

- Assembly Product의 단면을 절단하여 단면 형상을 만들어 주는 기능
- 복잡한 형상의 경우 내부의 형상을 직접 들여다볼 수 없는 경우 사용
- Part 도큐먼트의 경우 Dynamic Sectioning 명령과 유사

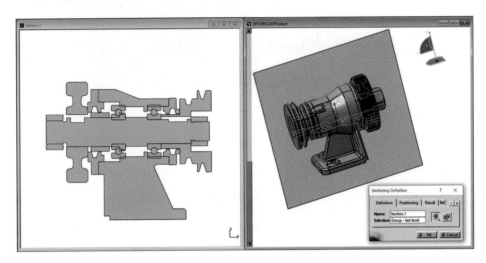

- Definition Tab

  - Section에 대한 기본 정보를 입력

  ▶ Section Plane

  - 임의의 평면을 기준으로 Section을 생성(기본)

  ▶ Section Slice

  - 두 개의 절단면을 이용하여 Sectioning하는 수행
  - 각각의 절단면을 서로 평행하게 이동시킬 수 있으며 기준이 되는 절단면을 움직이면 두 절단면이 함께 이동

  ▶ Section Box

  - 3차원 상의 Box를 이용하여 Section을 생성

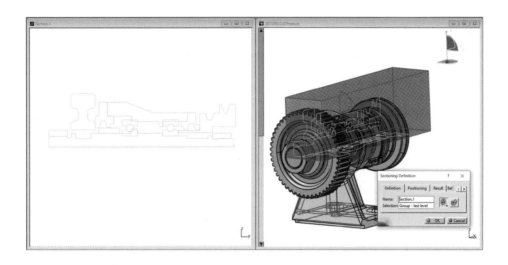

▶ Volume Cu

- Section에 의해서 형상을 절단해 보이게 하는 Option

- Positioning Tab

  - Section이 만들어지는 위치를 정의
  - Normal Constraint에서 기본적인 원점에서 X, Y, Z 방향으로 절단면을 선택 가능

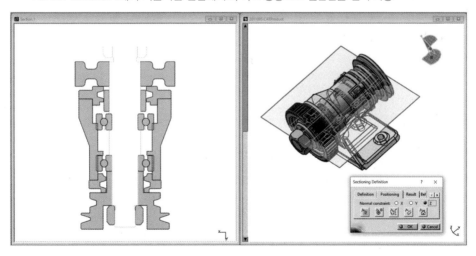

- Result Tab

▶ Export As

- Sectioning 결과물인 단면 형상을 별도 파일로 저장
- 아이콘을 누르고 파일 형식이나 이름을 선택
- CATPart, DXF, DWG, IGES, STP 등이 가능

▶ Edit Grid

- Section에 Grid Option이 켜있는 경우에 그 값을 수정. 이 아이콘을 누르면 자동으로 Section 생성 창에 Grid가 나타남

▶ Result Window

- Section이 되는 결과 창을 따로 출력해 보이게 할지 또는 미리 보기를 선택할 수 있음
- 이 아이콘이 체크된 상태에서는 Section한 결과 창이 따로 화면에 나타남

▶ Section Fill

- Section으로 만들어지는 단면을 선이아닌 채워진 면으로 출력

▶ Clash Detection

- Clash가 일어나는 부분을 탐지하여 표시

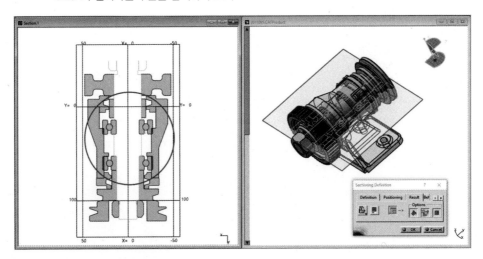

▶ Grid

- Section 결과 창에 Grid와 함께 출력

- Behavior Tab

  - Assembly Product의 변경에 따른 Update Mode를 설정
  - Manual Update, Update(Automatic), Freeze로 설정 가능

■ Distance

Description

- Component 간에 최소 거리를 탐지하여 그 값을 알려주는 명령
- 명령을 실행시키면 다음과 같은 Edit Distance and Band Analysis 창이 나타남

▶ Type

- Minimum : 모든 방향으로 최소 거리를 탐지

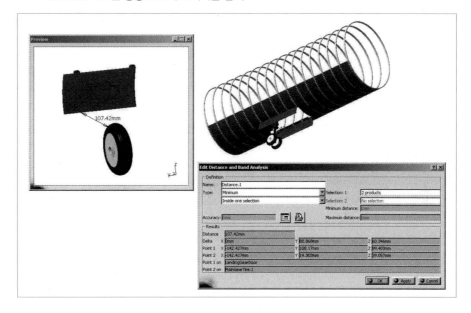

- Along X : X 방향을 기준으로 최소 거리를 탐지.
- Along Y : Y 방향을 기준으로 최소 거리를 탐지.
- Along Z : Z 방향을 기준을 최소 거리를 탐지.
- Minimum Distance와 Maximum Distance를 임의로 입력해 그 사이의 값에 대해서 색상으로
  표시

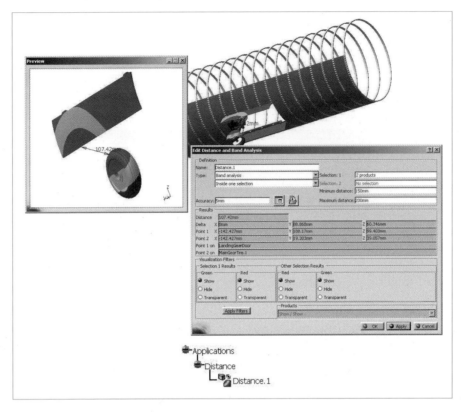

- 이러한 두 대상간의 거리 측정은 형상간의 간섭이나 충돌을 피하고 요구 조건을 만족시키기 위하여 가상 설계를 하는 오늘날 중요한 기능을 수행

I. Scenes

■ Enhanced Scene

Description

- Scene이란 말 그대로 형상의 어떠한 장면을 만들어 내는 것을 의미하며, Assembly 상태에서 여러 개의 Component를 조작하여 Component들의 공간상의 배치 모양을 재활용하도록 설정
- 명령을 실행시키면 다음과 같은 Dialog Box가 나타나며, 여기서 Overload Mode를 선택

- Scene 모드에 들어가면 배경화면 색상이 청록색으로 전환되면서 Scene을 생성하는 환경으로 전환
- 화면이 전환되면 다음과 같은 Enhanced Scene Toolbar가 나타나 정의 가능

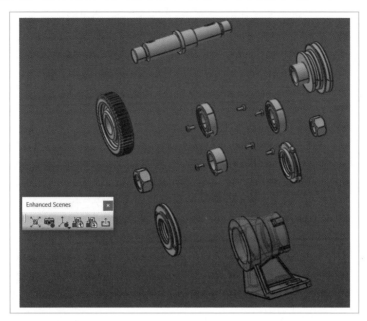

■ Explode

Description

- Scene으로 들어온 상태에서 Component들을 공간상에 퍼트림
- Assembly Design의 것과 동일
- 물론 Scene을 나가면 원래의 상태로 남아있습니다. 명령은 Assembly Design의 것과 동일하게 작용
- 주목할 것은 Spec Tree를 보면 모든 Sub Product가 Flexible Assembly로 변경

■ Save Viewpoint

Description

- Scene에서 Component들의 공간 배치와 화면상의 위치 등을 하나의 장면으로 저장
- Component들을 적절하게 배치시킨 뒤에 클릭해 주면 현재의 화면 방향과 Component들의 위치를 그대로 저장

- Apply Scene on Assembly

Description
<ul><li>현재의 Scene에서의 공간 배치 및 기타 속성을 Assembly에도 그대로 위치하도록 하는 명령</li><li>명령을 실행후 나타나는 정의 창에서 Scene과 Assembly 형상에서 다른 부분을 표시('X' 표시가 있는 항목은 실제 Assembly와 상이)</li><li>여기서 변경시키고자 하는 대상의 항목을 체크해 주고 OK를 선택</li></ul>

- Apply Assembly on Scene

Description
<ul><li>Assembly에서의 공간 배치 및 기타 속성을 Scene으로 가져와 적용시키는 명령</li></ul>

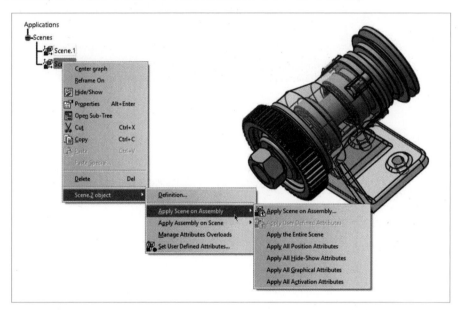

- Exit Scene

Description
<ul><li>Scene을 나가는 명령</li><li>저장하지 않은 Scene은 초기화 됨</li></ul>

■ Scene Browser

Description

- Scene으로 만든 장면 들을 Browser를 통하여 보여주는 명령
- Browser에서 보이는 Scene을 더블 클릭하면 선택한 Scene으로 들어갈 수 있음
- 명령을 실행시키면 다음과 같이 현재 만들어진 Scene이 들어있는 Browser가 나타남

- 위와 같은 과정을 통하여 만들어진 Scene은 Assembly Design과 Drafting 등에서 재사용할 수 있음

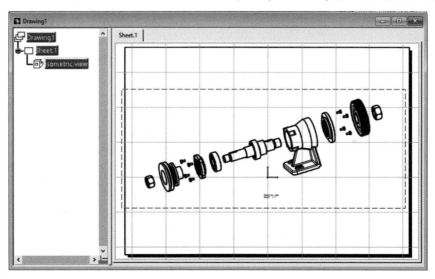

CATIA에서 Publish란 포인트나 선, 면과 같은 Geometrical Element를 다른 사용자나 작업 환경에서 사용할 수 있도록 공개시키는 것을 말합니다. 이렇게 공개된 요소는 다른 도큐먼트에서 인식하기 훨씬 수월하여 설계 변경 등의 작업에 있어 매우 유용합니다. Part나 Product 도큐먼트 단위에서 형상을 구성하는 모든 요소를 Publish 대상으로 선택할 수 있습니다. Publish할 수 있는 요소들을 대략 나열하면 다음과 같습니다.

> Points, Lines, Curves, Planes, Faces, Sketches, Bodies, Parameter, Etc.

일반적으로 Publish가 가능한 대상은 잘라내기나 복사와 같은 작업이 가능한 것들이어야 합니다.

특히 이렇게 공개시킨 요소들은 Assembly 작업에서 매우 유용하게 사용할 수 있어 보다 안정하고 직관적으로 Component간에 구속 짓는 일이 가능합니다. Publish 작업은 일반적으로 다음과 같은 순서를 가집니다.

① 풀다운 메뉴 ⇨ Tools ⇨ Publication을 선택하여 Publication을 실행시킵니다.

② Publish 하고자 하는 대상의 이름을 필요하다면 알아보기 쉽게 변경해 줍니다.

③ Publish할 대상 요소를 선택합니다. 선택한 대상은 Publication 창에 표시가 됩니다.

이와 같은 과정을 따라가면 다음과 같이 Spec Tree의 Publications에 Publish된 요소들을 확인할 수 있습니다.

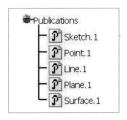

또한 이러한 Publish된 데이터는 외부에서 불러오거나(Import) 외부로 데이터를 내보낼 수(Export) 있습니다. 이렇게 Publish 된 요소는 다음과 같은 경우에 사용하면 유용합니다.

- Assembly상에서 구속하고자 하는 각 요소를 대신하여 Assembly 상에서 구속을 주는 요소로 사용할 수 있습니다.
- External Reference로 사용하고자 하는 대상을 Publish하여 다른 Component의 기준 요소로 사용할 수 있습니다.

이러한 Publication의 사용에서 가장 큰 장점은 Publish한 대상이 들어 있는 도큐먼트를 Replace하였을 때 Constraints나 External Reference가 변경되어도 변경된 대상으로 자연스럽게 Update가 된다는 것입니다. 즉, 데이터의 수정이나 Update에 유용하다는 것입니다. 일반적으로 Constraints나 External Reference를 가진 Component가 Replace되면 이에 따른 Error가 발생한다는 점을 감안하였을 때 Publish 기능의 유용함을 알 수 있습니다.

다음은 Publish를 이용한 간단한 Assembly Design의 예입니다.

■ Publish를 이용한 Assembly Constraints 주기

다음과 같이 하나의 Assembly Product에 두 개의 Component가 있습니다. 이들 각각에는 다음과 같이 Publication을 사용하여 Assembly 상에서 접하게 될 면과 일치하게 될 축을 Publish해 놓았습니다.

이제 Assembly에서 Constraints를 사용하여 두 Component를 구속해 줍니다.

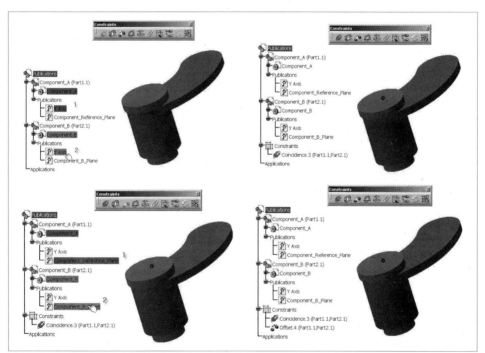

구속을 주는 과정에서 Component의 직접 형상 요소를 선택하지 말고 Publish Elements를 선택해 준다는 것을 명심하기 바랍니다.

다음으로 새로운 Part 도큐먼트를 구성하도록 할 것입니다. 이 도큐먼트에도 역시 접하게 될 면 요소 하나와 중심축 하나를 Publish하도록 할 것입니다. 여기서 주의할 것은 앞서 Assembly에 들어 있는 교체될 Component와 Publish된 이름이 같아야 합니다. 만약에 Publish 한 부분의 이름을 다르게 한다면 나중에 Replace를 사용하여 형상을 교체시킬 때 문제가 발생합니다.

다음으로 앞서 Assembly 형상에서 하나의 Component를 위의 Part 도큐먼트로 Replace할 것입니다. Replace 명령을 사용하거나 Component를 선택하여 Contextual Menu에서 Component ⇨ Replace를 선택해 줍니다.

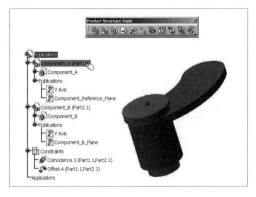

그리고 위의 따로 만들어준 Part 도큐먼트를 선택해 줍니다.

그러면 다음과 같이 새로운 Component로 바뀌면서 구속 또한 Publish된 요소에 맞추어 Update 되는 것을 확인할 수 있습니다. Update에 앞서 아래와 같은 Impact On Replace 창이 나타납니다. OK를 눌러주어 Component 교체에 따른 구속 요소 또한 교체하도록 합니다.

앞서 교체하고자 하는 대상과 원보 형상의 Publish한 요소의 이름이 같아야 한다는 게 바로 여기에서 영향을 주기 때문입니다.

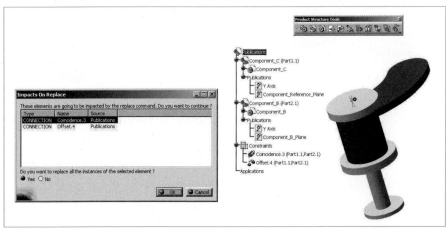

일반적으로 구속된 Component를 삭제하거나 다른 Component로 대체할 경우 문제가 되는 것이 바로 구속인데 이처럼 Publish 기능을 사용하면 쉽게 해결할 수 있습니다.

■ Publish를 이용한 Assembly External reference 사용하기

다음과 같이 두 개의 Component를 가진 Product가 있다고 하겠습니다. 그림에서 알 수 있듯이 형상을 만드는데 있어 다른 Component로부터 형상 요소를 공유하여 사용하였습니다. 이제 이렇게 외부 Component를 공유하여 사용하는 방법과 이를 응용하는 방법에 대해서 설명하도록 할 것입니다.

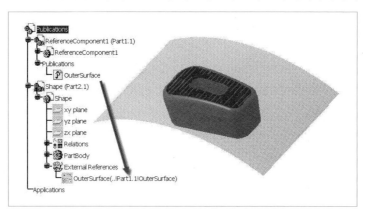

여기서 External Reference로 사용하고자 하는 대상을 선택하여 Publish합니다.

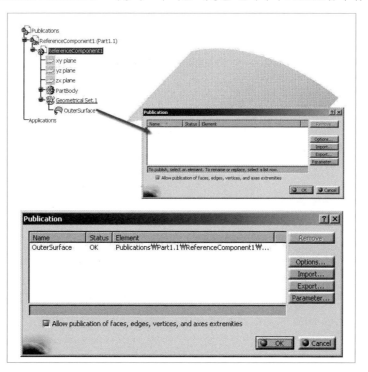

다음으로 이 Publish된 External Reference를 이용하여 간단한 Pad 작업을 합니다. Pad Type을 Up to Surface로 해줍니다.

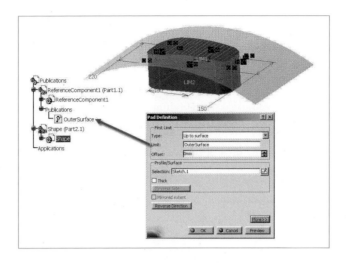

다음과 같이 Pad 형상이 완료된 후에 새로 Part 도큐먼트를 실행시켜 External reference가 될 형상을 그려주고 마찬가지로 Publish합니다. 여기서도 마찬가지로 Publish하고자 하는 대상의 이름이 같아야 합니다.

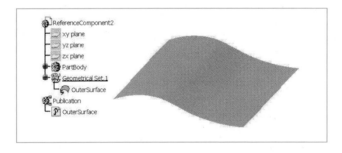

다음으로 이전의 Assembly Product에서 External Reference가 들어있는 Component를 Replace로 앞서 만들어준 Part 도큐먼트로 대체해 줍니다.

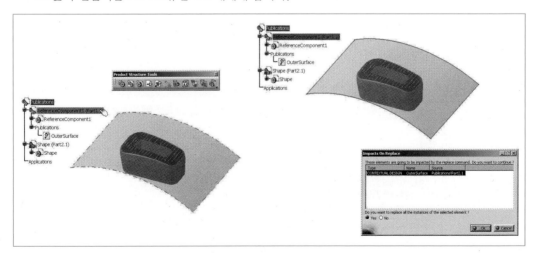

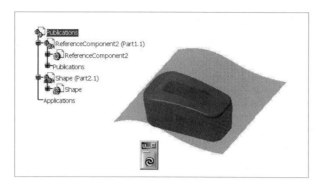

다음으로 Update해주면 External Reference가 Update 되어 형상 역시 Update 되는 것을 확인할
수 있습니다.

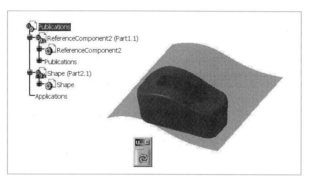

이처럼 Publish된 대상을 사용하면 형상 수정을 하는 데 있어 큰 강점을 가집니다.

A. Product Management

이 명령은 Product를 구성하는 Component들을 관리하는데 사용하는 명령으로 풀다운 메뉴 ⇨Tools
⇨ Product Management를 선택하여 명령을 실행시킵니다.

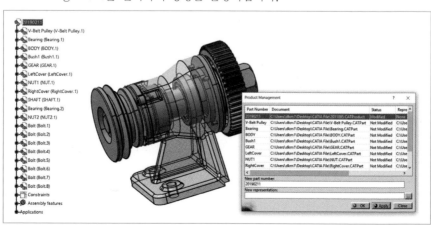

393

여기서 목록에 나타나는 의미를 설명하면 다음과 같습니다.

- Part Number : Component의 Part Number를 나타냅니다.
- Document : 도큐먼트가 위치하는 위치를 나타냅니다.
- Status : Component가 수정되었는지 등의 상태를 나타냅니다.
- Representation : 화면에 나타나는 Component의 대상을 나타냅니다.

여기서 원하는 Component를 선택하여 Part Number를 수정하거나 Representation을 변경해 줄 수 있습니다.

B. Save Management

Save Management 명령은 도큐먼트 하나를 단순히 저장하지 않고 현재 열려있는 모든 도큐먼트에 대해서 현재 상태를 체크하면서 저장 경로 역시 지정하여 저장할 수 있게 하는 명령입니다. 여러 개의 도큐먼트를 동시 저장하거나 관리하는 데 유용합니다.

풀다운 메뉴 ⇨ File ⇨ Save Management 명령을 실행하면 다음과 같은 Save Management 창이 나타납니다.

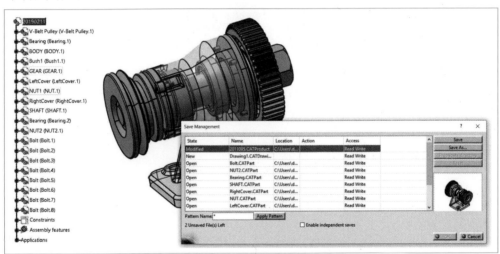

여기서 나타난 목록의 State에는 현재 도큐먼트들의 상태를 알려주는데 새로 만들어지고 저장이 한 번도 되지 않은 도큐먼트에는 New, 도큐먼트가 단순히 열기만 한 경우에는 Open, 도큐먼트를 열어 수정한 경우에는 Modified, 읽기 전용의 도큐먼트의 경우에는 Read Only가 표시됩니다.

도큐먼트를 저장하거나 저장 경로를 변경하여 저장하고자 할 경우에는 오른쪽의 Save As를 사용하면 됩니다.

Top-Down방식으로 새로운 Component를 만들어주었거나 Symmetry 등의 명령으로 새로운 Component가 만들어진 경우에는 반드시 이 Save Management를 해주어야 합니다. 그래야 도큐먼트들의 저장 위치를 결정하여 파일 관리가 용이해 집니다. 만약 새로운 Product 도큐먼트가 만들어 졌는데 Save Management를 하지 않는다면 그 Product를 구성하는 각각의 Component들은 그 상위 Product 도큐먼트가 저장된 위치에 모두 같이 저장이 되어 버립니다.

또한 Assembly 상에서 작업을 마무리하고 나서 파일들의 저장 경로를 수정해 줄 때에도 이 Save Management를 사용해 주어야 합니다. 만약 인위적으로 도큐먼트의 위치를 이동시키거나 삭제한다면 Product를 여는 과정에서 문제가 될 수 있으니 반드시 Save Management를 사용하여 폴더와 저장 위치를 잡아 주어야 합니다.

C. Desk

만약에 Assembly Design 데이터를 다룰 때 Product를 구성하는 각 Component들을 CATIA에서 Save나 Save As하지 않고 임의로 폴더에서 이동시켰다면 Product를 열 때 다음과 같은 창이 열리면서 해당 데이터들이 열리지 않은 것을 확인할 수 있습니다.

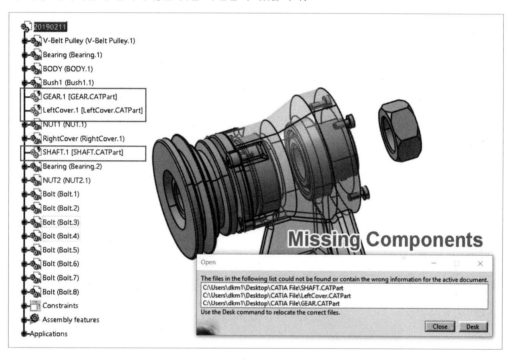

이것은 Product를 구성하는 Component를 이전의 지정된 경로에서 찾을 수 없어서인데 다음과 같이 Open 창에서 Desk를 클릭하고 Component들의 경로를 수동으로 잡아 주어야 합니다. 아래 그림에서 노란색 느낌 표시와 빨갛게 하이라이트 된 Component가 파일 경로에 문제가 생긴 것입니다.

여기서 Component를 찾고자 하는 대상을 선택하고 Contextual Menu에서 Find를 클릭하여, 도큐먼트의 위치를 찾습니다.

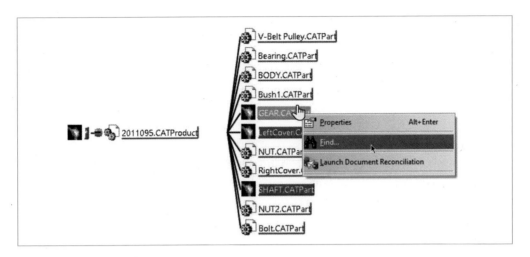

Desk 메뉴는 풀다운 메뉴 ⇨ File ⇨ Desk에서도 실행 가능합니다.

D. Links

앞서 Part Design이나 GSD와 같은 모델링 작업에서는 Parent/Children 관계에 대해서 공부하였다면 Assembly Design에서는 Link에 대해서 학습해둘 필요가 있습니다. Link란 컴포넌트들 사이의 관계를 확인하고 재설정해줄 수 있는 기능입니다.

풀다운 메뉴 ⇨ Edit ⇨ Links를 선택합니다. 여기서 현재 Product에 속한 대상들의 연결 상태 확인과 재정의가 가능합니다.

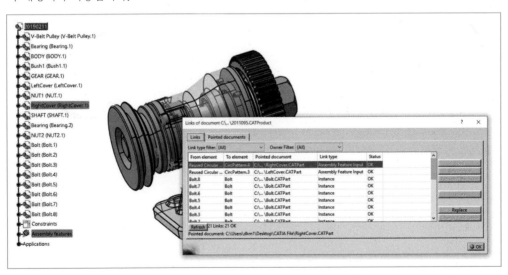

E. Analyzing Constraints

이 명령은 Assembly상에서 여러 개의 Component에 구속을 주다 보면 구속 상태에 대해서 한눈에 정보를 파악하고자 할 때 유용하게 사용할 수 있습니다. 풀다운 메뉴 ⇨ Analyze ⇨ Constraints을 선택합니다. 그럼 다음과 같은 Constraints Analysis 창이 나타납니다.

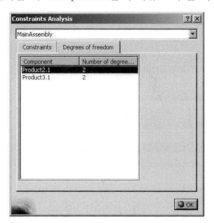

여기서 나타나는 정보는 현재 활성화된 Product에 대해서만 정보를 나타냅니다. 즉, Sub Assembly 의 하위 Component들에 대한 정보는 나타내지 않습니다.

Constraints Tab에는 활성화된 Product의 이름과 이를 구성하는 Component의 수, 구속되지 않은 Component의 수를 나타내며 이들에 대한 구속들의 상태(States)를 나타내 줍니다.

Degree Of Freedom Tab에서는 각 Component들의 자유도 수를 나타내 줍니다.

F. Analyzing Degree of Freedom

이 명령은 Assembly 상에서 Component간의 구속 상태를 자유도의 개념을 사용하여 분석해 주는 명령입니다. 자유도(Degree Of Freedom : DOF)란 물체의 움직임을 기술하는데 사용하는 기본 개념으로 일반적으로 3축 좌표계를 기준으로 이야기할 때 X, Y, Z 축에 대한 각 축으로의 병진 운동과 X, Y, Z 축을 회전축으로 하는 회전 운동, 이렇게 6개의 운동을 말합니다.

Assembly 상에서 Component들 역시 Component들 간의 구속으로 인해 이러한 움직임을 자유도의 개념으로 설명할 수 있는데 구속이 완전히 잡혀 있는 Component라면 자유도가 '0'이 되어야 합니다.

따라서 Assembly상에서 구속이 바르게 잡히는지에 대해 자유도를 사용하여 파악 할 수 있습니다.

Product에서 자유도를 이용해 구속 상태를 파악하고자 하는 대상을 선택합니다. 그리고 Contextual Menu(MB3 버튼)에서 *.object ⇨ Component Degree Of Freedom을 선택합니다.

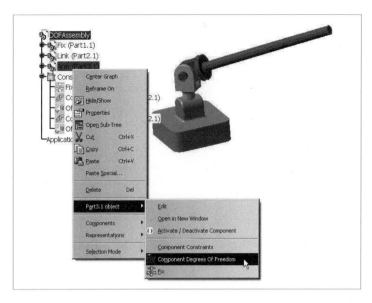

그러면 자유도가 탐지된 대상에 대해서는 그 요소를 다음과 같이 나타내 줍니다.

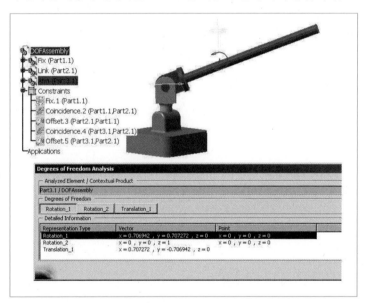

여기서 자유도가 0인 Component에는 다음과 같은 메시지가 출력됩니다.

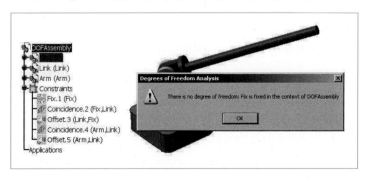

G. Analyzing Dependencies

이 명령은 Product를 구성하는 Component에 대해서 이들이 각각의 구성요소가 다른 요소들과 이루는 의존성을 탐지해 주는 기능이 있습니다. 의존성 검사에 대상은 Constraints, Associativity, Relations입니다.

풀다운 메뉴 ⇨ Analyze ⇨ Dependencies를 선택하면 다음과 같은 Assembly Dependencies Tree 창이 나타납니다. 여기서 Product를 더블 클릭해 들어가면 각 요소와의 관계를 볼 수 있습니다.

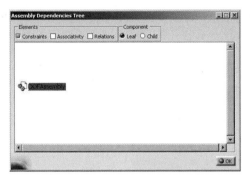 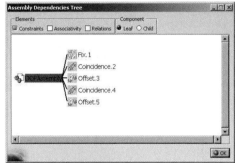

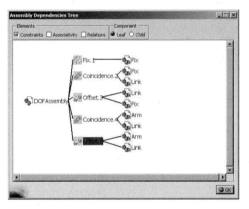

H. Bill Of Materials

Bill Of Material(BOM)이란 단어를 우리말로 옮기면 자재명세서입니다. 즉, 하나의 Product를 구성하는 Component들에 대해서 상위 Product와 Component들의 관계와 사용량, 단위 등을 표시한 List 입니다. 따라서 이 BOM을 보면 현재 작업한 Product에 대해서 구성 요소와 사용된 Component의 수량과 같은 정보를 한눈에 관찰할 수 있어 실무적으로 상당히 중요한 기능을 합니다.

풀다운 메뉴 ⇨ Analyze ⇨ Bill Of Material을 선택하면 다음과 같은 창이 나타납니다.

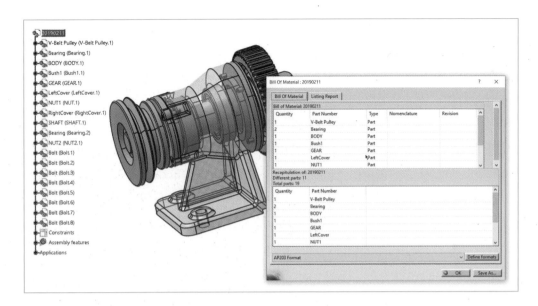

Bill Of Material Tab에는 현재 활성화된 Product를 구성하는 Product의 Component들에 대해서 수량과 Part Number, Type 등과 같은 정보를 보여줍니다. 하단에는 구성 요소의 전체 수량을 단일 단품의 수와 전체 단품의 수로 하여 나타내 줍니다. 또한 이러한 BOM은 외부로 Export할 수 있는데 이에 대해서 Format을 지정하여 저장하거나 AP203 format(STEP의 데이터 표준 규격 중 하나)으로 Export할 수 있습니다.

BOM Format을 만들고자 할 경우 Define Format을 선택하여 원하는 요소들을 선택해 주면 됩니다. Displayed properties에 있는 항목이 BOM에 들어갈 항목이 됩니다.

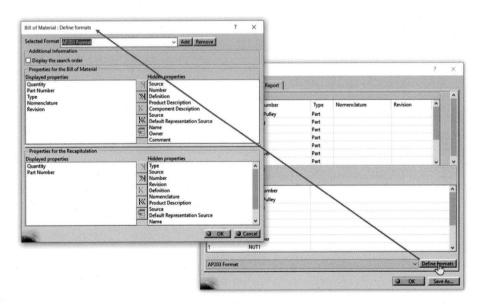

BOM을 정의하고 나서 Format 이름을 정의한 후에 하단에 있는 항목을 원하는 값으로 수정해 줍니다.(여기서 반드시 Format 이름을 정의하고 Add라고 선택해야 합니다.)

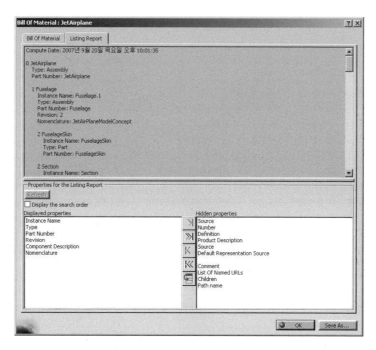

Listing Report Tab에는 Export될 BOM의 내용을 미리 볼 수 있는데 하단의 Hidden Properties에서 원하는 요소를 Displayed Properties로 보내 줍니다. 그 다음 위의 Refresh를 선택해 주면 Update 되는 것을 확인할 수 있습니다.

Save As를 이용하여 BOM을 외부로 저장할 수 있는데 파일 형식은 텍스트(.txt)입니다. Export한 BOM을 열어 보면 다음과 같습니다.

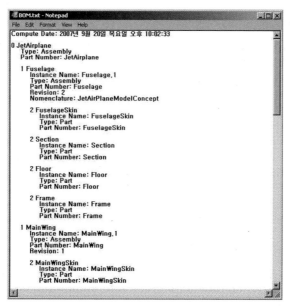

또한, 이렇게 만들어진 BOM은 나중에 Drafting 작업에서 BOM을 삽입할 때 사용할 수 있다는 것을 기억해 두기 바랍니다.

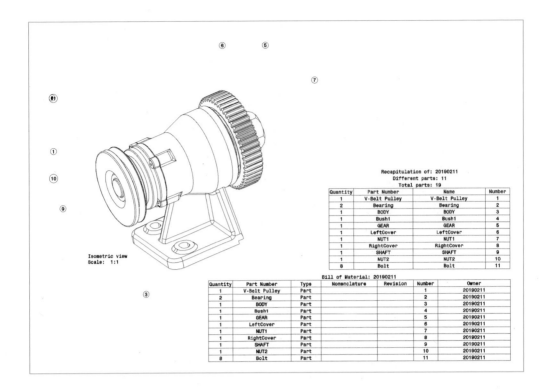

I. Generate CATPart from Product

이 명령은 Product 상태의 Assembly 형상 젠체를 하나의 Part 도큐먼트로 저장하는 명령입니다. 여러 개의 Component로 구성된 Product를 간단히 Part 도큐먼트 하나로 저장하여 필요에 따라 사용할수 있습니다.

Product를 Part 도큐먼트로 생성하는 이 명령을 사용하기에 앞서 다음의 사항을 체크하도록 합니다.

- Assembly 상에서 Product를 선택해 주어야 하며 복수 선택은 안 됩니다.
- Visualization Mode는 자동으로 Design Mode로 변환됩니다.
- Hide 시킨 Element는 새로 만들어지는 Part에 생성되지 않습니다.
- Step이나 V4 데이터는 자동으로 V5 데이터로 변환되어 생성됩니다.
- 만들어지는 모든 Part의 형상들은 Tree없이 형상만 옮겨집니다.

이 명령은 풀다운 메뉴 ⇨ Tools ⇨ Generate CATPart from Product를 선택합니다. 그럼 다음과 같은 Product to Part 창이 나타납니다. 여기서 원하는 Product를 선택합니다. New Part Number는새로이 만들어질 Part 도큐먼트의 Part Number를 나타냅니다.

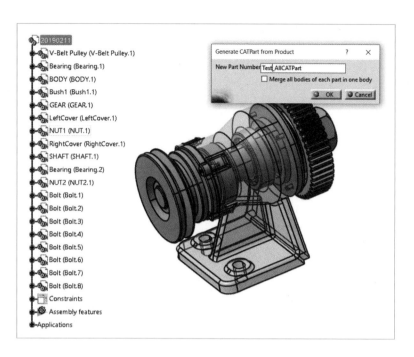

이 창에서 Merge all bodies of each Part in one body를 체크하면 각각의 Component들을 구성하는 Body들을 따로 Body로 나누지 않고 모두 하나의 Body에 합쳐 버립니다. 즉, 하나의 Component에 하나의 Body만을 생성합니다.(Geometric Set도 하나의 Body에 합쳐버립니다.) 그림 프로세스의 진행 표시를 보여주며 작업이 완료되면 형상을 보여줍니다.

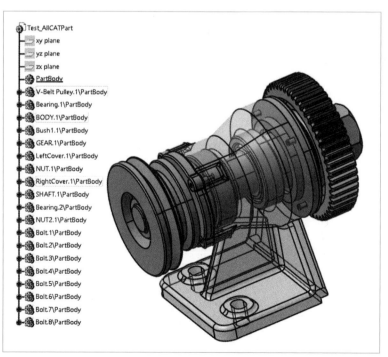

각각의 Body의 작업 내용은 따라오지 않고 오직 결과만 생성된다는 것을 명심하기 바랍니다.

J. Visualization Mode vs. Design Mode

앞서 설정 부분에서 간단히 언급한 바 있지만 Product를 다루는 모델링 방식부터는 다루는 파일의 수와 크기가 이전의 Part 도큐먼트 하나를 다룰 때와 비교가 안 될 정도로 엄청나게 증가합니다. 따라서 가장 큰 문제 중에 하나가 메모리 관리인데 유한한 컴퓨터의 메모리를 효율적으로 관리하고 사용하기 위해 CATIA는 다음의 두 가지 Mode로 작업 Mode를 변경하면서 작업을 수행할 수 있습니다.

우리가 일반적으로 아무런 설정 없이 Assembly Design을 실행하는 경우를 Design Mode라고 할 수 있는데 이 Design Mode에서는 불러온 모든 Component의 Spec Tree 및 실제 형상(Exact geometry & Parameter)이 Product에 Load됩니다. 따라서 많은 메모리 사용량을 나타내며 Component의 수가 많을수록 작업이 느려지는 것을 발견할 수 있습니다. 그러나 모든 Component에 바로 접근할 수 있다는 이점은 있습니다. 일반적으로 Component의 수정이 잦은 소규모의 모델링 Assembly에서 사용하면 편리합니다.

Visualization Mode는 이름에서 알 수 있듯이 시각화에 집중된 Mode입니다. Product를 구성하는 각 Component들을 실제의 도큐먼트가 아닌 CGR File로 만들어 Load시킵니다. 이 CGR file은 형상의 외형적인 정보만을 담고 있으므로 가벼운 크기로 불러와 집니다. 따라서 현재의 형상 그대로만 가지고 Assembly를 한다고 하면 아무리 많은 양의 Component를 가지고 있더라도 손쉽게 불러와 작업 할 수 있습니다. 다만 이 Visualization Mode는 실제의 Component가 불러온 것이 아니므로 Component를 변경할 필요가 있으면 다시 Design Mode로 변경해야 하는 번거로움이 있습니다. 일반적으로 대규모의 Assembly 작업에서 사용합니다.

SECTION **05** Product Property Management

우리가 흔히 모델링을 하면서 가장 소홀히 하는 부분 중에 하나가 바로 Property(속성)를 다루는 부분인 것 같습니다. 다 만들어 놓은 Product라 하더라도 이러한 Product에 정보를 바르게 읽거나 얻지 못한다면 쓸모가 반으로 줄어드는 것과 같습니다. 앞서 Part 도큐먼트의 Property에 이어 Product의 Property를 학습해 보도록 하겠습니다. Product의 Property 역시 원하는 Product를 선택하여 Contextual Menu에서 Properties를 선택해 주거나 단축키로 Alt + Enter Key를 입력합니다. 그럼 다음과 같이 Properties 창이 나타납니다.

A. Product

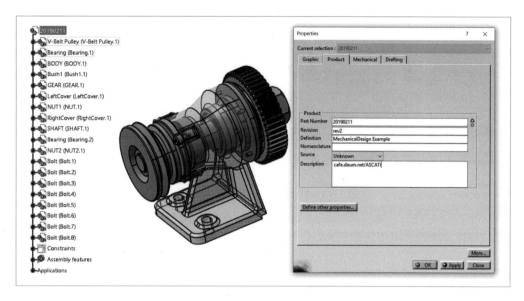

Product Tab에서는 Component가 Assembly 상에서 사용하는 Instance Name을 변경할 수 있습니다. 그리고 Link to Reference에서는 도큐먼트가 저장된 위치를 알려줍니다.

또한 Product Tab에서는 다음과 같은 정보를 수정하고 입력할 수 있습니다.

- Part Number : 주로 Product의 이름을 입력합니다. Assembly 상에서 Product를 구별 짓는 기준입니다.
- Revision : 대상의 수정 횟수를 입력합니다.
- Definition : 대상에 대한 정의를 입력합니다.
- Nomenclature : 대상에 대한 명칭을 달아줍니다.
- Source : 대상을 사기 위해 혹은 팔기 위해 만드는 것인지를 표기해 줄 수 있습니다.
- Description : 대상에 대한 설명이나, 취급상의 메모를 남겨둘 수 있습니다.

추가로 하단의 Define other Properties를 통하여 원하는 Property를 직접 만들어 입력해 줄 수 있습니다.

B. Mechanical

Mechanical Tab에는 Product의 기계적 물성치를 나타내 줍니다. 여기에 있는 값들은 사용자가 임의로 바꾸어 줄 수는 없습니다. 그러나 Component의 재질이나 형상이 수정되거나 변경된 경우에는 그 값이 Update 됩니다.

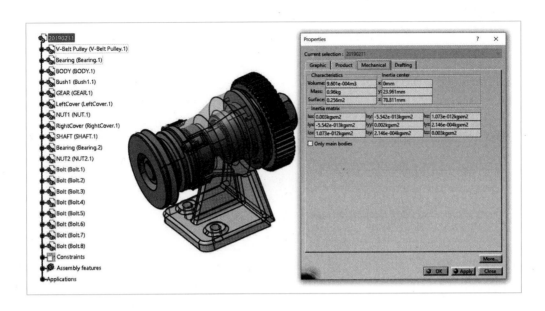

SECTION **06** Product Structure Specification Tree Icons

Assembly Design을 작업하면서 많은 Spec Tree의 아이콘을 사용하였습니다. 그러나 그 생김새가 비슷하여 쉽사리 큰 의미를 두지 않는데 여기서는 이들 Spec Tree의 Icon을 정리해 보도록 하겠습니다.

Icon	Descriptions
Product1	현재 활성화된 Product를 가리킵니다. 원하는 Product를 활성화시키고자 할 경우 더블클릭을 합니다.
Product1	일반적인 Product를 가리킵니다.
Product1	Component 또는 Sub Product를 가리킵니다.
Product1	Flexible Sub Assembly를 가리킵니다. Flexible/Rigid Sub Assembly 명령을 사용하여 Product 내부의 Component들을 상위 Product에서도 각각을 따로 사용할 수 있도록 합니다.
Product1	비활성화된(Deactivated) Product를 가리킵니다.
Product1	Product의 Component가 Load되지 않았음을 표시합니다.
Product1.1	형상이 들어있으며 활성화된(Activated) Part를 가리킵니다.
Part1	Contextual Menu에서 Deactivated Node명령을 사용하여 Node를 사용할 수 없게 만든 Part를 가리킵니다.
Part1	External reference를 사용하여 모델링을 한 Part를 가리킵니다.
Part1	Cut/Copy 등을 사용하여 만든 Part를 가리킵니다.

A. Workbench 들어가기

Drafting Workbench는 Drawing이라는 새로운 도큐먼트를 사용합니다.(*.CATDrawing) 시작 메뉴에서 다음과 같이 Mechanical Design ⇨ Drafting을 선택해 줍니다.(Workbench 단축키 지정 가능)

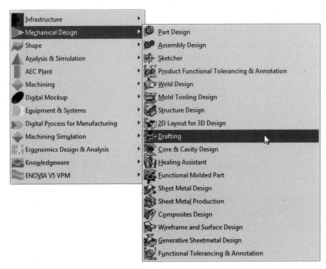

Drafting Workbench가 실행되면 바로 Workbench로 이동하지 않고 New Drawing 창이 나타납니다. 현재 CATIA에 모델링한 Part나 Product가 열려있는 경우엔 New Drawing Creation 창이 나타납니다. 여기에서 만들어질 도면의 규격(표준과 Sheet 사이즈 등)이나 Sheet 크기를 설정할 수 있습니다. 이 창에서 생성되는 도큐먼트의 View layout을 선택하거나 또는 View를 자동으로 생성하지 않고 빈 Sheet로 Drafting을 선택할 수 있습니다. Modify 버튼을 클릭하면 New Drawing 창이 열려 Sheet를 설정할 수 있습니다.

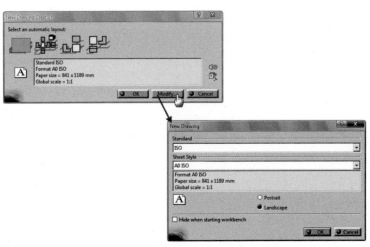

설정을 마치고 OK를 눌러 주면 다음과 같은 Drawing 도큐먼트가 실행됩니다.

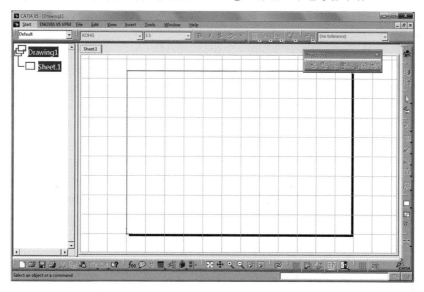

Drafting의 화면 배치 역시 좌측의 Spec Tree와 오른쪽의 작업 영역을 확인할 수 있습니다.

B. Importing & Exporting Drawing 도큐먼트

CATIA Drawing Workbench에서는 다른 프로그램의 작업 파일이나 공동 파일 규격을 읽어 들이거나 저장할 수 있는데 그 종류는 파일 형식은 다음과 같습니다.

Format	Documentation	호환성
.CATDrawing	CATIA의 도면 파일 형식	Import/Export
.cgm	컴퓨터 그래픽스 메타파일	Import/Export
.svg	가변 벡터 도형 처리	Export
.gl2		Export
.ps		Import/Export
.catalog	CATIA의 라이브러리 기능을 하는 파일 형식	Export
.pdf		Import/Export
.tif		Export
.jpg	이미지 파일 형식	Export
.dxf	AutoCAD에서 작업한 파일 형식	Import/Export
.dwg	AutoCAD에서 작업한 파일 형식	Import/Export
.ig2(2D IGES)		Import/Export
.3dxml		Import/Export

C. Drafting 작업 순서

CATIA에서의 도면 생성 작업은 3차원 형상을 포함한 Part나 Product 도큐먼트로부터 시작해서 Mechanical Design의 마무리 작업 개념으로 진행됩니다. CATIA 도면 작업의 핵심은 2D 도면을 직접 그려내는 것이 아닌 3차원 형상과 동기화하여 View를 생성하고 이를 업데이트 사이클이 유지된 상태로 도면 데이터를 관리할 수 있다는 것이기 때문에 이에 대한 개념을 확실히 가지고 있어야 합니다.

- 3차원 작업으로 Part에서의 모델링과 Product에서의 Assembly 작업을 마무리 합니다.
- Drafting을 실행시키고 도면이 만들어질 Sheet에 대한 설정을 해줍니다.
- 만들어진 Drawing 도큐먼트에 3차원 형상으로부터 View들을 생성합니다. 그리고 이 View를 이용하여 필요한 나머지 View들을 만들어 냅니다.
- 불러온 View에 필요한 경우 Geometry를 그려줍니다.
- Sheet를 구성하는 View들의 각 형상 요소에 치수(Dimension)를 기입해 줍니다.
- Annotation과 Table을 이용하여 필요한 부분에 대해서 주석을 달아 줍니다.
- 위와 같은 과정을 반복하여 Drawing의 각각의 Sheet에 작업을 해줍니다.
- 마지막 단계로 도면의 Frame과 Title Block을 만들어 작업을 마무리 합니다.

SECTION **02** Drafting Toolbar

A. Drawing

1. Sheet Sub Toolbar

■ New Sheet 🔲

Description

- 현재의 Drawing 도큐먼트에 새로운 Sheet를 추가하는 명령
- 하나의 Drawing에 여러 장의 Sheet를 추가하여 이 각각의 Sheet에 개별적인 도면을 생성 작업이 가능
- 따라서 필요에 따라서 Sheet를 추가해 주면 하나의 Drawing 도큐먼트 하나로 여러 장의 도면을 생성 관리할 수 있음
- 명령을 실행시키면 다음과 같이 빈 Sheet가 추가되며, Spec Tree와 View에서 Tab으로 이동 가능

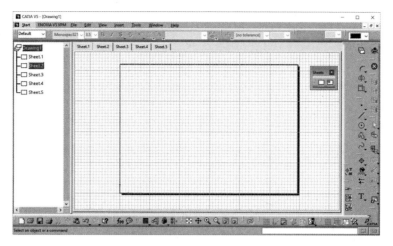

- 새로 추가된 Sheet 별로 속성에 들어가 값 정의가 가능(Sheet Name, Scale, Format, Projection Method 등)

- Projection Method에서 투영법에 대한 정의가 반드시 필요하며, 기본적으로 1각법이 설정되어 있지만 3각법을 기준으로 View를 생성할 경우 3각법으로 정의가 필요(기계 제도의 경우 제3각법으로 제도가 일반적)

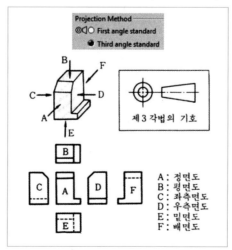

(이미지 출처 : 도면 기계 용어 사전, 기계용어편찬회, 1990)

■ New Detail Sheet

Description

- Drawing에서 자주 사용하는 2차원 형상이나 기호를 재사용할 수 있도록 정의하는 2D Component들을 모아두는 Sheet를 생성
- 명령을 실행시키면 현재 Drawing에 Detail Sheet가 삽입되며, 그 안에 하나의 2D Component가 생성

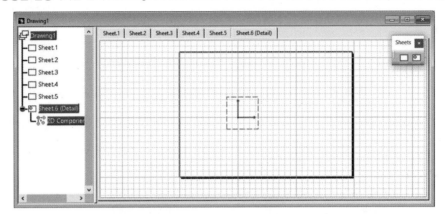

- 2D Component는 어떠한 2차원 형상을 Geometry 명령을 사용해 그려주어 현재의 Drawing 안에서 임의의 Sheet의 원하는 위치마다 이것을 복사하여 사용 가능한 요소로 즉, 반복되어 사용되는 일정한 형상을 일일이 그려주지 않고 기호처럼 불러와 사용할 수 있음

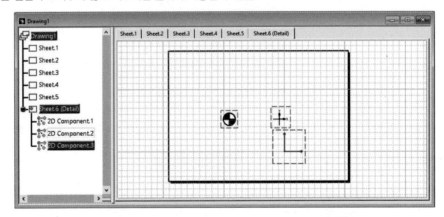

- 이렇게 만들어진 2차원 형상은 필요한 경우 Instantiate 2D Component 명령을 사용하여 원하는 Sheet의 활성화한 View의 임의의 위치마다 불러와 사용 가능

■ New View

Description

- 현재의 Sheet 안에 새로운 View를 추가하는 명령
- 일반 Sheet의 경우에는 New View 명령을 사용하면 Front View를 시작으로 위치에 따라 Left View, Right View, Top View, Bottom View, Isometric View의 이름으로 View가 생성

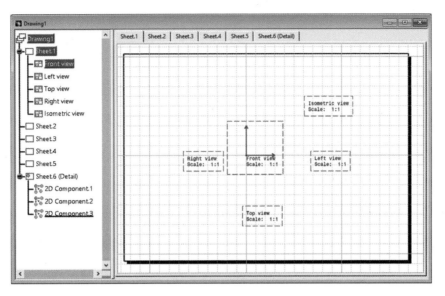

- 생성된 View 중에 붉은색 점선으로 표시되는 것이 활성화된(Active) View이며 더블클릭이나 Contextual Menu에서 다른 View로 Active View 변경 가능. Active View에서 추가적인 View 생성과 도면 작업을 수행할 수 있음
- Detail Sheet에서 New를 삽입할 경우에는 2D Component가 생성

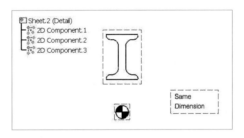

- 이 명령은 주로 실제 3차원 형상에서 View를 추출하는 경우가 아닌, Geometry를 이용하여 형상을 직접 그려주면서 도면을 만들 경우에 View를 추가하는 과정에 사용
- 3차원 도큐먼트로부터 View를 추출할 경우 별도로 View를 생성할 필요 없음

■ Instantiate 2D Component

Description

- 앞서 Detail View에서 생성한 2D Component를 현재의 Sheet에 불러오는 명령
- 명령을 실행시키고 불러오고자 하는 2D Component를 Spec Tree에서 선택해 주면 현재 활성화된 Sheet의 View로 해당 2D Component가 복제됨
- 복제된 2D Component는 원하는 위치에 크기를 조절하여 배치시킬 수 있음
- 이와 같은 2D Component는 여러 개의 Sheet에 여러 개가 불러와 사용될 수 있음

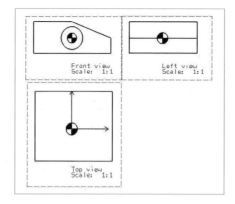

B. View

1. Projections Sub Toolbar

■ Front View

Description

- Front View는 도면 생성에서 중심이 되는 정면도를 정의하며, 따라서 형상의 모습을 가장 잘 표현하는 방향의 View를 정의해야 함
- 명령을 실행시키고 3차원 형상이 있는 도큐먼트로 전환하여 형상을 선택(풀다운 메뉴의 Window나 키보드 CTRL + Tab Key를 눌러 전환)
- 여기서 원하는 도큐먼트로 이동을 하면 형상의 위치를 잡아 정면도로 선택하고자 하는 면으로 마우스를 이동시키면 오른쪽 하단에 Oriented Preview로 선택되는 View의 미리 보기 형상이 출력. 형상의 위치가 맞는다면 이제 해당 면이나 빈 화면을 클릭하면 Drafting Workbench로 이동하면서 3차원 형상을 Front View로 가져옴

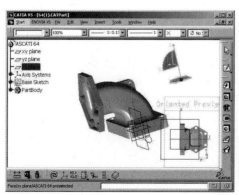
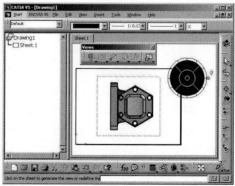

- 오른쪽 상단에 나타나는 Wizard를 사용하여 형상의 위치를 마지막으로 조절할 수 있음. 네 곳에 표시된 화살표를 이용하여 회전을 시킬 수 있으며 가운데 지점의 시계 방향, 반 시계 방향의 화살표를 이용하여 View를 조절할 수 있으며 이 화살표를 선택하여 Contextual Menu를 사용하여 회전하는 각도 변화를 조절 가능

- Wizard를 통하여 원하는 위치를 잡은 경우 Wizard의 가운데 동그란 버튼을 누르거나 Sheet의 빈 화면을 클릭. 그러면 Front View 생성이 완료되어 3차원 형상이 2차원 Front View로 생성

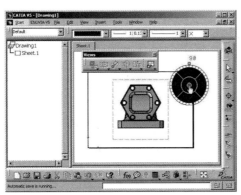 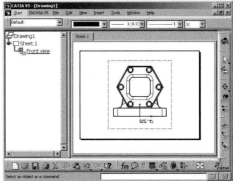

- View를 생성할 때 형상의 면을 직접 선택하는 것 보다 Reference Element를 선택하는 것이 형상의 View를 바르게 잡아 줌

- Assembly Product에서 전체가 아닌 일부 컴포넌트만을 View로 생성하고자 할 경우 명령을 실행한 후, 해당 Product에서 원하는 컴포넌트들을 먼저 선택한 후에 View 생성 기준면을 선택

■ Unfolded View

Description

- Sheetmetal로 만든 형상에 대해서 구부러진 Sheetmetal의 전개 형상을 View를 가져오는 명령

- 반드시 명심할 것은 Sheet Metal의 경우에만 사용이 가능

- Sheetmetal은 Generative Sheetmetal Design Workbench에서 작업한 대상만을 의미

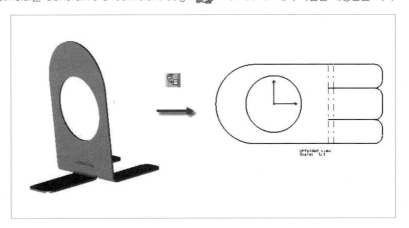

■ View From 3D

- Product 도큐먼트를 다루는 Workbench에서 (Assembly Design과 같은) Section View 나 Section Cut View 로 만든 View를 Drawing으로 가져오는 명령

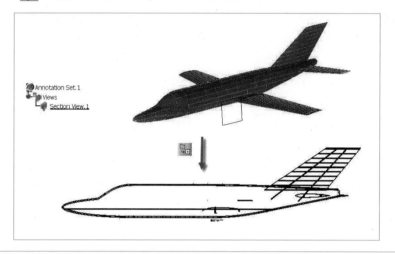

■ Projection View

- 현재 활성화되어있는 View의 측면 View를 Project(투영)하여 새로운 View로 생성하는 명령
- 반드시 Sheet에 대한 Projection Method가 정의되어 있어야 함(3각법으로 설정)
- 명령을 실행시키고 활성화된 View에 마우스 커서를 이동시키면 방향에 따른 측면 Project 형상을 미리 보기 가능

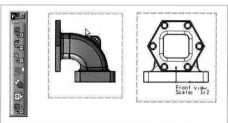

- 여기서 원하는 위치에 대해서 View가 보이는 경우 Sheet를 클릭하여 View 생성을 완료

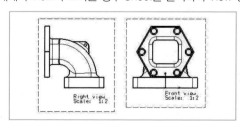

- 이와 같은 방법을 통해서 쉽게 형상의 여러 View 생성 가능

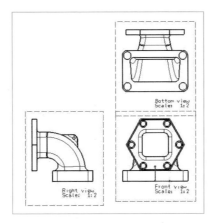

- 활성화 되지 않은 View에서는 생성 불가능

■ Auxiliary View

Description

- 활성화된 View에 대해서 임의선 보조선을 이용하여 형상의 View를 만들어 내는 기능
- 즉, 활성화된 형상에 대해서 임의의 직선을 그려주게 되면 그 직선에 수직 방향으로 형상의 모습을 View 로 생성
- 명령을 실행시키고 활성화된 View에서 임의의 위치에 원하는 방향으로 직선을 그려주면 형상의 View가 미리 보기 가능. 여기서 마우스를 이동하면 앞서 그린 직선에 화살표 방향(투영 방향)이 바뀌면서 이 직선 을 기준으로 좌우 View를 선택

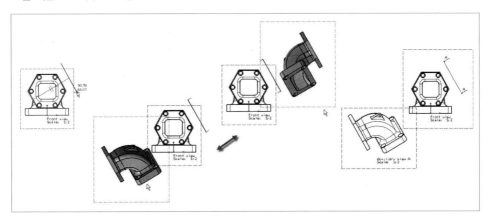

- 여기서 원하는 방향을 선택하고 위치를 잡아 Sheet를 클릭하면 View가 완성
- 앞서 그린 보조선을 더블 클릭하면 이 선을 수정할 수 있게 되는데 여기서 Profile의 방향이나 길이를 변 경할 수 있음

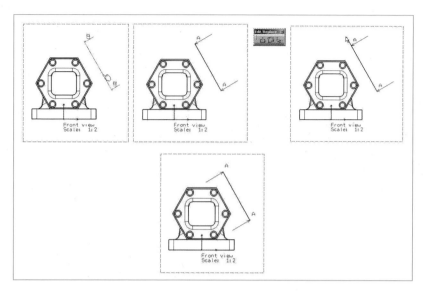

- 완료 후에는 End Profile Edition 아이콘을 눌러 Drawing으로 나오면 View가 앞서 수정한 데로 Update
된 것을 확인

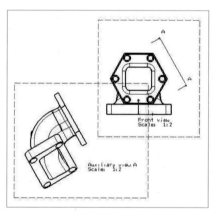

■ Isometric View

Description

- 3차원 형상의 Isometric한 View를 만드는 명령으로 형상의 실질적인 치수를 위한 View가 아닌 주로 조
감용으로 사용되는 View를 만들 때 사용

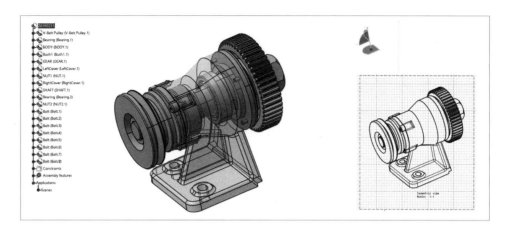

- 명령을 실행시킨 뒤에 3차원 형상이 있는 Workbench로 이동하여 3차원 형상을 클릭해 주면 현재의 모습 그대로가 Isometric View로 생성. 화면에 보여지는 상태 그대로 View가 생성됨을 주의
- 앞서 Assembly Design에서 설명한대로 Isometric View를 사용하면 Assembly Design에서 만든 Scene 형상을 Drawing에서 View로 불러오는 것이 가능
- 명령을 실행시키고 Assembly 형상이 있는 Workbench로 이동하여 Spec Tree에서 앞서 만들어준 Scene을 선택 후, 형상을 클릭(반드시 형사을 클릭해 주어야 함)

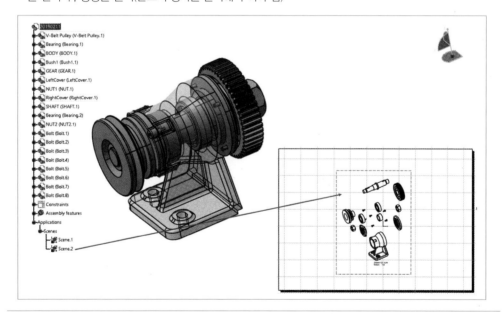

■ Advanced Front View

Description

- Front View를 생성할 때 View name과 scale을 지정해서 View를 생성하는 기능으로 명령을 실행시키면 다음과 같은 View Parameters 창이 나타남
- 여기에 View Name과 Scale 값을 정의한 후 Front View 생성 가능

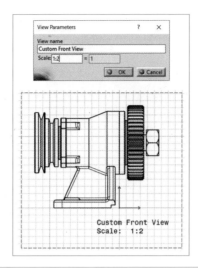

2. Sections Sub Toolbar

■ Offset Section View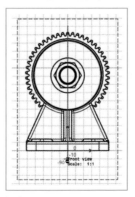

Description

· 3차원 형상을 정의한 절단면을 기준으로 Section View(단면도)를 생성하는 명령
· 절단되는 면을 기준으로 한쪽 방향을 바라보았을 때의 절단면과 그 방향으로 보이는 나머지 형상 부분을 단면도로 생성
· 명령을 실행하고 활성화된 View에서 절단하고자 하는 방향으로 형상과 교차하도록 프로파일을 정의(직선 형태로 시작 위치를 기준으로 직각으로만 정의 가능)

· 단면 생성은 무조건 한쪽 방향으로만 투영되며 필요에 따라 중간에 단면 위치를 조절 가능
· 단면의 위치를 정의하는 프로파일을 정의하면서 중간 위치에 클릭을 통해 절점을 정의할 수 있으며 이를 기준으로 단면도 정의 프로파일 위치를 업데이트 가능

- 절단 선을 그려주고 나면 자동적으로 Section View가 미리 보기 되는데 여기서 절단 선에 나타나는 화살표 방향에 따라 Section View 방향이 정해짐. 원하는 방향으로 마우스를 사용해 이동시켜준 뒤에 Sheet를 클릭

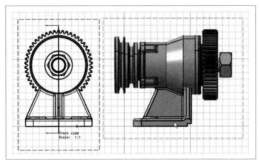

- Section View의 기준이 된 View에는 다음과 같이 절단면의 위치를 나타내는 점선과 절단 방향을 가리키는 화살 표시가 생성

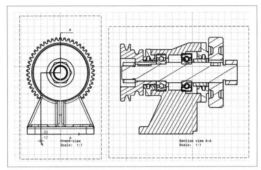

- 만약에 절단하고자 할 위치를 잡기가 힘들다면 Geometry를 사용하여 절단 선의 위치를 미리 그려주어 이를 선택할 수 있으며, 또한 Smart Pick 기능을 사용할 수 있으므로 형상 요소와 일치하는 포인트나 평행 또는 직교 조건을 이용할 수 있음
- 만약에 Section View의 위치를 바꾸고자 한다면 절단 선으로 사용하였던 Profile을 더블 클릭하면 단면 Profile을 변경할 수 있는 모드로 변경. Replace Profile 아이콘을 이용하여 새로운 Section View의 Profile을 그려줄 수도 있으며, Section의 방향을 Invert Profile Direction 아이콘을 사용하여 바꾸어 줄 수 있음
- Profile에 대한 수정이 마무리 되면 End Profile Edition 을 사용해 Drawing으로 이동. 그러면 위에서 변경한 대로 Section View가 수정되어 나타남. Section View는 절단면에 대해서 한 방향만을 기준으로 View를 만들기 때문에 절단면을 꺾어서 정의

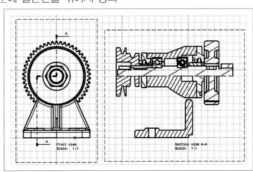

- 이러한 Section View를 만들고 다시 Section View를 삭제하면 활성화된 View의 절단 표시도 함께 사라지며, 절단면의 방향을 나타내는 이 화살표의 속성(Properties)에 들어가면 화살표의 스타일이나 길이 등을 조절할 수 있음. 따라서 절단면을 만들고 화살 표시가 너무 작거나 큰 경우, 이러한 세부적인 설정 가능

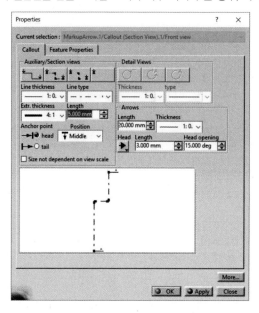

- Section View에 대한 작업은 Spec Tree에 기록되며 Isolate하기 전까지 링크 관계가 유지됨

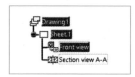

■ Aligned Section View

Description

- 임의의 직선 Profile을 따라 선이 지나가는 모든 방향에 대해서 Section View를 만들어주는 명령
- Offset Section View와 다른 점은 절단면으로 사용되는 Section Profile의 모든 방향을 따라 Section View를 만들어 준다는 것으로 프로파일로 그려준 모든 단면 방향을 단면도로 생성

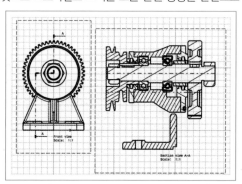

■ Offset Section Cut

Description

- 앞서 Offset Section View명령과 큰 차이는 없으나 절단 선으로 절단되는 위치에서 빈 공간이 나타나는 부분을 표시하지 않음
- 즉, 절단되는 면만을 View로 나타내줌

■ Aligned Section Cut

Description

- 위의 Aligned Section View와 큰 차이는 없으나 절단되면서 나타나는 빈 공간은 표시가 되지 않음

3. Details Sub Toolbar

■ Detail View & Quick Detail View

Description

- 활성화된 View에서 확대하고자 하는 부분에 대해서 원형으로 형상의 Detail View를 생성.
- Detail View를 만들고자 하는 위치를 선택하여 원을 그리듯 중심을 찍고 반경을 잡아 주면 현재 View의 Scale의 두 배 크기로 Detail View가 새로운 View로 생성

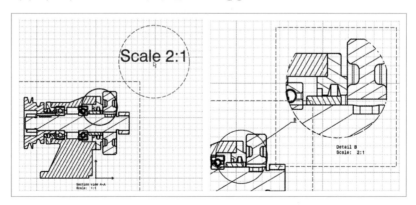

- Detail View가 만들어 지면 원본 위치에 기호로 표시되며, 이 기호 및 Leather는 자유롭게 이동과 수정이 가능. 또한 Detail View 역시 독립적인 View이기 때문에 따로 Scale을 변경시켜 더 크게 하거나 작게 할 수 있음

423

■ Detail View Profile 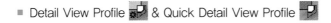 & Quick Detail View Profile

Description

• Detail View를 만들 때 형상을 원형이 아닌 임의의 Profile을 사용하여 만든 형상으로 Detail View를 생성

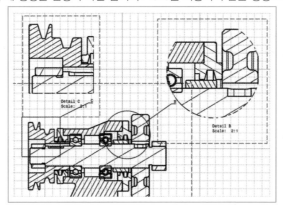

4. Clippings Sub Toolbar

이 Sub Toolbar이 명령은 만들어진 View의 일부만을 잘라내고 나머지는 지워버리는 명령입니다. 표시하고자 하는 특정 부위만 남기고 나머지는 제거시키기 때문에 불필요한 부분 없이 형상의 View 를 표현하고자 할 때 적합합니다.

■ Clipping View

Description

• Clip하고자 하는 형상을 원형으로 잡아서 그 부분만이 남겨진 View를 생성
• 활성화된 View에 원하는 지점을 원을 그리듯 중점을 찍고 반경을 넣어 잡아 주면 이 원형 부위만 남기고 나머지 부분이 삭제되어 Clipping View가 생성

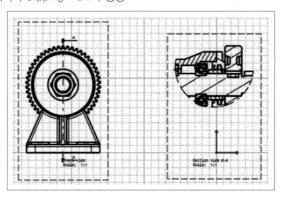

■ Clipping View Profile

Description

- 위와 비슷하게 Clipping View를 만드는 명령이나 Clip하고자 하는 형상을 원이 아닌 다각형 형태의 Profile로 생성
- Profile의 시작점과 끝점이 만나도록 형상을 그려주면 그 부분만을 남기고 나머지 부위가 삭제되어 Clipping View가 만들어짐

5. Break View Sub Toolbar

■ Broken View

Description

- 활성화된 View형상을 선택한 간격만큼을 잘라내어 생략해 표시해 주는 명령
- H – Beam과 같이 일정한 형상으로 길이만 길게 늘어난 형상의 경우 불필요한 지면의 낭비를 줄이기 위하여 사용 가능

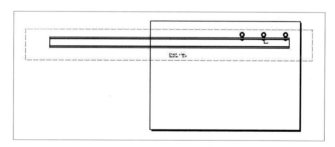

- 명령을 실행시키고 활성화된 View에서 생략시킬 위치의 임의 형상 모서리를 선택해 주면 그 위치에 녹색의 선이 나타나며, 이 선을 기준으로 형상의 생략 부위 정의

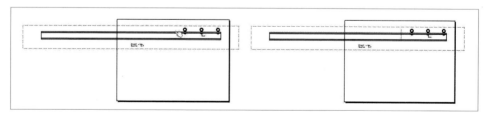

- 이 상태에서 마우스를 이동하면 가로 방향 또는 세로 방향으로 녹색 선이 변하는 것을 확인할 수 있는데 원하는 위치에 맞추어 한 번 더 Sheet를 클릭하여 다음으로 마우스를 이동시키면 이를 따라 또 다른 녹색 선이 나타나며, 이 두 녹색 선의 사이만큼이 제거되어 형상이 업데이트 됨. 원하는 거리만큼을 이동시킨 뒤에 클릭

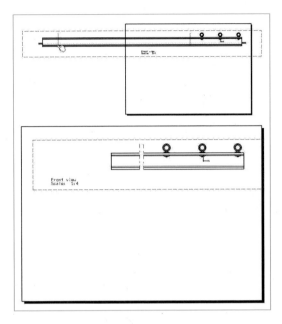

• 생략 부위의 표시 기호는 속성(Properties)이나 Graphic Properties 창에서 수정 가능

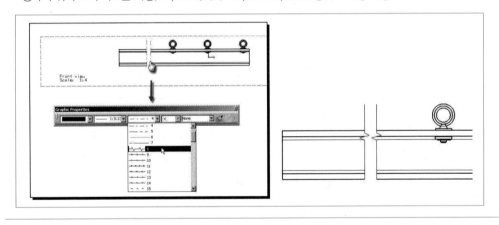

■ Breakout View 🔲

Description

• 활성화된 View를 임의의 Profile 형상을 만들어 임의의 깊이만큼 파낸 형상을 View로 만들어 주는 명령
• 즉, 형상 일부를 3차원으로 임의 깊이만큼을 제거하여 그 안을 보여주도록 View를 만들어 주는 명령
• 명령을 실행시키고 제일 먼저 해줄 일은 형상을 파내는 데 필요한 Profile 형상을 그려주는 것으로 Profile
🔲 로 다각형을 그리듯 시작점과 끝점을 이어줄 수 있는 형상을 그려줌

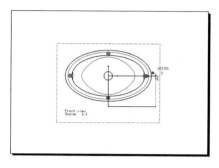

- 다음과 같은 3D Viewer가 나타나 형상을 파낼 깊이를 붉은 선 표시를 마우스를 이용하여 미리 보기 창에 있는 평면을 이동

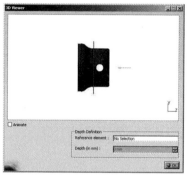 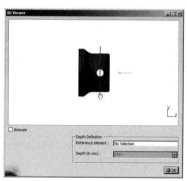

- Depth Definition을 사용하기 위해서는 Reference Element를 직각 방향 투영 View에서 선택해 주어야 함. 이러한 다른 View에서 절단하고자 하는 형상의 높이에 해당하는 모서리를 선택해 주면 자동으로 Reference Element로 입력되며, 원하는 Depth를 입력할 수 있음

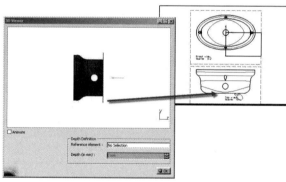 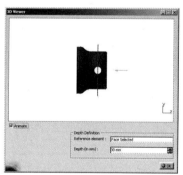

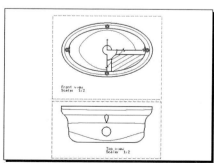

6. Wizard Sub Toolbar

■ View Creation Wizard

Description

- 3차원 형상으로부터 View를 가져오는 가장 일반적인 방법으로 바로 View 생성 마법사를 사용하여 한 번에 선택한 모든 View를 가져오는 명령
- 명령을 실행시키면 다음과 같은 View Wizard 창이 나타나며, 여기서 가져오고자 하는 View들을 선택

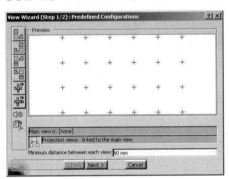
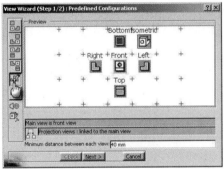

- View를 추가하거나 삭제하는 작업이 마무리되었다면 다음으로 Finish 버튼을 눌러 Wizard를 종료하고 원하는 3차원 형상을 Workbench를 이동하여 선택하면 이 정면도를 기준으로 나머지 View들이 자동 생성

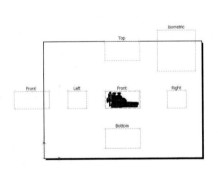

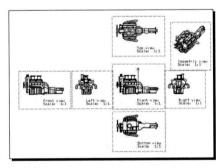

■ Front, Top and left

Description

- View 자동 생성에 있어 정면도, 평면도, 좌측면도를 동시에 만들어 주는 명령
- 명령을 실행 후 3차원 형상에서 정면도를 지정해 주면 이를 기준으로 각 View들이 생성

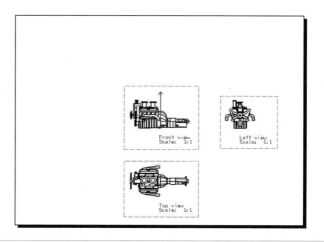

■ Front, Bottom and Right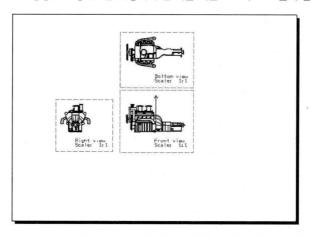

Description

- View 자동 생성에 있어 정면도, 평면도, 우측면도를 동시에 만들어 주는 명령
- 명령을 실행 후 3차원 형상에서 정면도를 지정해 주면 이를 기준으로 각 View들이 생성

■ All Views

Description

- View 자동 생성에 있어 정면도, 평면도, 좌측면도, 우측면도, 배면도, 등각 투상도를 동시에 만들어 주는 명령
- 명령을 실행 후 3차원 형상에서 정면도를 지정해 주면 이를 기준으로 각 View들이 생성

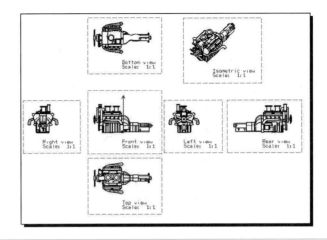

C. Geometry Creation & Modification

■ Geometry Creation Sub Toolbars

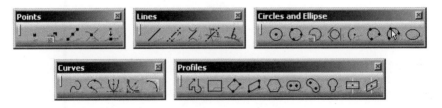

■ Geometry Modification Sub Toolbars

Drawing의 View에 부수적인 지오메트리 형상을 그려주기 위해 사용할 수 있는 기능들로 Sketcher Workbench의 그것과 기능일 동일하므로 기능 설명은 생략합니다. Drawing에서 지오메트리를 별도로 그려줄 경우 치수 정의는 해당 지오메트리를 더블 클릭하여 속성에서 정의하거나 Dimension 명령을 사용하여 정의합니다.

D. Generation

■ Create Dimensions

Description

- 앞서 Part나 Product 도큐먼트를 만들 때 사용한 치수(Constraints)들을 현재의 Drawing에 불러와 Dimension으로 사용하는 명령
- 명령을 실행시키면 구속에 사용한 치수들이 나타나면서 다음과 같은 Generated Dimension Analysis 창이 나타나며, 여기서 원하는 값을 선택해 주어 치수 값을 가져옴

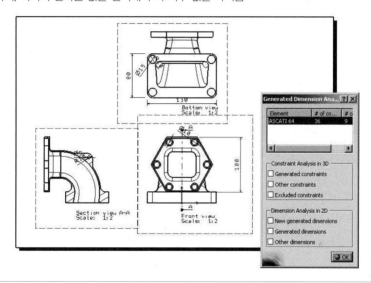

■ Generate Dimensions Step by Step

Description

- 앞서 Create Dimension을 한 단계씩 나누어 구속 하나하나를 만들어 내는 명령. 단계적으로 생성되는 구속을 확인할 수 있음
- 명령을 실행시키면 다음과 같은 Step by Step Generation창이 나타남

- 여기서 각 치수 값이 생성되는 것을 정해진 시간 간격으로 확인할 수 있음

■ Generate Balloons

Description

- 이 명령은 앞서 Assembly Design Workbench에서 Product에 정의한 Numbering을 Drawing에 가져와서 각각의 컴포넌트에 대해서 Balloons로 표시해주는 기능을 수행(이 명령을 사용하려면 우선 Assembly 상에서 Generate Numbering 을 통해 Numbering이 되어 있어야 함)

- 명령을 실행해 주면 바로 Numbering이 된 Balloons이 즉각 생성

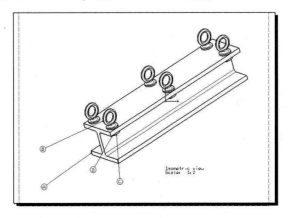

- BOM과 함께 정의하면 아래와 같은 정의 가능

Bill of Material: BeamAssembly

Quantity	Part Number	Type	Nomenclature	Revision
1	Beam	Part		
6	LinkAssembly	Assembly		

Bill of Material: LinkAssembly

Quantity	Part Number	Type	Nomenclature	Revision
1	Link	Part		
1	Support	Part		
1	Pin	Part		

Recapitulation of: BeamAssembly

Different parts: 4

Total parts: 19

Quantity	Part Number	Number
1	Beam	A
6	Link	B
6	Support	C
6	Pin	D

E. Dimensioning

1. Dimensions Sub Toolbar

■ Dimension

Description

- 선택한 대상에 대해서 알맞은 치수 종류로 그 치수 값을 입력하여 선 요소를 선택하면 그 길이를 나타내고, 나란한 두 선 요소를 선택하여 이 둘 사이의 거리에 있는 원이나 호를 선택하면 그 지름/반지름을 표기 함, 기울어진 두 선 요소에 대해서는 각도를 표시
- 명령을 실행시키고 치수를 측정하고자 하는 대상을 선택하여 치수를 입력

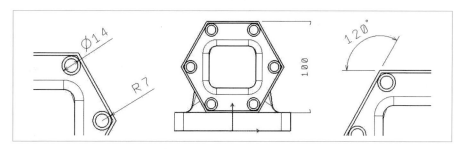

■ Chained Dimension

Description

- 치수를 정의할 때 하나의 치수와 다른 치수가 이어지도록 가운데 형상 요소를 공유하여 마치 체인처럼 치수가 이어지도록 치수를 생성
- 명령을 실행시키고 형상 요소들을 선택하면 다음과 같이 두 대상 사이에 치수가 만들어 지면서 다음 번 치수를 생성할 경우에 반드시 이전 형상에서 하나의 요소를 공유하여 치수를 만들게 됨

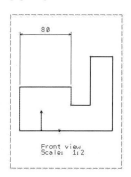
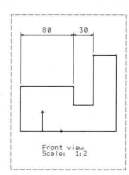
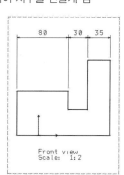

• 각도에 대해서도 Chained Dimension을 이용할 수 있음

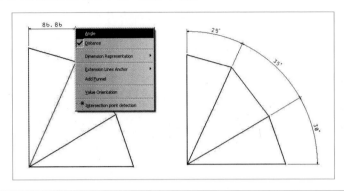

■ Cumulated Dimension

Description

• 치수를 생성하는 데 있어 처음 선택한 요소를 기준으로 모든 치수가 만들어지게 하는 명령으로 하나의 요소를 기준으로 치수선이 연달아 만들어짐

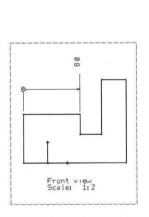 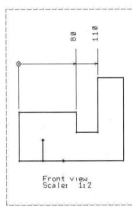 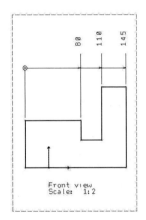

■ Stacked Dimension

Description

• 하나의 요소를 기준으로 다른 요소들과 치수를 측정하는 명령으로 명령을 실행시키고 처음 선택하는 요소가 기준이 되어 치수를 잡고자 하는 대상을 선택해 주면 연속적으로 치수를 생성

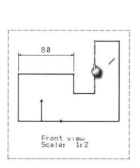
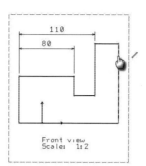
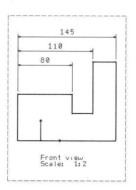

■ Length/Distance Dimensions

Description

- 나란한 두 요소 사이에 거리나 길이를 측정하여 치수를 만들어 주는 명령
- 점과 점 사이 거리나 직선과 직선 사이의 거리, 원형 형상 사이의 거리 등과 같은 거리적인 개념의 수치를 생성

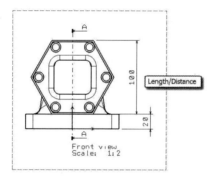

▶ Line-Up

- 치수선과 치수선 사이의 선 정리를 위해 사용하는 기능으로, 치수선을 선택후 Contextual Menu에 서 실행후 일치시키고자 하는 같은 방향의 치수선을 클릭

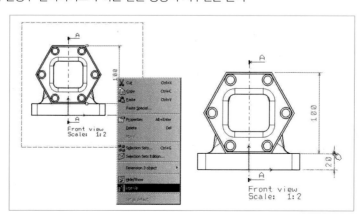

- 여기서 다음과 같은 설정 창이 나타납니다. 여기서 필요한 추가 설정을 해주고 위에서 선택한 치수선에 그대로 옮기기만 할 것이라면 바로 OK를 선택

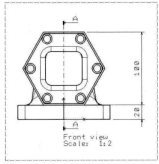

▶ Tools Palette

- 치수 생성 작업에서 Tool Palette라는 Toolbar가 나타나는데 이 Toolbar에서 치수 측정 방향을 변경하는 등 보조 도구 역할을 수행 가

- 만약에 위의 직선 길이를 대각선이 아닌 수평이나 수직으로 나타내고자 한다면 Tools Palette에서 변경 가능

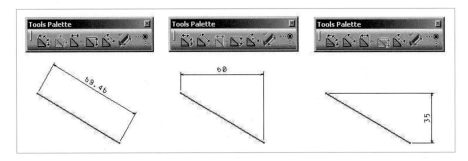

▶ Contextual Menu

- Contextual Menu에서 현재 체크되어 있는 Length 대신에 Partial Length를 선택하여 선택한 대상의 부분적인 길이를 측정 가능

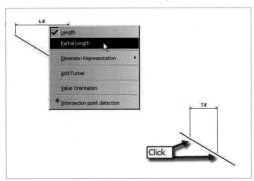

- Contextual Menu에서 Add Funnel을 선택하면 치수 보조선을 여과기 모양으로 확장시키는 Option 정의가 가능하며 여기에 알맞은 값을 넣고 Apply시키면 치수 보조선을 옆으로 확장하여 줄 수 있음

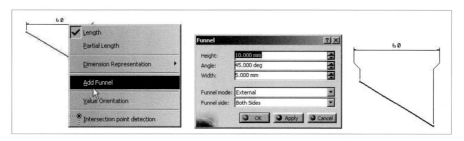

- Intersection point detection을 체크하면 구속하려는 대상과 다른 대상 사이에 교차되는 지점을 자동으로 잡아줌

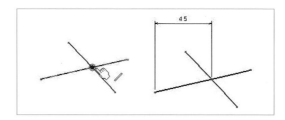

- Extension Lines Anchor는 치수를 잡기 위해 선택한 대상 요소에 끝점으로 인식할 수 있는 부분

- Anchor가 여러 개 인 경우에 이 들 중에 원하는 끝 부분을 선택할 수 있도록 설정 가능. Contextual Menu에서 이것을 선택하여 들어가면 원하는 요소를 선택하여 그 요소를 기준으로 치수를 잡아 술 수 있음

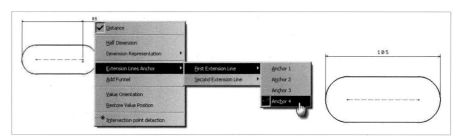

▶ Derive Geometry

- Drafting에서 3D 형상으로부터 가져온 형상에 대한 치수는 변경이 불가능. 반드시 3D ⇨ 2D로 업데이트 사이클이 작동

- 그러나 Drawing에서 Geometry로 그린 형상은 치수 수정이 가능하며, 다음과 같이 Geometry로 그린 형상에 Dimension을 생성한 후 더블 클릭하여 Definition 창에서 Derive Geometry를 체크. 이것을 체크하면 다음과 같이 치수 입력란이 활성화되어 값 입력이 가능

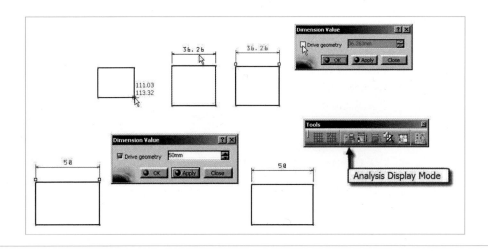

■ Angle Dimensions

Description

- 선택한 선 요소 사이의 각도를 측정하는 명령
- 각도를 측정하고자 하는 형상을 차례대로 선택하면 그 각도가 나타남

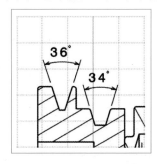

- 여기서 Contextual Menu(MB3 버튼)를 선택하면 Angle Sector를 선택할 수 있는데 각도가 측정되는 방향을 다음과 같이 4가지로 나누어 선택할 수 있게 하고 있으며 Complementary를 사용하여 현재 각도의 보각으로 변경시켜 줄 수 있음

  - Sector 1 : Direct Angle
  - Sector 2 : Direct Angle + 180 deg
  - Sector 3 : 180 deg − Direct Angle
  - Sector 4 : 360 deg − Direct Angle

■ Radius Dimensions

Description

- 호 또는 원형 형상의 반지름을 치수로 생성하는 명령. 일반적으로 반지름은 완전한 원형이 아니거나 Fillet 이 들어간 부분을 표현하기 위해 사용

- 여기서 Contextual Menu에서 Extend To Center를 해제하면 반지름을 나타내는 치수선이 원의 중심에서부터 나타나지 않게 할 수 있는데, 이 기능은 치수선이 Sheet를 벗어날 정도로 큰 곡률의 경우 사용시 유리

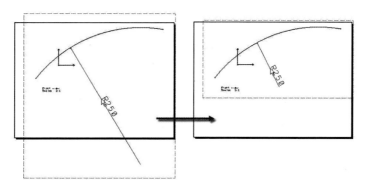

■ Diameter Dimensions

Description

- 원형 형상의 지름을 만들어 주는 명령으로 명령을 실행시키고 지름을 잡고자 하는 형상을 선택

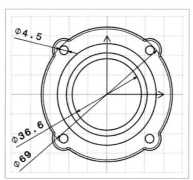

- Contextual Menu에서는 1 Symbol(반지름을 표시하는 것처럼 치수선을 하나의 화살표로만 나타나게 함)과 같은 추가 기능을 추가로 설정해 줄 수 있으며, 나중에 공부할 Dimension Properties나 속성(Properties)를 통하여 아래와 같이 설정 가능

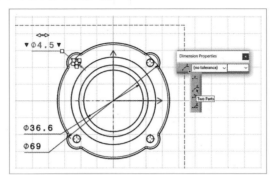

■ Chamfer Dimension

Description

- 형상의 Chamfer(모따기) 치수를 잡아 주기 위한 명령으로 명령을 실행시키면 다음과 같은 Tools Palette 창이 나타남. 여기서 Chamfer를 정의하는 방법을 선택 가능

- 각 Type에 따라 다음과 같이 치수 표현이 가능

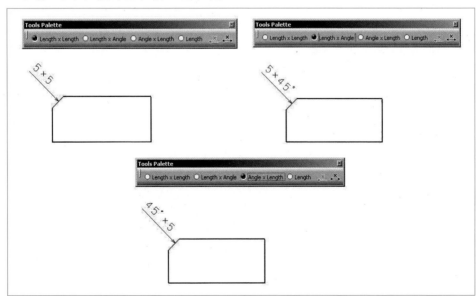

■ Thread Dimensions

Description

- 형상의 Hole 요소 중에 나사선 가공인 Thread가 들어있는 경우에 이를 표현해주기 위한 명령
- 이 명령을 사용하기 위해서는 현재 활성화된 View에 Thread 생성 기능이 체크되어 Thread가 생성되어 있어야함. 만약에 체크되어 있지 않다면 현재 View를 선택하고 속성(Properties)에 들어가 다음과 같이 체크해 주고 Apply해 줌

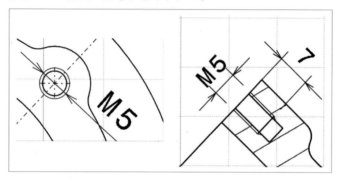

- Thread Dimension 명령을 실행시키고 생성된 Thread 기호를 선택해줌. 치수 선택 View에 따라 다음과 같이 두 가지 방식으로 표시(단면도일 경우 깊이까지 표시)

■ Coordinate Dimension

Description

- 3차원 형상이나 현재의 Drawing에서 만든 포인트의 위치를 좌표를 이용하여 표시해 주는 명령
- 명령을 실행시키면 다음과 같이 Tools Palette가 나타나며, 여기서 XY를 이용한 2차원 좌표를 나타낼 것인지 XYZ를 이용한 3차원 좌표를 나타낼 것인지를 선택해 줄 수 있음

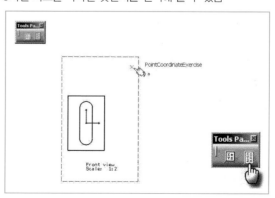

- 그 다음으로 기준으로 정의할 포인트를 선택하면 그 포인트의 위치를 텍스트 상자를 통하여 좌표계로 나타냄

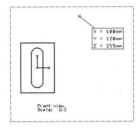

- 만약에 위의 Tools Palette에서 2D Coordinate로 설정하였다면 다음과 같이 나타남

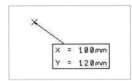

■ Hole Dimension Table

Description

- 활성화된 View의 원의 위치와 지름 등을 하나의 테이블을 이용하여 표시하는 기능
- 많은 수의 원의 치수를 하나의 Sheet에 나타낼 경우에 적합
- 명령을 실행시키고 치수를 만들고자 하는 원들을 선택, 동시 선택이 가능하므로 명령을 실행시키기에 앞서 CTRL Key를 이용하여 선택하거나 명령 실행 후 드래그하여 여러 개의 원을 동시에 선택하여 줄 수 있음

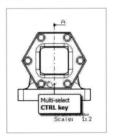

- 원 요소 선택 후 명령을 실행하면 다음과 같은 창이 나타나며, 여기서 수정하거나 변경하고자 하는 값을 변경해 주면 수정된 상태로 테이블이 생성. 여기서 만들어지는 테이블은 원점을 기준으로 그 좌표를 표로 나타내는데 다음과 같이 현재 작업하고 있는 활성화된 View의 원점에 다음과 같은 표시가 나타남

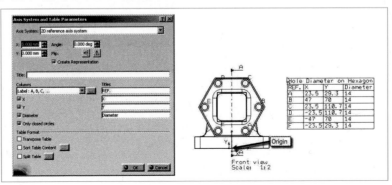

- 만약에 다른 지점을 원점으로 잡고자 한다면 위의 창이 나타난 상태에서 원점의 좌표를 입력해 주면 그 지점으로 원점 표시가 이동

- 테이블로 만들고자 하는 원과 원점의 위치 그리고 Definition 창에서 하고자 하는 설정을 모두 마친 후에 OK를 선택하면 다음과 같은 테이블에 원의 위치와 지름 그리고 Numbering된 기호를 확인할 수 있으며, 이 값들은 인위적으로 수정이 가능하기 때문에 고쳐야 하거나 불필요한 부분은 수정 또는 제거가 가능

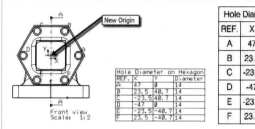

Hole Diameter on Hexagon			
REF.	X	Y	Diameter
A	47	70	14
B	23.5	110.7	14
C	-23.5	110.7	14
D	-47	70	14
E	-23.5	29.3	14
F	23.5	29.3	14

■ Points Coordinates Table

Description

- 앞서 원의 위치를 좌표계로 나타낸 것과 유사하게 포인트의 위치를 좌표계로 나타내어 주는 명령
- 대상의 선택이나 Definition창을 설정하거나 원점의 위치를 잡는 것은 위의 Hole Dimension Table 명령과 동일

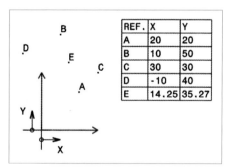

REF.	X	Y
A	20	20
B	10	50
C	30	30
D	-10	40
E	14.25	35.27

- 이러한 Coordinates는 원점을 기준으로 좌표를 표시하기 때문에 원점의 선정이나 설정이 중요

2. Dimension Edition Sub Toolbar

- ■ Re-routing Dimension

Description

- 기존에 만들어진 치수를 변경된/업데이트된 형상이나 View에 대해서 다시 정의가 필요할때 사용할 수 있는 명령
- 끊어진 치수에 대해서 다시 연결 작업을 하고자 할 때 유용

- ■ Create Interruption(s)

Description

- 이 명령은 치수 보조이 많아 중첩되거나 겹치는 위치 등에서 보조선의 일부를 잘라내어 가시성을 높여 줌
- 명령를 실행시키고 잘라내고자 하는 치수 보조선을 선택, 다음으로 제거하고자 하는 길이만큼을 마우스를 두 번 클릭하여 잡아줍니다. 처음 클릭한 위치에서 두 번째 클릭한 위치까지 치수 보조선이 제거됨

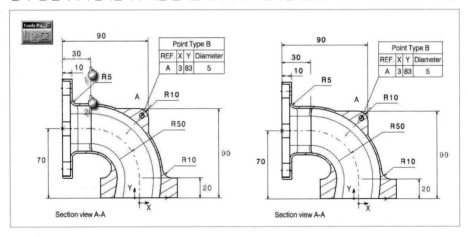

- 명령을 실행시켰을 때 Tools Palette에서 한 쪽에만 Interruption을 생성할지 양쪽을 할지 선택할 수 있음

- ■ Remove Interruption(s)

Description

- 이 명령은 앞서 만들었던 Interruption을 제거하는데 사용하는 명령. 명령을 실행시키고 Interruption을 제거하고자 치수 보조선을 그림과 같이 두 번 클릭

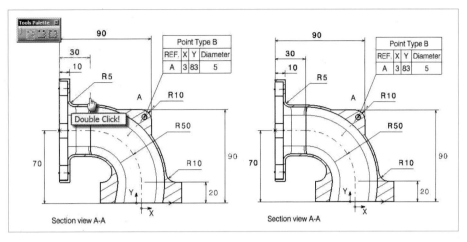

- 마찬가지로 Tools Palette에서 다음과 같이 Interruption을 제거할 때 선택해 줄 수 있음

- 왼쪽에서부터 순서대로 한 개의 Interruption을 제거할 경우, 한 쪽 방향의 모든 Interruption을 제거할 경우, 양쪽의 모든 Interruption을 제거할 경우에 선택후 사용

Create/Modify Clipping

Description

- 치수선을 앞서의 명령처럼 불필요한 부분을 제거하거나 수정할 때 사용

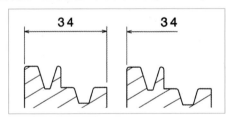

Remove Clipping

Description

- 제거한 치수선을 복원시키는데 사용

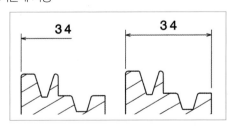

3. Tolerance Sub Toolbar

■ Datum Feature

Description

- 도면 형상에 Datum 기호를 만들어 주는 명령으로 명령을 실행시키고 형상이나 치수와 같은 대상 요소를 선택하면 다음과 같은 Datum Feature Creation창이 나타남. 여기에서 원하는 기호를 입력

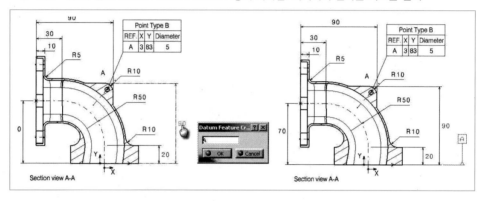

- 다음으로 앞서 생성된 Datum이 활성화된 상태에서 Datum을 선택하여 이동시키면 위치나 지시선(Leader) 의 길이를 조절 가능. 치수선 조절 시 SHIFT Key를 누르고 이동하면 세밀하게 이동하여 조절

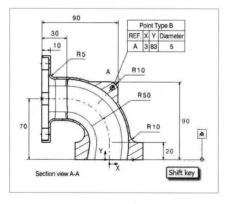

- 또한 Datum이 선택된 상태에서 나타나는 현상 가까이의 노란색 포인트를 선택하고 Contextual Menu를 선택하면 다음과 같은 추가 설정 가능

▶ Add a breakpoint

- 일직선인 Leader에 하나의 꺾이는 지점을 만들어 줄 수 있으며, 이렇게 Breakpoint를 만든 지점의 위치 역시 조절이 가능

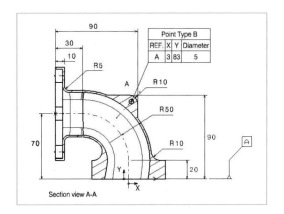

Section view A-A

▶ Remove a Breakpoint

- 앞서 만들어진 Breakpoint를 제거하는데 사용

▶ Remove Leather

- 지시선을 제거

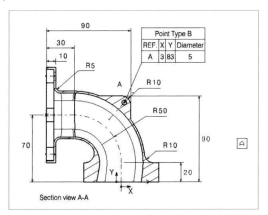

Section view A-A

- 지시선을 만들고자 한다면 Datum을 선택하여 Contextual Menu에서 Add Leader를 선택

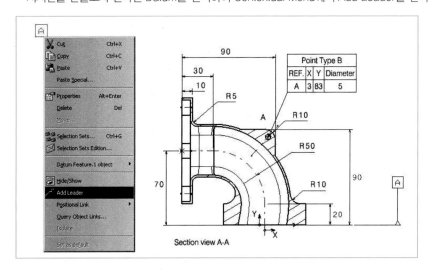

Section view A-A

447

▶ Symbol Shape

• Symbol 형상을 변경

■ Geometrical Tolerance

Description

• 이 명령은 치수가 아닌 형상에 공차를 입력해 주는 기능으로 치수선과 치수 자체에 생성되지 않으며, 수치 공차가 아닌 기호로 나타내는 공차를 적용

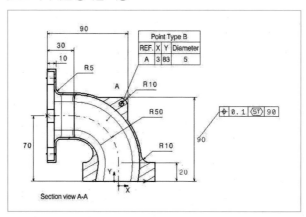

• 명령을 실행시키고 원하는 형상 요소나 치수선을 선택하면 다음과 같은 Geometrical Tolerance 창이 나타남

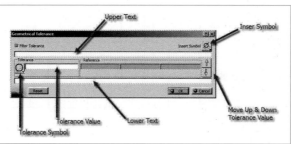

• 이곳에 원하는 Tolerance 정보를 입력하여 여기서 하나의 Tolerance vale와 기호를 입력하고 아래 그림 오른쪽의 화살표를 이용하면 다른 Tolerance와 기호를 추가해 줄 수 있음

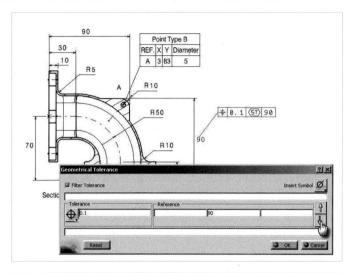

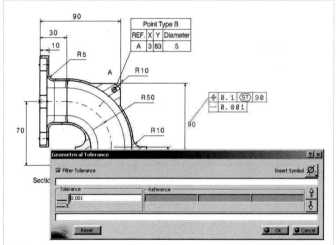

F. Dress-Up

1. Axis and Threads Sub Toolbar

449

■ Center Line

Description

- 원형이나 타원 형상의 중심을 만들어 주는 명령
- 명령을 실행시키고 원하는 대상을 선택해주면 다음과 같이 중심을 나타내는 Center Line이 만들어지는 데, 만약에 여러 개의 원형 형상에 동시에 Center Line을 만들고자 한다면 명령을 실행시키기에 앞서 복수 선택을 해주고 명령을 실행

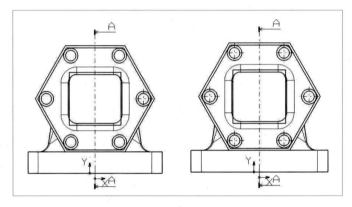

- 이렇게 만들어진 Center Line을 선택하고 마우스를 이용하여 그 크기를 조절할 수 있으며, 이러한 Center Line을 이용하여 치수를 잡는데 선택 대상으로 사용 가능

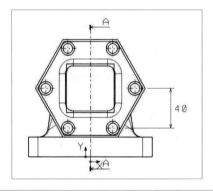

■ Center Line with Reference

Description

- Center Line을 정의하는데 있어 원형이나 타원 요소와 더불어 기준이 될 원점을 선택해 주어 그 원점을 기준으로 Center Line을 생성
- 명령을 실행시키고 Center Line을 만들고자 하는 원형이나 타원 요소를 선택하고, 다음으로 앞서 선택한 대상의 중심 요소로 사용하고자 하는 대상을 선택

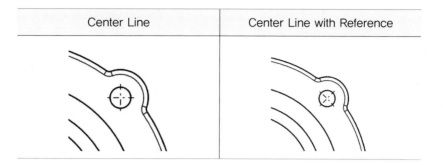

Center Line	Center Line with Reference

■ Thread

Description

- 원형 형상(Hole)에 나사선 가공인 Thread가 들어간 경우를 표현해 주는 명령
- 실제로 Thread를 사용하지 않았더라도 원 요소에 대해서 기호로 표시 가능

- 명령을 실행한 상태에서 다음과 같이 Tools Palette를 이용하여 Thread를 표시할지 Tap을 표시할지를 선택 가능

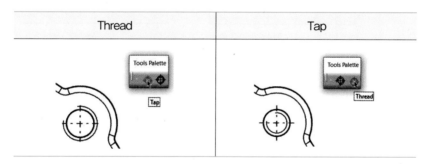

Thread	Tap

■ Thread with Reference

Description

- 앞서 설명한 Thread를 만드는데 있어 원점의 위치까지 잡아줄 수 있게 하는 명령
- 명령을 실행시키고 Thread 또는 Tap을 주고자 하는 원형 형상을 선택

Thread	Thread with Reference
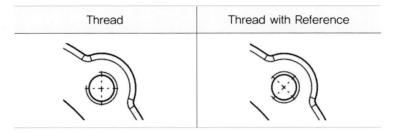	

■ Axis Line

Description

- 두 대칭/원통 요소에 대해서 그 중심 라인을 그려 주는 명령으로 나란한 두 대상 요소를 선택해 주었을 때 그 이등분 위치에 Axis Line이 생성
- 만약 다음과 같이 Hole 형상의 단면도에서 이 명령을 사용하면 한 쪽의 모서리(Edge)만을 선택해 주어도 자동으로 Axis Line이 생성됨

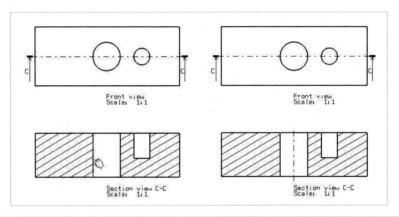

■ Axis Lines and Center Lines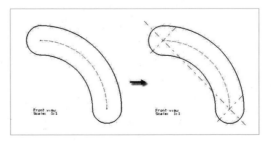

Description

- Axis Line과 Center Line을 동시에 생성
- 명령을 실행시키고 다음과 같이 두 대상을 선택
- 나머지 수정이나 대상 선택에 대한 설명은 앞서 Axis Line과 Center Line을 참고

■ Area Fill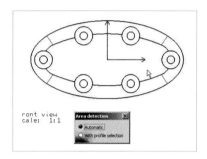

Description

- View 형상 중에 닫혀 있는 면에 단면 특성을 부여하는 명령. 해칭을 적용하기 위해 주로 사용
- 명령을 실행하려면 반드시 선택한 부분이 Geometry나 형상으로 하여금 닫혀 있어야 함
- Fill 하고자 하는 부위를 선택하면 다음과 같은 Area Detection창이 나타나는데, 선택한 부분이 닫혀있는 지를 어떤 방법으로 결정할지 선택하는 부분으로 일반적으로 직접 Profile을 잡아주는 With Profile selection 보다는 Automatic 방법을 사용

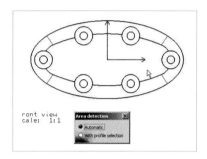

- 선택한 부분이 닫혀 있다면 Default 로 다음과 같이 해칭 기호가 나타나며, Graphic Properties Toolbar 를 사용하여 변경이 가능

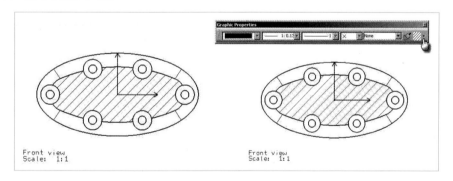

- Pattern Chooser 창에서 원하는 Area Fill 형상을 선택한 후에 OK를 누르면 새로운 Fill 형상으로 바뀌는 것을 확인

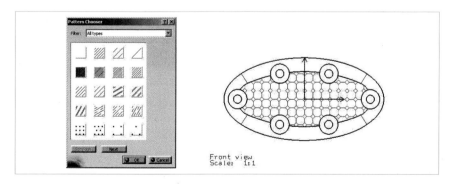

- 이러한 Pattern 변경은 Section View에 대해서도 유용하게 사용 가능

■ Arrow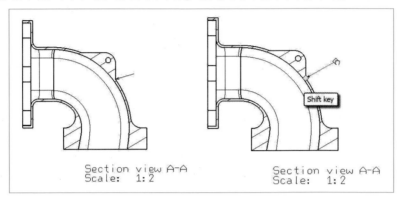

Description

- 도면상 View에 화살표를 추가하는 명령
- 명령을 실행시키고 화살표의 시작 위치가 될 지점을 먼저 선택 후, 다음으로 화살표 머리가 생길 마지막 지점을 선택하면 여기서 화살표를 선택하여 활성화된 상태에서 위치의 수정이 가능

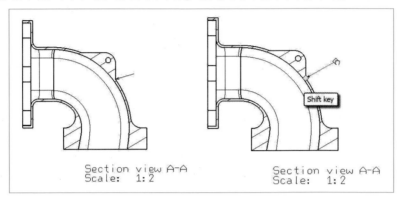

- 또한 화살표를 선택한 상태에서 양 끝에 있는 노란 포인트에서 Contextual Menu를 사용하여 양 쪽의 화살표 모양을 각각을 수정 가능

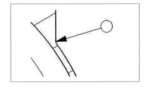

G. Annotations

1. Text Sub Toolbar

■ Text T

Description

- Drawing의 활성화된 View상에 텍스트를 쓰기 위해 투명한 글 상자를 만드는 명령
- 명령을 실행시키고 활성화된 View나 Sheet위를 드래그하면 다음과 같이 녹색 경계로 만들어진 텍스트 상자와 Text Editor에 원하는 문구를 입력

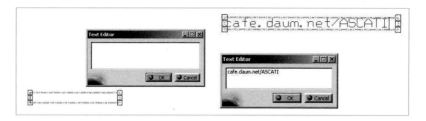

- 여기서 텍스트의 정렬 방식 및 폰트, 글씨 크기는 다음에 배울 Text Properties 창에서 수정 가능

cafe.daum.net/ASCATI

■ Text with Leader

Description

- 텍스트와 함께 지시선을 그려주는 명령
- 명령을 실행시킨 후에 지시선을 표시하고자 하는 지점을 클릭하면 해당 지점을 기준으로 화살 표시가 달린 텍스트 상자와 함께 Text Editor가 나타나므로 여기서 원하는 문구를 입력

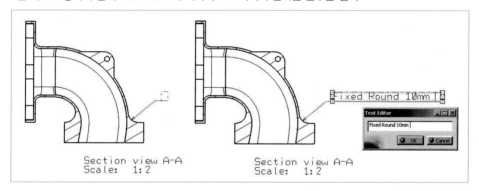

- 지시선과 텍스트 상자의 위치는 이동이 가능하며, 글 상자를 선택한 후에 다음과 같이 노란 포인트 부분에서 Contextual Menu를 사용하면 다음과 같은 설정이 가능

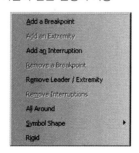

▶ All Around

- Text with leader에 다음과 같은 기호를 표시

455

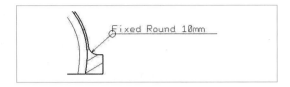

▶ Dimension/Test Modification

• 글 상자 및 치수선은 수정 Mode에서 다양한 위치 수정이 가능

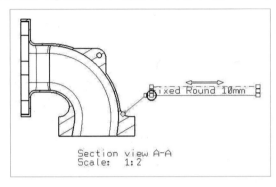

▶ Add Leader

• 여러 개의 지시선을 가진 글 상자 정의 가능

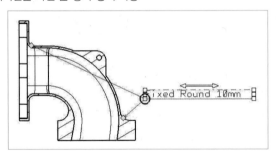

■ Text Replicate

Description

• Text Attribute에 의해 Link가 걸린 글 상자의 문구를 다른 곳에도 Link 값만 다르게 마찬가지 형식으로 적용하여 주는 명령

▶ Attribute Link

• Text Attribute 기능은 일반적인 글 상자의 내부에 실제 형상의 변수 값을 Link 시켜주는 기능으로 단순히 글 상자에 문구나 수치 값을 입력하면 데이터의 수정에 따라 일일이 다시 그 글 상자의 값을 바꾸어 준 것에 반해 Text Attribute기능을 사용하면 Link에 의한 Update를 활용할 수 있음

• 일반적으로 치수를 정의하면 형상과 업데이트 관계에 의해 형상과 치수 사이가 연결되지만 그러한 연결 관계가 없는 위치에 치수 값을 연결하고자 한다면 이 방법이 필요

- Text Editor 밖의 Sheet에서 Contextual Menu ⇨ Attribute Link를 선택

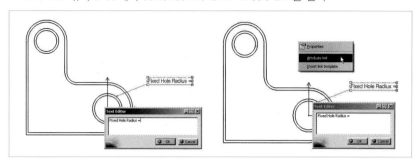

- 다음으로 실제 3차원 형상이 있는 도큐먼트로 이동합니다. 다음으로 Spec Tree나 형상을 클릭해 주면 도큐먼트가 다시 Drawing으로 변경되면서 Attribute Link Panel 창이 나타남

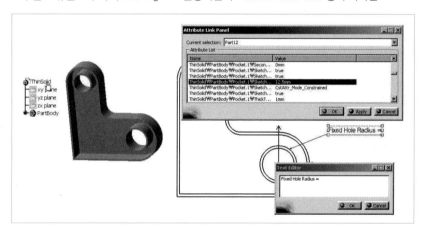

- 이 창에 나타나는 변수들은 앞서 선택한 3차원 형상이 있는 도큐먼트의 변수들로 이 중에서 글 상 자에 Link하고자 하는 대상을 선택하면 앞서 Attribute Link Panel 창에서 선택한 변수가 글 상자 로 포함되는 것을 확인

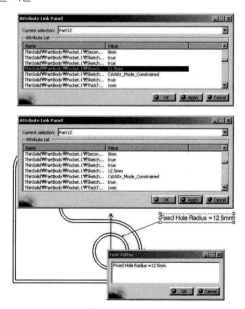

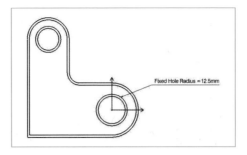

■ Balloon

Description

- 지시선과 함께 풍선 모양의 글 상자를 만들어 주는 명령
- 명령을 실행시키고 화살표시가 위치할 곳을 선택하면 다음과 같이 Balloon Creation창이 나타나 여기서 원하는 숫자나 기호를 입력

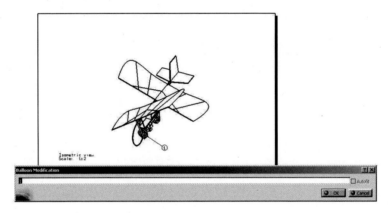

- Balloon에는 긴 문구를 입력하지 않고 간단히 숫자나 기호를 입력하는 데 사용. 따로 값을 입력해 주지 않으면 숫자가 입력되며 Balloon을 생성할 때 마다 숫자가 증가

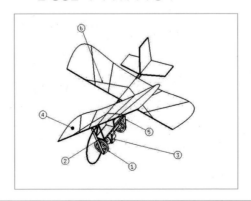

- Datum Target

Description

- 지시선이 달린 Datum을 만드는 명령
- 명령을 실행시키고 Datum을 표시하고자 하는 부분을 선택하고 적당한 거리에 지시선을 위치한 후에 클릭

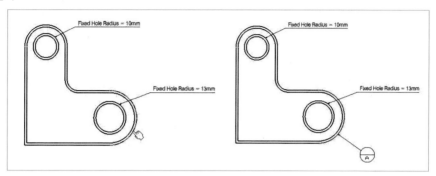

- 그럼 다음과 같은 Datum Target Creation창이 나타나 여기서 원하는 값을 입력

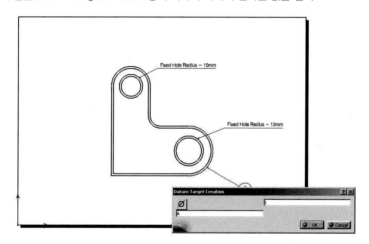

2. Symbols Sub Toolbar

- Roughness Symbol ▽

Description

- 형상의 표면 거칠기에 대한 정보를 입력하는 Annotation 명령
- 명령을 실행시키고 거칠기를 표시할 부분을 선택하면 다음과 같은 Roughness Symbol창이 나타남

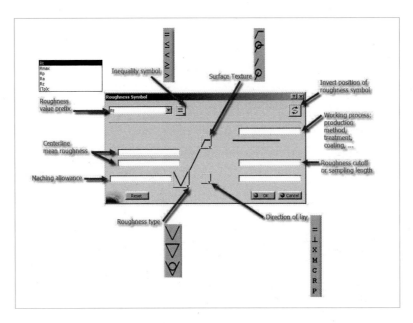

• 여기에 원하는 값을 입력해 준 뒤에 'OK'를 누르면 선택한 부분에 대한 거칠기 정보를 입력 가능

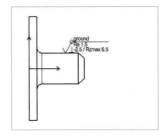

• Roughness에 사용하는 기호들의 의미를 간단히 정리하면 다음과 같음

▶ Surface Texture

Symbol	Definition
⌐	Surface Texture
⌐̵	Surface Texture and all surface around
/	Basic
̵	All surfaces around

▶ Roughness Type

Symbol	Definition
$\bigvee$	Basic surface texture
$\bigtriangledown$	Material removal by machining is required
$\bigvee$	Material removal by machining is prohibited

▶ Direction of Lay

Symbol	Definition
=	Lay approximately parallel to the line representing the surface
⊥	Lay approximately perpendicular to the line representing the surface
X	Lay angular in both directions
M	Lay multidirectional
C	Lay approximately circular
R	Lay approximately radial
P	Lay Particulate, non−directional, or protuberant

■ Welding Symbol

Description

· 용접 부위에 대한 정보를 입력해 주는 Annotation 명령으로 명령을 실행 시킨 뒤에 원하는 부분을 차례
  대로 선택해 주면 다음과 같이 지시선이 따라 나와 정의 가능

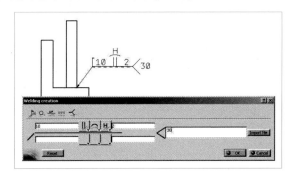

▶ Welding Creation Definition 창

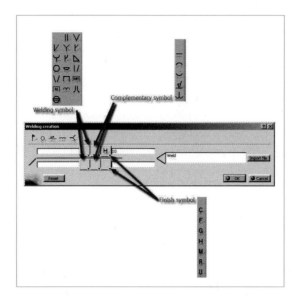

▶ Welding Symbols

Symbol	Definition	Symbol	Definition
‖	Square butt weld	⌣	Back weld
V	Singe V butt weld	⊮	Steep–flanked single–bevel butt weld
⊬	Single bevel butt weld	V	Steep–flanked single–V weld
Y	Flare V butt weld	⊓	Plug weld
⅄	Flare bevel butt weld	M	Removable backing strip used
Y	Single U butt weld	MR	Permanent backing strip used
P	Single J butt weld	⌢	Surfacing weld
△	Fillet weld	⅃⅂	V flare weld
O	Spot weld	✳	Spot weld

▶ Complementary Symbols

Symbol	Definition
—	Weld with flat face
⌒	Weld with convex face
⌣	Weld with concave face
⌿	Flush finished weld
⏧	Fillet weld with smooth blended face

▶ Finish Symbols

Symbol	Definition
C	C finish symbol
F	F finish symbol
G	G finish symbol
H	H finish symbol
M	M finish symbol
R	R finish symbol

▶ Complementary Indications

Symbol	Definition
⚑	Field weld
○	Weld−all−around
UP DOWN	Weld text side (up or down)
--- ---	Indent line side (up or down)
⟨	Weld tail
◁ Import file	Reference

■ Geometry Weld

Description

· 용접 표시를 기호가 아닌 시각적인 형상을 이용하여 표현해 주는 명령. 명령을 실행시키고 용접 표시를 해주고자 하는 부분의 교차 선을 차례대로 선택

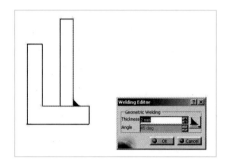

· 여기서 원하는 두께와 각도를 입력하여 Welding을 표현 가능. 을 클릭하면 다음과 같이 Weld Type 을 변경해 줄 수 있음

3. Table Sub Toolbar

■ Table

Description

· Table의 행과 열값을 입력 받아 표를 만들고 각 셀에 데이터를 입력할 수 있는 명령
· 명령을 실행시키면 다음과 같은 Table Editor 창이 나타나며, 여기에 원하는 수만큼 행렬 값을 입력. 그리고 Sheet를 클릭하면 클릭한 위치에 Table이 생성

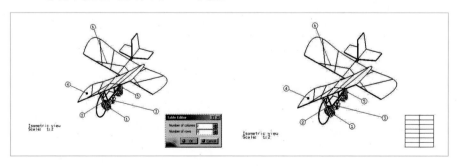

- 이제 이 Table을 더블 클릭하여 활성화시킨 후, 상태에서는 각 셀의 크기를 조절

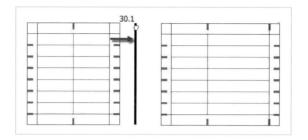

- 각 셀에 텍스트를 입력해 줄 수 있는데 원하는 셀을 선택한 후에 더블 클릭하여, Text Editor가 나타나면서 텍스트를 입력

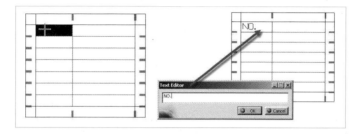

- 또한 table을 선택한 후에 Contextual Menu를 사용하여 행이나 열을 추가하거나 셀을 병합 하는 등의 작업이 가능

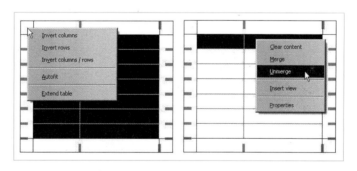

- 나중에 Text Properties를 배우게 되면 글꼴과 정렬 방식 등을 설정해 줄 수 있음

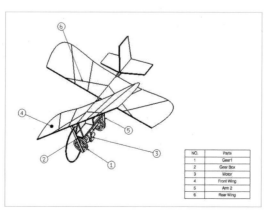

■ Table From CSV

Description

• 파일 형식이 .csv에 테이블 정보를 미리 생성 후 이 파일을 불러 들여 Table을 구성하는 명령

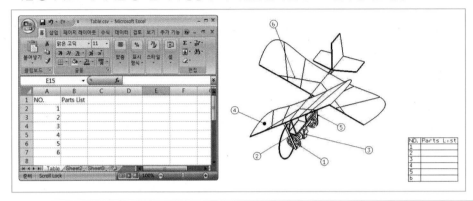

H. Graphic Properties

이 Toolbar는 형상 요소들의 그래픽적인 속성을 조절해 주는 Toolbar입니다. Element의 색상이나 선의 굵기, 선의 종류, 포인트의 종류를 설정할 수 있으며 앞서 배운 단면 속성을 정의해 줄 수 있습니다. 앞서 Common Toolbar에서 설명한 바와 같이 원하는 대상을 선택한 후에 이 Toolbar에서 속성을 변경해 주면 됩니다. 물론 Element를 복수 선택할 수 있습니다.

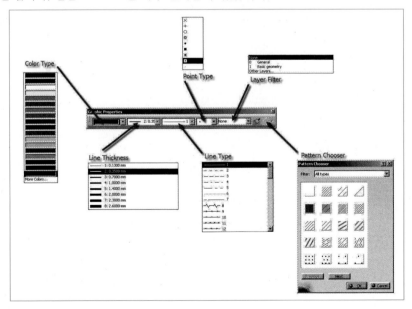

이러한 Graphic 속성은 대상의 Properties(Alt + Enter)에서도 변경이 가능합니다.

I. Text Properties

이 Toolbar에서는 텍스트나 글 상자, Table에 대해서 속성을 변경해 줄 수 있습니다.

텍스트가 입력된 글 상자를 선택하면 다음과 같이 Text Properties Toolbar의 기능들이 활성화됩니다. 여기서 각각의 기능을 선택하면 다음과 같습니다.

- Font Type

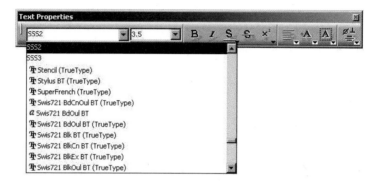

여기서는 선택한 텍스트나 Table에 대해서 폰트를 바꾸어 줄 수 있습니다.

선택한 대상에 대해서 폰트를 바꾸어 주므로 여러 대상을 동시에 변경해 주려면 전체를 선택하여 준 뒤에 변경해 주면 됩니다.

일반적으로 폰트의 종류나 크기를 조절하는 일은 도면을 만드는 마무리 단계에서 해줍니다.

위에 나타나는 폰트들은 현재의 작업자의 컴퓨터에 들어있는 폰트입니다. 따라서 새로운 폰트를 사용하려면 'C 드라이브 ⇨ WINDOWS ⇨ Fonts'에 추가해 주면 됩니다.

- Font Size

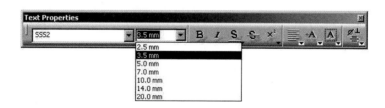

여기서는 선택한 텍스트의 크기를 조절해 줄 수 있습니다. 원하는 크기를 선택해 주거나 또는 입력란에 직접 기입할 수 있습니다.

- Bold **B** & Italic _I_

선택한 텍스트의 글씨에 Bold나 Italic 효과를 주고자 할 때 사용할 수 있습니다.

■ Line on Text

여기서는 선택한 텍스트의 아래(Under Line) 또는 위(Over Line), 가운데(Strike Thru)에 선을 그려줄 수 있습니다.

■ Superscript & Subscript

여기서는 선택한 텍스트에 대해서 위 첨자 또는 아래 첨자 표시를 해줄 수 있습니다.

■ Justify

글 상자나 Table 상에서 정렬 방식을 설정해 줍니다. 왼쪽 정렬, 가운데 정렬, 오른쪽 정렬 순입니다.

■ Anchor Point

여기서는 도면이나 형상 요소와 관련된 텍스트의 위치를 조절할 수 있습니다.

■ Frame

선택한 텍스트에 Frame을 표현해 줄 수 있습니다.

- Insert Symbol

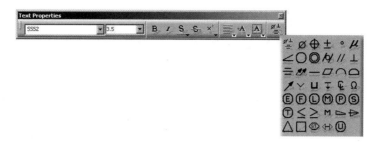

여기서는 선택한 텍스트에 여러 가지 기호를 입력해 줄 수 있습니다.

J. Dimension Properties

이 Toolbar는 치수선의 스타일이나 공차, 단위계, 유효 자리 수 등을 설정해 주는 중요한 Toolbar입니다. 여기서도 마찬가지로 선택한 대상에 대해서만 값을 변경하게 된다는 것을 기억하기 바랍니다.

- Dimension Line

선택한 치수선을 어떠한 방식으로 표시할지를 선택해 줄 수 있는데 다음과 같이 표현해 줄 수 있습니다.

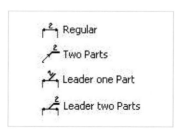

원의 지름을 나타내는 치수선의 경우 지름 반경에 대해서 일직선으로 솟아 나타나게 되는데 다음과 같이 변경해 주면 보기에 훨씬 수월할 것입니다.

- Tolerance Type

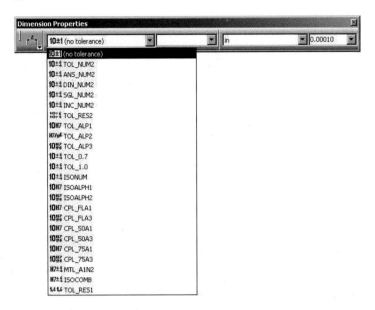

여기서는 치수에 공차를 입력하는 정형화된 스타일을 선택할 수 있습니다. 공차 스타일을 선택한 뒤에 다음 Tab에서 공차를 조절합니다.

- Tolerance

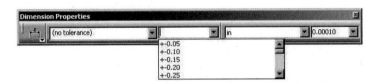

여기서는 선택한 치수에 공차 값을 입력해 줄 수 있습니다. 실제 제품을 가공하는데 있어서 중요한 부분이기 때문에 필요한 부분에 대해서는 확실한 공차 표시를 해주어야 합니다.

- Unit

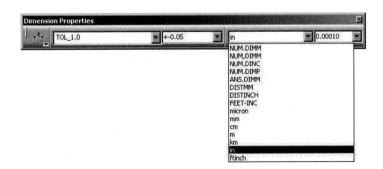

여기서는 선택한 치수의 단위계나 치수 표현 방식을 변경해 줄 수 있습니다.

■ Decoma Places

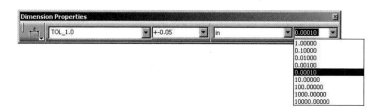

여기서는 선택한 치수의 유효자리를 조절해 줄 수 있습니다. 따라서 형상이 요구하는 유효 숫자를 조절할 경우 사용하면 됩니다. 선택한 자리 이하는 자동으로 반올림 됩니다.

K. Tools

■ Grid

Description
• Drawing Sheet에 격자를 표시하는 명령

■ Snap to Point

Description
• 명령은 Drawing 상에서 Geometry등을 그리는데 있어 포인터가 격자와 격자 사이만을 오가게 하는 명령
• 이것이 체크되어 있으면 격자 사이만을 지나고 이것이 해제되어 있으면 격자와 상관없이 포인터가 자유롭게 이동

■ Analysis Display Mode

Description
• 이 명령은 치수선을 색상을 그 종류에 따라 다른 색으로 표현하게 하는 명령
• 이 명령을 체크해 두면 형상에서 가져온 치수나 도면상에서 측정한 치수 등에 대해서 앞서 설정한대로 색상을 표현가능
• 이렇게 색상을 치수를 구분하여 놓으면 수정이 필요하거나 문제가 있는 치수 등을 쉽게 구분 지을 수 있으며, 이에 대한 설정은 Tools ⇨ Options ⇨ Mechanical Design ⇨ Drafting ⇨ Dimension

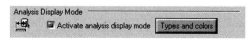

■ Show Constraints

Description
• 도면상의 Geometry에 대해서 만들어지는 형상이 가지게 되는 Geometrical Constraints를 탐지하여 만들어 주는 명령
• 이 명령이 체크되어있으면 Geometry를 그리는 과정에서 Smart Pick에 의해 탐지되는 구속이 표시

■ Create Detected Constraints

Description
• 이 명령은 도면상에서 형상을 그리면서 탐지되는 구속을 자동으로 생성해 주는 기능

■ Filter Generated Elements

Description
• 실제 3차원 형상으로부터 가져온 형상 요소와 Drafting 상에서 그린 형상 요소를 분리하여 표현해 주는 명령
• 이 명령이 체크되어 있으면 3차원 형상으로부터 가져온 형상 요소는 회식을 띠며 Drafting상에서 제도한 요소는 검은색으로 표시
• 또한 이 명령이 활성화되어 있으면 3차원 형상으로부터 가져온 View Element는 색상을 변경할 수 없음

■ Display View Frame as Specified for Each View

Description
• Sheet 상의 각 View들의 Frame을 출력해 주는 명령
• 이 명령이 체크되어 있어야 각 View의 Frame 표시가 출력되며, Frame이 출력되어야 각 View들을 이 Frame을 잡고 움직일 수 있음
• 여기서 나타나는 View Frame들은 View 단위 작업을 위해 필요로 하며 활성화된 View를 기준으로 도면 작업이 진행된다는 것을 기억하기 바라며, View Frame은 Drafting작업상에서만 출력이 되며 나중에 JPG 나 PDF와 같은 외부 파일 형식으로 저장을 나면 나타나지 않음

■ Dimension system selection Mode

Description
• 치수를 정의하는 방법 중에 세 가지 Mode Chained Dimension system, Cumulated Dimension system, Stacked Dimension system를 사용하는데 사용하는 부수적인 명령

Drafting Workbench는 도면상에 상대방이 볼 수 있도록 정보를 입력하는 기능을 하기 때문에 일반모델링 보다 작업을 하면서 신경 써야 할 부분이 많다. 다음의 각 속성을 다루는 방법을 습득함으로써 보다 정확하고 이해하기 쉬운 도면을 만들어 보는 연습을 해보도록 하겠습니다.

A. Edit Sheet Properties

우리가 Drawing 작업을 하는 한 장의 종이라 생각할 수 있는 Sheet에 대한 설정입니다. Drawing에는 여러 장의 Sheet를 추가하여 작업을 할 수 있으며 이들 각각에 대해서 독립적인 설정이 가능합니다. 속성을 들어가고자 하는 Sheet를 선택한 후에 Contextual Menu(MB3 버튼)에서 Properties(Alt + Enter)를 선택합니다. 그러면 다음과 같이 Sheet의 속성 창이 나타납니다.

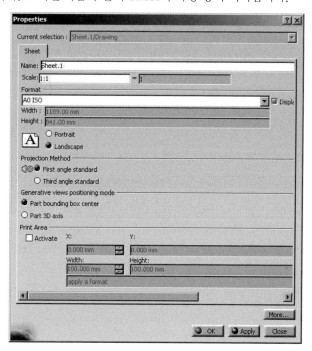

여기서 각 부분을 자세히 설명하도록 하겠습니다.

이곳에서는 현재 Sheet의 이름을 입력할 수 있으며 Sheet 단위의 스케일을 조절할 수 있습니다. 만약에 현재 Sheet에 비해서 형상이 매우 큰 경우나 작은 경우에 이 스케일을 조절하여 Sheet안으로 형상이 들어오게 할 수 있습니다.

참고적으로 Sheet 표시가 된 구역 밖에 있는 형상 요소나 치수선은 나중에 다른 파일 형식으로 Output 할 때 잘려나가게 되니 주의하기 바랍니다.

- Format

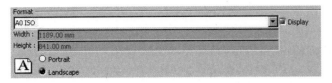

현재 Sheet의 Format을 변경해 줄 수 있습니다. 원하는 도면 출력 사이즈를 고려하여 선택해 주면 됩니다.

일반적으로 Drawing을 시작할 때 Sheet의 크기를 설정해 줍니다. 그렇게 되면 다음으로 추가되는 Sheet 모두 같은 크기로 설정이 되는데 필요에 따라 이렇게 Sheet를 추가하고 Sheet의 크기를 조절해 주면 됩니다.
Sheet의 크기에 맞추어 불러오는 View나 치수선 및 폰트 사이즈에도 변화가 많이 필요하기 때문에 도면 작업에 앞서 Sheet의 크기를 정하는 것이 중요합니다.

- Projection Method

현재 Sheet의 투상법을 선택하는 부분으로 1각 법과 3각 법 중에 선택할 수 있습니다. Default 는 1각 법입니다.(참고 : ISO 10209-2:1993)

- Generative Views Positioning Mode

여기서는 현재의 Sheet에 View를 만들 때 선택할 수 있는 Position Mode에 대한 설정을 할 수 있습니다. Default로 Part bounding box center를 사용합니다.

- Print area

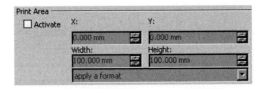

현재 Sheet를 인쇄할 때 전체 Sheet가 아닌 일부 지역을 정해서 할 수 있습니다. Activate를 체크하고 값을 입력하여 인쇄할 부분을 정의합니다.

이러한 Sheet의 속성의 변경은 비단 한 개씩 설정할 수 있는 것은 아니며 여러 개의 Sheet를 복수 선택한 뒤에 속성에 들어와 함께 변경하는 것도 가능합니다.

B. Edit View Properties

우리가 하나의 Sheet에 여러 개의 View들을 이용하여 한 장의 도면을 만들게 됩니다. 이때 이 각각의 View에 대해서 설정이 가능합니다.

속성을 들어가고자 하는 View를 선택한 후에 Contextual Menu(MB3 버튼)에서 Properties(Alt + Enter)를 선택합니다. 그러면 다음과 같이 View의 속성 창이 나타납니다.

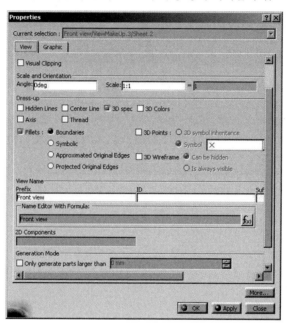

여기서 각 부분에 대해 설명하면 다음과 같습니다.

■ Visualization and Behavior

- Display View Frame : 현재 View의 Frame을 표시하게 합니다.
- Lock View : 현재 View를 수정할 수 없도록 잠그는 기능을 합니다. 이것을 체크하면 다른 속성 부분이 모두 비활성화됩니다.
- Visual Clipping : 이것을 체크하면 선택한 View안에 일부 형상만을 보이게 실선의 Frame을 만들어 줍니다.

■ Scale and orientation

여기서는 현재 View의 회전각도 및 스케일을 조절할 수 있습니다. 각도를 입력하여 View를 회전시키거나 View 각각의 스케일 값을 변경해 주고자 할 때 사용할 수 있습니다.

■ Dress-up

여기서는 View 형상에서 추가적으로 표현하고자 하는 요소를 선택해 줄 수 있습니다. 추가하고자 하는 대상을 선택한 후에 Apply시키면 현재 View가 Update 되는 것을 확인할 수 있습니다.

■ View Name

현재 View의 이름과 같은 정보를 입력합니다.

■ Generation Mode

Only generation Parts larger than을 체크하고 값을 입력하면 이 값 이하의 Body 형상은 View로 만들어지지 않습니다. 큰 형상을 이용하여 View를 만들 때 볼트나 너트와 같이 크기가 작아서 무시할 수 있는 대상을 생략시키는데 효과적입니다.

Enable occlusion culling 기능은 Assembly상에서 크기가 큰 대상을 불러올 때 메모리를 절약하기 위해 사용하는 기능입니다. 옵션에서 work with the cache system이 체크되어 있어야 사용 가능합니다. View generation Mode에서는 View 생성하는 방법을 선택해 줄 수 있으며 Exact View, CGR, Approximate, Raster 모드가 있습니다.

Graphic Tab에서는 현재 View에 Layer를 설정할 수 있습니다.

마찬가지로 이러한 View의 설정은 여러 개의 View들을 복수 선택하여 한 번에 변경해 줄 수도 있습니다.

C. Edit 2D geometry feature Properties

여기서는 Drawing에서 직접 그려준 Geometry에 대해서 속성을 설정하는 방법을 설명합니다. 속성을 들어가고자 하는 Geometry를 선택한 후에 Contextual Menu(MB3 버튼)에서 Properties(Alt + Enter)를 선택합니다. 그러면 다음과 같이 Geometry의 속성 창이 나타납니다.

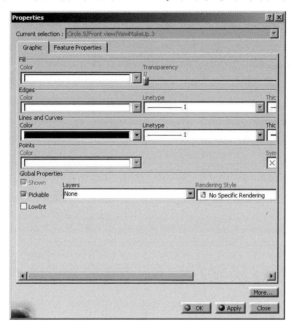

여기서 선택한 형상 요소에 따라 활성화된 부분이 다를 수 있으나 일반적으로 형상의 색상과 투명도, 선이라면 선의 종류와 굵기 등을 설정해 줄 수 있습니다. 이러한 속성 설정의 대부분은 각 Properties 명령을 사용하여 쉽게 변경이 가능합니다.

Layer 기능을 사용하면 형상 요소를 현재 View에서 Filter 처리하여 볼 수 있습니다.

Feature Properties Tab에 가면 현재 형상의 이름과 생성일, 최종 수정일과 같은 정보를 확인할 수 있습니다.

477

Graphic	Feature Properties

Feature Name : GeometryElement

Creation User :

Creation Date: 2007-09-28 10:29

Last Modification: 2007-09-28 10:29

D. Edit Pattern Properties

여기서는 우리가 Area Fill을 사용하거나 형상의 Section View 또는 Breakout View 등에서 단면 표시를 하는 Pattern 형상의 속성을 다루는 방법을 설명할 것입니다.

Pattern이 들어간 단면 형상을 선택하고 Contextual Menu(MB3 버튼)에서 Properties(Alt+ Enter)를 선택합니다. 그러면 다음과 같이 속성 창이 나타납니다.

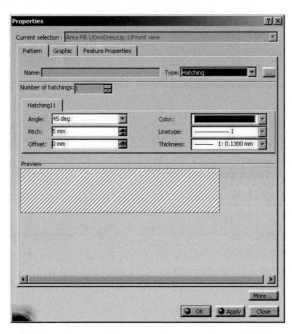

여기서 Pattern Tab을 살펴보면 다음과 같은 설정을 할 수 있습니다.

여기서는 Pattern(해칭)의 종류를 선택해 줄 수 있으며 Area Fill 명령에서 설명한 것과 같이 다양한 종류의 Pattern을 선택해 줄 수 있습니다.

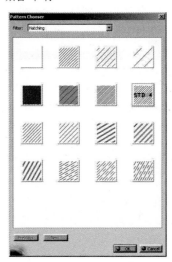

다음으로 선택한 Pattern의 Type에 따라 다음과 같은 세부 설정을 해 줄 수 있습니다.

- Hatching

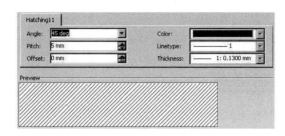

형상의 크기에 따라 Pitch 간격이나 선의 굵기 등을 적당히 조절해 줍니다. 그 외의 Angle이나 Color, Line Type 등은 특별한 목적에 한해서만 변경해 주는 게 좋습니다.

- Dotting

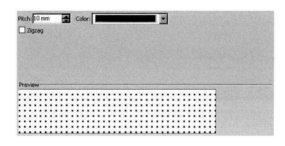

형상의 크기에 맞추어 Pitch를 조절해 줍니다. Zigzag를 체크하면 Dotting의 배열을 한 줄씩 엇갈리게 배열 시킬 수 있습니다.

- Coloring

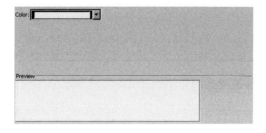

Pattern이 들어간 단면을 색상으로 채워주게 되므로 원하는 색상을 선택해 주도록 합니다.

▪ Image

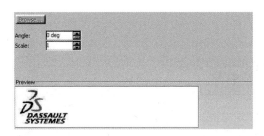

단면에 이미지 파일을 장식 무늬처럼 표현시킬 수 있습니다. 스케일을 적당히 조절하여 형상과 맞추어 줍니다.

E. Edit Annotation font Properties

Annotation에 사용한 글꼴을 수정할 수 있습니다. 글꼴을 수정하고자 하는 Annotation을 선택한 후에 Contextual Menu(MB3 버튼)에서 Properties(Alt + Enter)를 선택합니다. 그러면 다음과 같이 속성 창이 나타납니다.

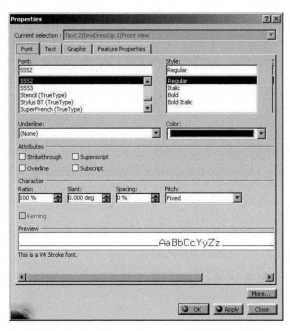

여기서 대부분의 설정 내용은 앞서 배운 Text Properties Toolbar에서 가능하며 설정하는 내용도 비슷합니다.

▪ Character

여기서는 글자들 간의 너비(Ratio)나 폰트의 기울어진 각도(Slant), 글자 사이의 간격(Spacing) 등을 설정해 줄 수 있습니다.

F. Edit Text Properties

여기서는 앞서 폰트에 이어 Drawing에서 사용하는 텍스트에 대해서 그 속성을 수정할 수 있습니다. 일반적으로 텍스트가 들어있는 Annotation의 Properties에 들어갔을 때 Text Tab이 따로 존재합니다. 이곳으로 이동하면 다음과 같습니다.

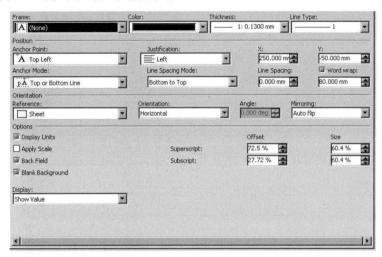

여기서 대부분의 설정은 Text Property Toolbar에서 다룰 수 있는 부분이었으니 이를 참고하기 바랍니다. 앞서 설명되지 않은 부분을 간단히 정리하면 다음과 같습니다.

- Orientation

- Reference : 현재 텍스트의 기준을 Sheet로 할 것인지 View/2D Component를 기준으로 할 것인지를 선택할 수 있습니다.
- Orientation : 텍스트의 방향을 가로, 세로 또는 임의의 각도를 주어 표시되게 설정할 수 있습니다.

- Mirroring : 텍스트의 글자 자체를 여러 Type으로 flip시켜 표시되게 설정할 수 있습니다.

- Options

- Display Units : 텍스트에 단위를 포함한 변수가 입력되어 있을 때 그 단위를 표시해 주게 합니다.
- Apply Scale : View나 2D Component에 적용된 스케일에 따라 텍스트의 크기도 따라 변하도록 합니다.
- Back Field : 다른 텍스트에 위 첨자나 아래 첨자가 가능하도록 합니다.
- Blank Background : 텍스트의 배경을 비어있는 상태로 유지시킵니다. 이 기능이 체크되어 있으면 Pattern으로 표현된 부분 같은 곳에 글 상자가 위치할 경우 뒤 부분이 하얗게 보이게 됩니다.

■ Display

이 텍스트 값을 출력하거나 또는 Box Frame을 출력하거나 아무것도 출력하지 않게 할 수 있습니다.

G. Edit Picture Properties

Drawing에 입력한 그림 파일에 대해서 설정이 가능합니다. 다음과 같이 그림 형상을 선택한 후에 속성에 들어가면 다음과 같은 속성 창을 확인할 수 있습니다.

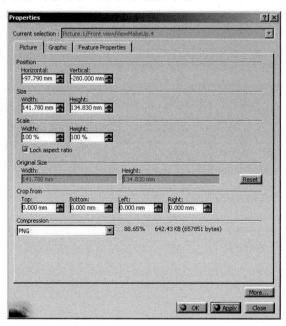

여기서 그림 파일의 크기를 조절할 수 있으며 Lock aspect ratio를 해제하면 가로 길이와 세로 길이를 따로 설정해 줄 수 있습니다. 그리고 원본 그림의 크기를 가운데 Original Size에서 확인할 수 있고 크기를 조절하는 과정에서 Reset 시킬 수도 있습니다.

Crop from은 사진 형상 중에 생략시키고자 하는 길이를 각각 입력해 줄 수 있습니다. 여기에 입력한 값만큼은 그림 형상에서 잘려진 채로 Drawing에 나타나게 됩니다.

Compression은 현재의 그림 파일 형식을 주어진 몇 가지 파일 형식을 이용하여 압축할 수 있게 해주는 부분입니다. 마찬가지로 Graphic Tab에서는 layer 설정이 가능하고 Feature Properties Tab에서는 대상의 수정 정보를 확인할 수 있습니다.

H. Edit Dimension Value Properties

여기서는 Drawing의 치수 값(들)에 대한 설정을 할 수 있습니다. 속성을 변경하고자 하는 치수선을 선택 또는 복수 선택하여 속성을 들어가면 다음과 같이 Dimension Vale Tab을 확인할 수 있습니다.

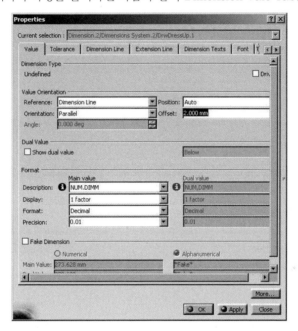

Dimension ValueTab에 있는 설정 내용을 정리하면 다음과 같습니다.

■ Dimension Type

선택한 치수 값을 실제 형상에서 측정한 값으로 할 것인지 아니면 Driving을 체크하여 변경 가능한 치수로 할 것인지를 선택해 줄 수 있습니다.

Driving을 체크하면 속성을 나와 치수 값을 더블클릭하여 수치를 원하는대로 변경할 수 있습니다.

■ Value Orientation

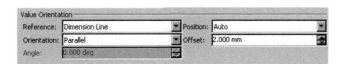

여기서는 치수 값의 기준(Reference)을 어디로 할 것인지와 치수 값과 치수 선 사이의 위치 (Position), 치수선과 치수 값이 이루는 각도(Orientation), 치수선과 치수 값 사이의 떨어진 거리 (Offset)를 설정해 줄 수 있습니다.

- Dual Value

이것은 치수 값을 두 번 표시시키고자 할 경우 설정합니다.

- Format

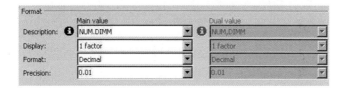

여기서는 치수 값의 표기 방법이나 유효 자리와 같은 설정을 합니다. 오른편의 값은 위의 Dual Value를 체크해야지만 활성화됩니다.

- Fake Dimension

이것은 속칭 '거짓 치수'라고 하는 치수 속이기를 설정하는 부분입니다. 이러한 치수 속이기 방법은 잘못된 사용이 아니라 도면상으로 View를 가져오거나 형상을 표현하는 과정에서 완벽히 그 치수를 표현하지 못하거나 무시할 수 있는 공차 값에 대해서 이를 깔끔히 보이고자 하는 경우 등에 사용할 수 있는 방법이라 할 수 있습니다.

다음 예를 보면 소수점으로 나타나는 치수를 수정하기 위해 아래 그림과 같이 치수를 선택하고 속 성에 들어갑니다.

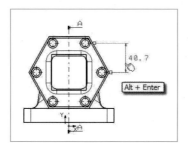

치수 속이기를 사용하기 위해서는 우선 Fake Dimension을 체크해 줍니다.

다음으로 Numerical을 이용하여 수치를 거짓으로 표시하게 할 것인지 또는 Alpha-numerical을 이용하여 수치 대신에 글자를 입력하여 표시하게 할 수 있습니다.

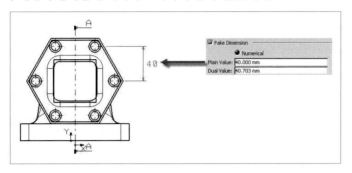

Fake Dimension에서 Numerical을 사용하면 실제 길이가 아닌 자신이 의도한 값으로 치수 값을 도면상에 나타나게 할 수 있습니다.

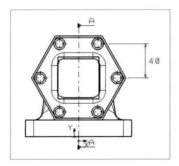

이러한 치수 속이기 방법은 실무적으로 중요하게 사용되는 방법이므로 잘 사용하면 번거로운 작업을 피하고 의도와 맞지 않은 치수를 손쉽게 처리할 수 있습니다.

I. Edit Dimension Tolerance Properties

Dimension Tolerance Tab에서는 선택한 치수(들)에 대해서 공차를 주는 기능을 합니다. 구성은 다음과 같으며 원하는 공차 Type을 선택해 주면 아래의 세부 사항을 조절해 줄 수 있습니다.

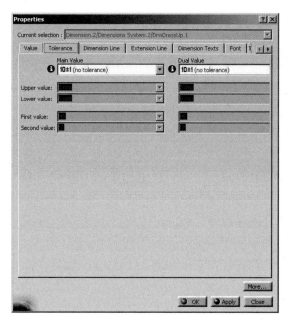

하나의 치수 값만을 사용할 경우 Main Value만이 활성화되며 Dual Value인 경우에 오른쪽 값 또한 설정이 가능합니다.

J. Edit Dimension Line Properties

Dimension Line Tab에서는 치수선에 대한 여러 가지 설정을 잡아 줄 수 있습니다. 대부분의 기능은 Dimension Properties Toolbar에서 설명한 부분과 동일합니다.

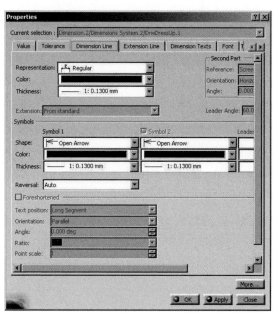

■ Representation

• Representation : 치수 선 표현 방식을 선택합니다. 치수에 따라 약간의 차이가 있지만 다음과
같이 치수선의 방식을 선택해 줄 수 있습니다.

• Color : 치수선의 색상을 바꿔줄 수 있습니다. 여기서 설정은 치수 값이나 치수 보조선이 아닌
치수선에만 한정된 설정입니다.

• Thickness : 치수선의 두께를 변경해 줄 수 있습니다.

• Second Part : Representation에서 치수선을 형상이 꺾인 형상으로 두 개의 Part로 나누어졌
을 때 꺾인 Second Part에 대해서 설정해 줄 수 있습니다.

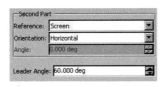

• Extension : 이것은 원의 지름이나 반지름과 같이 중심으로부터 확장되어 나오는 선에 대해서
설정해 줄 수 있습니다.
직선의 길이나 거리와 같은 경우에는 활성화되지 않으며 곡률을 가지는 치수에 활성화 됩니다.

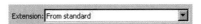

이 값이 활성화된 경우 다음과 같이 세 가지 Type으로 선택이 가능합니다.

곡률이 큰 형상의 경우 원의 중심을 가리키는 Extension선이 너무 길어 다른 형상을 가로 지르
거나 Sheet를 벗어날 경우 Not till center로 바꾸어 줍니다.

■ Symbols

치수선의 끝에 표시되는 화살표 기호에 대해서 종류나 색상, 두께 등의 변경이 가능합니다. 또한 Reversal을 이용하여 화살표 기호의 경우 화살표의 방향을 안쪽 또는 바깥쪽 방향으로 바꾸어 줄 수 있습니다.

■ Foreshortened

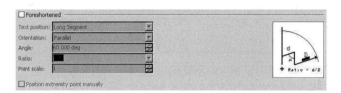

이 부분 역시 곡률에 대한 치수에 대해서 치수선을 길게 표현하지 않고 단축시켜 표현하게 하는 기능을 가지고 있습니다. Foreshortened를 체크하고 값을 설정해 주면 다음과 같이 치수선이 표현되는 것을 확인할 수 있습니다.

K. Edit Dimension Extension Line Properties

Dimension Extension Line Tab에서는 치수 보조선에 대한 설정을 해줍니다.

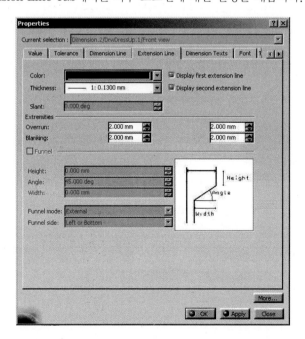

여기서 각각의 세부 기능을 설명하면 다음과 같습니다.

- Color : 치수 보조선의 색상을 변경해 줄 수 있습니다.
- Thickness : 치수 보조선의 두께를 변경해 줄 수 있습니다.
- Slant : 치수 보조선의 경사각을 주어 기울어진 형태로 수정해 줄 수 있습니다. 모든 치수 보조선에 다 적용할 수 있는 것은 아니며 두 포인트 요소 간을 선택한 치수에 한합니다.
- Display first/Second extension line : 치수 보조선 양쪽을 각각 표시하게 또는 표시하지 않게 할 수 있습니다.

■ Extremities

여기서는 치수 보조선의 길이를 조절해 줄 수 있습니다. Overrun은 치수선을 기준으로 위쪽으로 확장되는 선의 길이를 조절합니다. Blanking은 형상 요소 방향으로의 치수 보조선 길이를 조절해 줄 수 있습니다.

■ Funnel

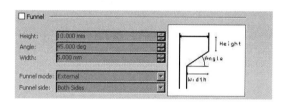

이것은 치수 보조선 끝단을 여과기 모양으로 확장하여 넓혀주는 기능을 합니다. 필요한 경우에 한해서 Funnel을 체크하고 값을 입력해 줍니다.

L. Edit Dimension Text Properties

Dimension Text Tab에서는 치수에 관계하여 추가적인 글이나 기호 등을 입력하게 해줍니다. 단순히 치수만으로 표현하기 어려운 부분에 대해서 텍스트를 첨가하여 설명을 도울 수 있습니다.

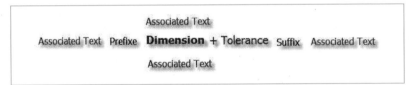

Dimension Text는 다음과 같은 구조로 텍스트 입력이 이루어집니다.

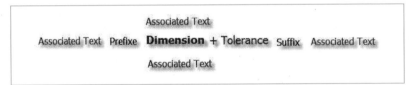

치수인 Dimension을 중심으로 위와 같이 텍스트를 입력해 줄 수 있습니다.

■ Prefix-Suffix

치수 값인 Main value를 두고 앞뒤로 접두사나 접미사를 입력해 줍니다. 일반적인 텍스트나 기호를 입력할 수 있으며 두 곳 중에 한 곳만 사용 가능합니다.

■ Associated Texts

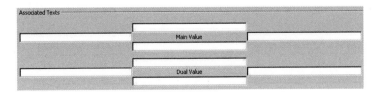

Main Value인 치수를 기준으로 앞서 그림과 같이 텍스트를 입력해 줄 수 있습니다. 그림에서 아래의 Dual value는 Dimension ValeTab에서 Dual Value를 활성화 한 경우의 값을 가리킵니다.

- Dimension Score Options

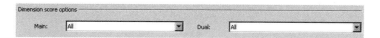

여기서는 Main 그리고 Dual Value에 대해서 No score나 value 또는 All로 설정해 줄 수 있습니다.

- Dimension Frame Options

여기서는 앞서 Dimension Text에 입력 값을 포함하여 도면상에 값만 출력하거나 값과 공차만을 출력하거나 또는 값과 공차, 그리고 텍스트까지 출력하도록 설정할 수 있습니다.

또한 Main Value와 Dual value에 대해서도 출력 모드를 결정해 줄 수 있습니다.

Main
Dual
Main and dual
Both groups

SECTION 04 Sheet Management

A. Sheet 추가/삭제하기

앞서 여러 차례 언급한대로 CATIA의 Drawing 도큐먼트에서는 하나의 도큐먼트에 여러 장의 Sheet를 추가하여 작업할 수 있습니다. 즉, 하나의 형상 파일마다 Drawing 도큐먼트를 하나씩 만들어줄 필요가 없다는 것입니다. Assembly Product이건 Part 하나라도 모두 그 각각을 Sheet화하여 하나의 도큐먼트로 정리합니다.

Sheet를 추가하는 방법은 앞서 명령 설명에 있어 Drawing의 New Sheet ☐ 명령을 사용합니다.

이렇게 추가된 각각의 Sheet에 대해서 속성(Properties)을 사용하면 크기나 스케일 등의 설정이 가능합니다.

추가된 Sheet들은 왼쪽의 Spec Tree에 표시되며 또한 Sheet 상단에도 표시되어 자유롭게 Define하여 사용할 수 있습니다.

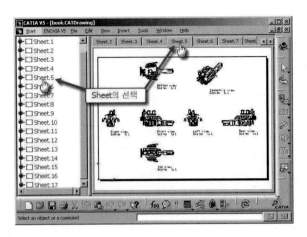

이렇게 만들어진 Sheet는 쉽게 Delete명령을 사용하여 삭제할 수 있습니다. 그러나 한 번 삭제된 Sheet는 되돌릴 수 없으니 신중히 삭제하여야 합니다.

B. Sheet 수정하기

현재 Sheet에 대해서 속성을 이용하여 수정하는 방법은 익히 알고 있을 것입니다. 그래서 여기서는 속성이 아닌 Page Setup을 이용하여 수정하는 방법을 설명하도록 할 것입니다.

풀다운 메뉴에서 File ⇨ Page Setup을 선택합니다.

그럼 다음과 같은 창이 나타납니다.

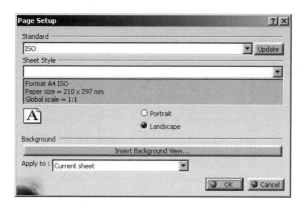

여기서 표준 규격이나 Sheet 크기 등을 수정할 수 있습니다. 값을 변경한 후에 Update를 실행해 줍니다.

C. Isolating Sheet & View

위의 작업을 통해서 형상과 치수 작업, 주석 작업 등이 종료하여 모든 작업이 마무리 되었을 때 고려해야 할 사항이 있습니다. 그것은 앞에서도 설명한 것처럼 3차원 형상과 Drawing이 연결되어 있다는 것입니다. 따라서 원본 형상이 수정되거나 혹은 사라질 경우 Drawing 역시 Update되어 형상의 변경 사항을 그대로 적용 받게 됩니다.

따라서 3차원 형상과 그대로 Link를 유지할 것인지 또는 Link를 제거하고 현재 상태에서 독립된 View, Sheet로 존재할 것인지를 결정해야 합니다.

만약에 Link를 끊고자 즉, Isolate하고자 하는 경우라면 원하는 View를 선택하여 Contextual Menu(MB3 버튼)에서 중간 위치의 xxx View object ⇨ Isolate를 선택합니다.

또한 현재 Sheet 전체를 Isolate 하고자 한다면 Spec Tree에서 Root인 Drawing을 선택하여 Contextual Menu(MB3 버튼)에서 Drawing object ⇨ Isolate를 선택합니다.

그러면 선택된 View 아이콘 형상이 바뀌면서 3차원 형상과 독립된 View로 남게 됩니다. 이때부터 View를 구성하는 모든 요소들은 Geometry로 인식되기 때문에 형상으로부터 가져온 형상들을 인위적으로 이동시키거나 절단하는 등의 작업이 가능합니다. 물론 치수선은 제외입니다.

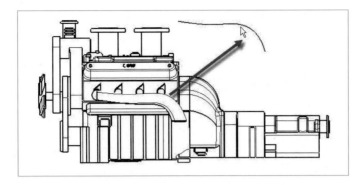

여기서 주의할 것은 이렇게 Isolate된 View를 이용하여 Section View나 Breakout View와 같은 작업을 수행할 수 있다는 것입니다. 이미 3차원 형상과 별개가 되었기 때문입니다.

또 한 가지 중요한 사실은 이렇게 Isolate된 대상은 다시금 3차원 형상과 Link를 시킬 수 없어진다는 것을 명심하기 바랍니다. 따라서 필요한 경우에 한해서 Isolate 작업을 해주어야 합니다.

D. Sheet Frame 및 Title Block 만들기

Sheet에 입력하는 정보는 형상에 대한 정보뿐만 아니라 Sheet 자체에 입력하는 정보도 있습니다. Sheet Frame과 Sheet Title Block은 형상 요소와 관계된 작업과 별도로 Sheet Background에서의 작업으로 분류됩니다. View에 관련된 작업을 마친 상태에서 이제 위 두 가지 요소를 설정하는 방법을 설명하도록 하겠습니다.

풀다운 메뉴의 Edit ⇨ Sheet Background를 선택합니다.

그러면 다음과 같이 화면의 색상이 어둡게 변하면서 형상의 View와 독립적인 작업을 할 수 있게 됩니다. 이 상태에서는 View에 관한 작업은 수정할 수 없으며 오로지 Sheet의 배경에 관계된 작업만이 가능합니다.

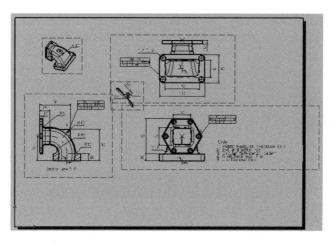

여기서 Drawing Toolbar를 찾아보면 다음과 같이 아이콘들이 변경된 것을 확인할 수 있습니다.

Frame Creation 명령을 실행시키면 다음과 같은 Insert Frame and Title Block창이 나타납니다.

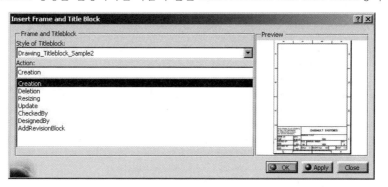

여기서 적당한 Style of Title Block을 선택한 후에 Creation을 선택해 줍니다. 그럼 선택된 스타일 형식으로 정의된 샘플 형식의 Frame과 Title Block이 나타납니다.

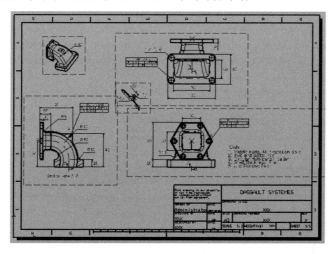

이 상태에서는 Frame과 Title Block을 구성하는 모든 선 요소 및 글 상자 요소들을 수정해 줄 수 있습니다. 따라서 불필요한 요소나 필요한 요소를 그려주거나 삽입하여 원하는 Frame과 Title Block으로 작업이 가능합니다.

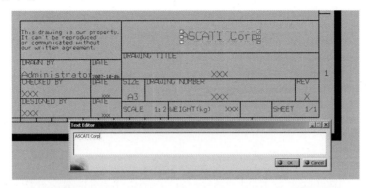

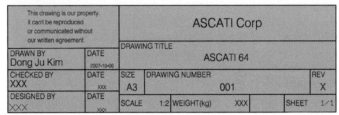

수정을 하면서 도면 이름이나 작업자, 스케일 등과 같은 정보를 입력해 줍니다. 일반적인 사항은 거의 자동적으로 생성이 되어 있습니다.

도검자의 경우에는 다시 Frame Creation 명령을 실행시켜 이번에는 CheckedBy를 선택하여 창을 적용 시킵니다.

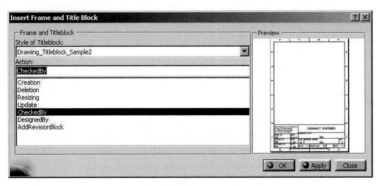

그러면 다음과 같이 도검자의 이름을 기입하는 창이 나타납니다.

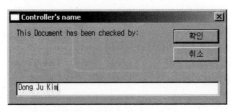

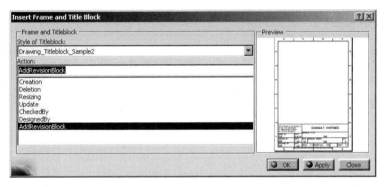

만약에 작업을 하면서 형상에 수정이 가해진 경우 다시 Frame Creation 명령을 실행시키고 이번에는 AddRevisionBlock을 선택해 줍니다.

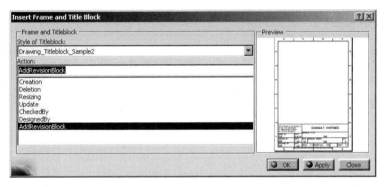

그리고 작업자나 코멘트 사항을 입력해 줍니다.

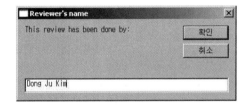
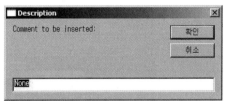

이 작업을 반복해 주게 되면 다음과 같이 Revision Block이 연장되어 나타납니다.

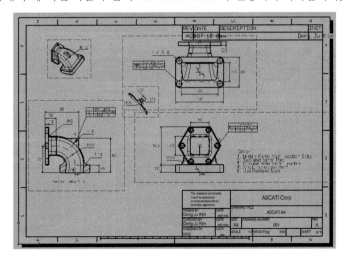

이러한 Revision Block 역시 조절이 필요한 것은 자유롭게 수정할 수 있습니다.

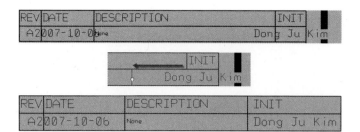

REV	DATE	DESCRIPTION	INIT
A	2007-10-06	None	Dong Ju Kim

글꼴까지 수정해 주면 마무리 됩니다.

REV	DATE	DESCRIPTION	INIT
A	2007-10-06	None	Dong Ju Kim

Frame과 Title Block 작업이 마무리 되면 다시 View를 수정하고자 할 경우에는 풀다운 메뉴에서 Edit ⇨ Working View를 선택해 줍니다.

이 상태에서는 다시 Frame과 Title Block을 수정해 줄 수 없게 됩니다.

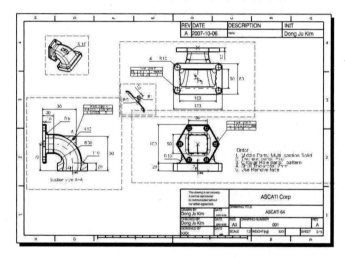

이러한 Frame과 Title Block은 회사나 작업자에 따라서 정해진 한 가지 형식을 가지고 사용하기를 원하게 되는데 그럴 경우에는 빈 Sheet에 앞서 설명과 같은 방법으로 Frame과 Title Block을 작업해 주고 .CATDrawing 형식으로 저장을 합니다.

This drawing is our property. It can't be reproduced or communicated without our written agreement.		INHA UNIVERSITY	ASCATI Corp		
DRAWN BY Dong Ju Kim	DATE 2007-10-06	DRAWING TITLE ASCATI xx			
CHECKED BY XXX	DATE XXX	SIZE A2	DRAWING NUMBER XXX		REV X
DESIGNED BY XXX	DATE XXX	SCALE 1:1	WEIGHT(kg) XXX		SHEET 1/1

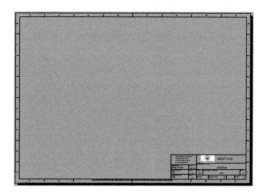

그리고 나서 이 형식의 Frame과 Title Block이 필요한 경우 풀다운 메뉴의 File ⇨ Page Setup을 선택하여 Insert Background View를 이용, 앞서 만든 Frame과 Title Block을 불러 올 수 있습니다.

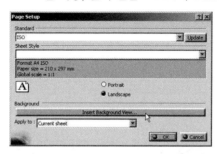

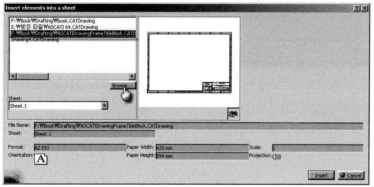

이와 같은 방법을 사용하게 되면 매번 반복하여 Frame과 Title Block을 수정해 가며 만들어 줄 필요 없이 이미 만들어진 자신만의 틀을 불러와 사용할 수 있습니다.

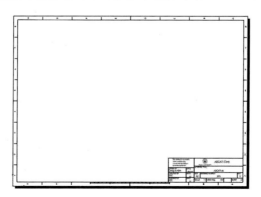

부차적으로 Sheet Background 상태에서 BOM의 입력 또한 가능한데 이렇게 Sheet Background에 BOM을 만들게 되면 View들과 충돌이 발생하지 않도록 위치 설정에 유의해야 합니다. 따라서 Working View일 때와 Sheet Background일 때를 오가면서 이 두 요소들 간의 겹침이 발생하지 않게 위치를 조절하는 작업도 해주어야 합니다.

앞서 설명한 일련의 도면 생성 작업을 마치게 되면 마지막으로 여러 장의 Sheet와 작업 폴더 그리고 필요한 경우 BOM에 관한 작업을 해주게 됩니다. 이 장에서는 이러한 최종적인 작업 마무리 단계에서 수행되는 Sheet들과 작업 마무리에 대해서 간단히 언급하도록 하겠습니다.

일반적으로 Drawing 작업을 하는 경우에 Sheet는 다음과 같이 구성합니다.

전체 Assembly에 대한 Sheet를 만들고 여기에 Assembly Product의 Isometric View와 BOM등의 정보를 입력합니다.

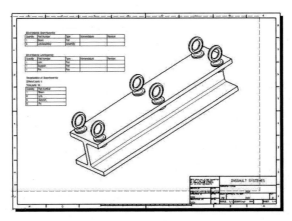

다음 Sheet에는 이러한 Assembly 형상의 조립 위치나 방향을 설명한 조립도를 만들어 줍니다. Balloon과 적당한 Annotation, Geometry를 사용하여 표현해 줍니다.

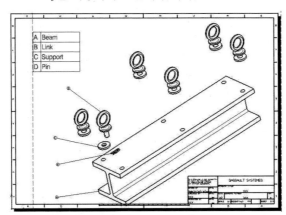

다음 Sheet부터 각 단품 형상의 디테일한 도면을 구성해 줍니다. 필요한 경우라면 Sub Assembly에 대해서도 Sheet 작업을 위와 동일하게 해줍니다. 또한 하나의 Sheet에 무조건 하나의 단품에 대한 정보만 입력해야 하는 것은 아니기 때문에 여러 개의 간단한 단품들은 하나의 Sheet에 모아서 정리할 수도 있습니다.

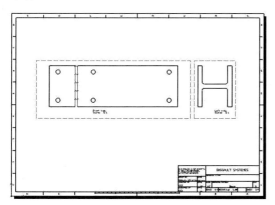 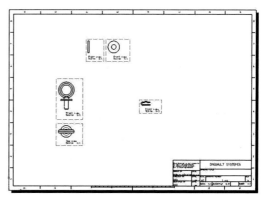

Drafting Workbench에서 작업한 내용은 다음의 아이콘들로 Spec Tree에 남겨집니다.

Icon	Description
	Drawing : 현재의 Drawing을 가리킵니다.
	Sheet : 도면 작업을 하는 Sheet를 가리킵니다.
	Detail Sheet : 2D Component가 저장되는 공간입니다.
	2D Component : 2차원 Geometry로 자주 사용되는 상용 형상을 여러 곳에 불러와 사용할 수 있도록 만들어 놓을 때 사용합니다.
	View : isolate 된 View 또는 Drawing에서 만들어낸 3차원 형상으로부터 가져오지 않은 View 입니다.
	Front View : 3차원 형상으로부터 가져온 정면도를 가리킵니다.
	Projection View
	Auxiliary View
	Isometric View
	Section View
	Section Cut

Icon	Description
	Detail View
	Unfolded View
	Unreferenced Drawing : 3차원 형상과 Link가 깨진 경우에 Drawing을 가리킵니다.
	Unreferenced Sheet : 3차원 형상과 Link가 깨진 경우에 Sheet을 가리킵니다.
	Unreferenced View : 3차원 형상과 Link가 깨진 경우에 View을 가리킵니다.
	Locked View : 잠긴 상태의 View를 가리킵니다.

INDEX

INDEX

507

• 김동주

인하대학교 항공우주공학과 졸업
인하대학교 공과대학 유동소음제어 연구실 연구원
한국생산기술연구원 성형기술연구그룹 연구원
– 금형 설계 및 레이저 가공, 소성가고 연구
– 3D 프린터 전략기술 로드맵 보고서 작업 참여
現 제조업 IT 회사 R&D Technical Support팀

인하대학교 기계공학부 CATIA 응용 연구 소모임 회장
인터넷 CATIA 동호회 다음 카페 ASCATI 카페 지기
(cafe.daum.net/ASCATI)
수원 직업 전문학교 CATIA 기초 과정 강사('07)
부평 UniForce 정보기술 교육원 CATIA 강사('08, '09)
전북대 TIC CATIA 해석 과정 강사('10)
국민대학교 자동차공학과 강사('11)
3D Digital Mock-Up Plant 설계 용역(프리랜서)
시사주간지 '일요시사' 인물탐구 634호 기재

주요 저서

CATIA를 이용한 Audi TT 만들기
CATIA Basic Mechanical Design Master 상, 하
CATIA Basic Mechanical Design Master 예제집
KnowHow CATIA Knowledge Advisor
CATIA DMU kinematics Simulator
CATIA Imafine & Shape foe Designer
CATIA를 이용한 항공기 제도
CATIA Harness Assembly
CATIA Functional Molded Part
CATIA Sheet Metal Design
CATIA Mechanical Design 도면집
CATIA Structural Analysis
CATIA Surface Design Master
CATIA V5 R19 for Beginners
CATIA를 이용한 Audi TT 만들기 개정2판
CATIA CAE Application 예제집
CATIA PartDesign Specialist 대비 안내서
CATIA를 이용한 굴삭기 만들기
CATIA Surface의 정석
CATIA를 이용한 구조해석
CATIA MDM 예제집
3D Printer와 3D Scanner를 위한 CATIA STL Master
CATIA를 이용한 2Generation AutiTT 만들기
CATIA V5-6R2016 For Beginner vol.1, vol.2, vol.3
3D Printer 운용기능사
CATIA MECHANICALDESIGN 도면집
3DEXPERIENCE Platform for Mechanical Engineers

저자와
협의 후
인지생략

CATIA
V5-6R2019
Training Book Vol.1 Basic

발행일 1판2쇄 발행 2020년 7월 31일
발행처 듀오북스
지은이 김동주
펴낸이 박승희

등록일자 2018년 10월 12일 제2018-000281호
주소 서울시 마포구 환일2길 5-1
편집부 (070)7807_3690
팩스 (050)4277_8651
웹사이트 www.duobooks.co.kr

정가 25,000원 **ISBN** 979-11-965450-4-8 13550